微細藻類によるエネルギー生産と事業展望
Technology of Microalgal Energy Production and its Business Prospect
《普及版／Popular Edition》

監修 竹山春子

シーエムシー出版

はじめに

　地球温暖化とともに石油・石炭に依存しない社会の構築が急務とされ，それに資するための研究開発，インフラ作り，社会コンセンサスの構築等に世界規模でのかじ取りがされてきた。しかしながら，研究の面を垣間見ると，数十年おきに大きな波が起こるが，必ずしも長続きはせず，まるでファッションのようにその熱も浮き沈みを繰り返してきている。しかしながら，研究の成果は着実に積み重ねられており，現時点では，様々なサイエンスの発展とともに必要な技術開発も高いレベルへと押し上げられてきた。

　私たちの生活を支える身の周りの製品の開発には，省エネを達成するための多くの知恵が導入され，更なる省エネルギー社会への階段を上りつつある。それとともに，一般生活や産業を支えるために必要なエネルギー生産への自然エネルギー活用の重要性が指摘され，エネルギーの多様化が少しずつ進みつつある。その中で，バイオ燃料が大きな注目を集めている。ブラジルではバイオエタノールが実用化されており，アメリカではセキュリティーという意味合いが色濃く根底に流れる中，バイオエネルギー政策が産官学で推進されている。生産コストやバイオマス資源確保の課題があるが，全世界でその国の事情に合わせた研究開発が進んでいる。石油・石炭の化石燃料すべてをバイオ燃料で代替することは不可能であるが，中長期的な視野で着実に実用化を目指して進めていくことが重要である。

　日本でも政府主導でバイオ燃料のプログラムが推進されてきたが，バイオマス資源確保や高コスト等の課題から研究開発に逆風が吹き始めつつあったところ，東日本大震災による原子力発電の大事故が発生した。原子力の安全性に対する危機感が日本だけでなく全世界に吹き荒れ，これをきっかけに脱原子力のための再生可能エネルギーの一つであるバイオ燃料への期待度が復活したように思われる。

　光合成によって二酸化炭素を固定して成長する植物をカーボンニュートラルなバイオマス資源としてエネルギーを生産することが推し進められている。このカーボンニュートラルの考え方には，厳密には植物の生産・利用にかかるすべてのエネルギーを考慮して評価すること（ライフサイクルアセスメント）が必要である。現在のバイオマス燃料生産は，再生可能エネルギーを用いない限り厳密にはカーボンニュートラルなものとは言えないが，将来的にはそれが達成されるものと期待されている。バイオマス資源としては，生産性の高い微細藻類に期待がかけられている。特に，日本のような国土の小さい国におけるバイオマス生産においては，海洋域（日本の排他的経済水域面積は世界第6位）等を生産の場として有効に活用することが必要であろう。今回の出版にあたってはこのような微細藻類に焦点をあててその生産と事業展望に関して，多くの先生方から執筆をいただいた。微細藻類の生理学，エネルギー生産に向けた分子生物学，培養工学，エネルギー生産技術，さらにはシステム開発と実証実験，国内外の藻類バイオマス情勢と海洋利用

のための政策等の幅広い視点に立った内容を先生方のご協力のもと盛り込むことができた。
今後のこの分野の発展に是非この本が貢献できればと願っている。

2012年7月

早稲田大学
竹山春子

普及版の刊行にあたって

本書は2012年に『微細藻類によるエネルギー生産と事業展望』として刊行されました。普及版の刊行にあたり，内容は当時のままであり加筆・訂正などの手は加えておりませんので，ご了承ください。

2019年1月

シーエムシー出版　編集部

―――― 執筆者一覧（執筆順）――――

竹山 春子	早稲田大学　理工学術院　先進理工学部　生命医科学科　教授	
川井 浩史	神戸大学　自然科学系先端融合研究環　内海域環境教育研究センター　教授	
中山　剛	筑波大学　生命環境系　講師	
得平 茂樹	中央大学　理工学部　生命科学科　助教	
大森 正之	中央大学　理工学部　生命科学科　教授	
馬場 健史	大阪大学　大学院工学研究科　生命先端工学専攻　准教授	
山野 隆志	京都大学　大学院生命科学研究科　統合生命科学専攻　助教	
福澤 秀哉	京都大学　大学院生命科学研究科　統合生命科学専攻　教授	
宮下 英明	京都大学　大学院人間・環境学研究科　教授	
馬場 将人	筑波大学　生命環境系　研究員	
白岩 善博	筑波大学　生命環境系　教授	
岡田　茂	東京大学　大学院農学生命科学研究科　水圏生物科学専攻　准教授	
田中　剛	東京農工大学　大学院工学研究院　生命機能科学部門　准教授	
吉野 知子	東京農工大学　大学院工学研究院　生命機能科学部門　准教授	
藏野 憲秀	㈱デンソー　機能材料研究部　藻類研究室　担当次長	
萩原 大祐	㈱デンソー　機能材料研究部　藻類研究室；中央大学　理工学部　生命科学科　原山研究室	
今村 壮輔	中央大学　理工学部　生命科学科　原山研究室　客員研究員（機構准教授）；東京工業大学　資源化学研究所　生物資源部門　准教授	
原山 重明	中央大学　理工学部　生命科学科　教授	
増川　一	㈳科学技術振興機構　さきがけ研究者；神奈川大学　光合成水素生産研究所　客員研究員	
北島 正治	神奈川大学　総合理学研究所　客員研究員	
櫻井 英博	神奈川大学　光合成水素生産研究所　客員教授	
井上 和仁	神奈川大学　理学部　生物科学科　教授，光合成水素生産研究所　所長	
天尾　豊	大分大学　工学部　准教授；㈳科学技術振興機構　さきがけ研究者	
増田 篤稔	ヤンマー㈱　経営企画本部　ソリューショニアリング部　推進グループ　主席研究員；高知大学　総合研究センター　客員教授	
松本 光史	電源開発㈱　若松研究所　バイオ研究室　主任研究員；東京農工大学　非常勤講師	
佐藤　朗	ヤマハ発動機㈱　技術本部研究開発統括部BT推進グループ　主査・グループリーダー	
一井 京之助	ヤマハ発動機㈱　技術本部研究開発統括部BT推進グループ　主事	

島村 智子	高知大学 教育研究部 総合科学系 生命環境医学部門 准教授	
受田 浩之	高知大学 教育研究部 総合科学系 生命環境医学部門 教授	
竹中 裕行	マイクロアルジェコーポレーション㈱ MAC総合研究所 所長	
小嶋 勝博	東京農工大学 大学院工学府 産業技術専攻 特任准教授；㈶科学技術振興機構，CREST	
早出 広司	東京農工大学 大学院工学研究院 生命機能科学部門 教授；㈶科学技術振興機構，CREST	
蓮沼 誠久	神戸大学 自然科学系先端融合研究環 重点研究部 講師	
近藤 昭彦	神戸大学大学院 工学研究科 応用化学専攻 教授	
石井 孝定	大阪府立大学 21世紀科学研究機構 エコロジー研究所 特別教授	
モリ テツシ	早稲田大学 理工学術院 国際教育センター，先端生命医科学センター	
植田 充美	京都大学 大学院農学研究科 応用生命科学専攻 教授	
徳弘 健郎	㈱豊田中央研究所 有機材料・バイオ研究部 バイオ研究室 研究員	
村本 伸彦	㈱豊田中央研究所 有機材料・バイオ研究部 バイオ研究室 研究員	
今村 千絵	㈱豊田中央研究所 有機材料・バイオ研究部 バイオ研究室 主任研究員	
関根 啓藏	㈱関根産業 代表取締役	
岡島 いづみ	静岡大学 工学部 物質工学科 助教	
佐古 猛	静岡大学 大学院創造科学技術研究部 教授	
七條 保治	新日鐵化学㈱ 開発推進部 部長	
岡崎 奈津子	新日鐵化学㈱ 開発推進部 主任	
多田羅 昌浩	鹿島建設㈱ 技術研究所 地球環境・バイオグループ 主任研究員	
岡島 博司	トヨタ自動車㈱ 技術統括部 主査 担当部長	
千田 二郎	同志社大学 理工学部 教授	
松浦 貴	同志社大学大学院 工学研究科	
Michael Lakeman	Boeing Commercial Airplanes	
冷牟田 修一	出光興産㈱ 先端技術研究所 主任研究員	
須田 彰一郎	琉球大学 理学部 海洋自然科学科 教授	
秋 庸裕	広島大学 大学院先端物質科学研究科 准教授	
若山 樹	国際石油開発帝石㈱ 経営企画本部 事業企画ユニット 事業企画グループ，技術本部 技術研究所 貯留層評価グループ コーディネーター	
中村 元洋	経済産業省 資源エネルギー庁 省エネルギー・新エネルギー部 新エネルギー対策課 バイオマス担当係長	
寺島 紘士	海洋政策研究財団 常務理事	

執筆者の所属表記は，2012年当時のものを使用しております。

目次

【第Ⅰ編　微細藻類の基礎】

第1章　分類と系統解析　　川井浩史，中山　剛

1 はじめに …………………………… 1
2 藻類の誕生，進化と系統 …………… 3

第2章　藍藻（シアノバクテリア）のゲノム解析と生理機能　　得平茂樹，大森正之

1 藍藻（シアノバクテリア） ………… 10
2 藍藻ゲノム ………………………… 10
3 藍藻の形質転換 …………………… 12
4 藍藻の生理機能と遺伝子 ………… 13
　4.1 乾燥耐性機能の分子生物学的解明 …………………………… 13
　4.2 細胞内信号伝達系遺伝子の改変による代謝の制御 ……………… 14
5 藍藻ゲノム情報の応用利用 ……… 15
　5.1 比較ゲノム解析によるアルカン生合成経路の同定 ……………… 15
　5.2 ポストゲノム解析を利用した代謝改変 ………………………… 16

第3章　脂溶性代謝物プロファイリング（脂質メタボロミクス）　　馬場健史

1 はじめに …………………………… 18
2 脂質プロファイリング法の概論 …… 19
3 ダイレクトインフュージョンMSによる脂質プロファイリング ………… 22
4 LC/MSによる脂質プロファイリング …………………………… 24
5 脂質メタボロミクスにおけるデータ解析 ………………………… 26
6 SFC/MSを用いた新規脂質プロファイリングシステム ……………… 27
7 おわりに …………………………… 29

第4章　微細藻類のCO₂濃縮機構―モデル緑藻におけるゲノム発現情報の利用―　　山野隆志，福澤秀哉

1　はじめに ……………………………… 31
2　CO₂濃縮のモデル生物としての緑藻クラミドモナス …………………………… 31
3　CO₂濃縮機構（CCM） ………………… 32
4　真核藻類のCCM ……………………… 32
5　ピレノイド …………………………… 33
6　ゲノム発現情報を利用したクラミドモナスCCM遺伝子の探索 ………………… 34
7　CCMの調節機構 ……………………… 35
8　おわりに ……………………………… 36

第5章　微細藻類の多様性と有用藻類の探索・収集　　宮下英明

1　はじめに ……………………………… 38
2　微細藻類の大量培養方式 …………… 38
3　藻類の大量培養において藻類に要求される能力 ………………………………… 40
4　エネルギー生産と藻類 ……………… 41
5　藻類バイオディーゼル生産コスト削減に向けた藻類株選抜 …………………… 43
6　藻類の分離戦略 ……………………… 44
7　おわりに ……………………………… 45

【第Ⅱ編　機能設計と改変技術】

第6章　藻類の脂質代謝経路とその応用　　馬場将人，白岩善博

1　はじめに ……………………………… 47
2　脂質 …………………………………… 47
3　多くの生物が合成する脂質 ………… 47
 3.1　脂肪酸合成経路 …………………… 47
 3.2　脂肪酸伸長経路 …………………… 49
 3.3　ポリケチド合成経路 ……………… 50
 3.4　テルペノイド合成経路 …………… 50
4　一部の生物特有の脂質 ……………… 51
 4.1　ハプト藻のアルケノン類 ………… 52
 4.2　ラン藻アナベナの糖脂質 ………… 52
 4.3　バクテリアのオレフィン系炭化水素 ………………………………… 52
 4.4　偶数脂肪族炭化水素 ……………… 53
5　環境条件による脂質合成および蓄積の促進 …………………………………… 53
6　中性脂質の代謝 ……………………… 53
 6.1　脂質の細胞内蓄積と分解 ………… 53
 6.2　脂質の細胞外への放出 …………… 54
7　藻類の脂質合成経路を応用する際の留意点 …………………………………… 54

第7章　ボツリオコッカスの炭化水素合成経路の解明　　岡田　茂

1　*Botryococcus braunii* とは …………… 57
2　A品種における炭化水素とその関連化合物 …………………………………… 58
3　B品種における炭化水素とその関連化合物 …………………………………… 59
4　B品種のトリテルペン系炭化水素生合成メカニズム …………………… 60

第8章　オミクス解析を用いた代謝経路の解明と遺伝子組換えによる高効率トリグリセリド生産株の作製　　田中　剛，吉野知子

1　はじめに ……………………………… 66
2　トリグリセリドを高生産する微細藻類 ………………………………………… 66
3　微細藻類のオミクス解析とトリグリセリド代謝経路の解明 ……………… 68
4　微細藻類の遺伝子組換えによるトリグリセリド生産の向上 ……………… 69
4.1　微細藻類における遺伝子組換え技術 ……………………………………… 69
4.2　遺伝子ノックインまたはノックダウンによるトリグリセリド生産性の向上 ……………………………………… 70
5　おわりに ……………………………… 72

第9章　軽油生産能を有する単細胞緑藻の生産性向上　　藏野憲秀，萩原大祐，今村壮輔，原山重明

1　はじめに ……………………………… 73
2　実用的な藻株を分子育種することの重要性 …………………………………… 73
3　実用的な藻株を分子育種する際の課題 ………………………………………… 75
4　*P. ellipsoidea* の形質転換の取り組み ……………………………………… 76
5　油分蓄積量をいかに増大させるか …… 77
6　おわりに ……………………………… 78

第10章　ラン藻の窒素固定酵素ニトロゲナーゼを利用した大規模な水素生産構想　　増川　一，北島正治，櫻井英博，井上和仁

1　はじめに ……………………………… 80
2　ラン藻による水素生産 ……………… 81
2.1　ニトロゲナーゼとヒドロゲナーゼ ……………………………………… 81

2.2 ヘテロシスト形成型ラン藻のニトロゲナーゼを利用した光生物学的水素生産 …………………… 82	スター配位子ホモクエン酸の除去 ………………………………… 85
2.3 取り込み型ヒドロゲナーゼの遺伝子破壊による水素生産性増大 …… 84	3.2 ニトロゲナーゼ活性中心近傍のアミノ酸残基置換 …………… 85
3 ニトロゲナーゼへの変異導入による水素生産性の向上 ……………………… 85	4 更なる水素生産性の向上に向けた改良の必要性 …………………………… 86
3.1 ニトロゲナーゼ活性中心金属クラ	5 おわりに ……………………………… 86

第11章　藻類由来光合成機能を利用したバイオ燃料変換系への展開　　天尾　豊

1 はじめに ……………………………… 88	3 葉緑体集積電極の調製と光電変換系の構築 …………………………………… 90
2 藻類の光合成機能を利用した太陽光駆動型水素生産反応 …………………… 89	4 おわりに ……………………………… 93

【第Ⅲ編　培養技術】

第12章　大量培養技術と装置の開発　　増田篤稔

1 はじめに ……………………………… 95	…………………………………………… 97
2 微細藻類培養装置開発に関する基礎的知見 …………………………………… 96	3.2 培養槽内の光環境計測と培養器形状 ……………………………………… 99
2.1 培養槽における環境制御項目 …… 96	4 実用プラントにおける飼料用微細藻類培養システム開発 ………………… 102
2.2 光環境 ……………………………… 96	4.1 培養槽条件と設計と性能 ……… 102
2.3 溶存ガス環境 ……………………… 96	4.2 実用プラントシステム ………… 103
3 設計における環境因子の定量方法 …… 97	
3.1 培養槽外郭周辺の光環境設計計算	

第13章 バイオ原料・燃料用オイル生産微細藻類の屋外培養条件の考え方と実証研究　松本光史

1 はじめに …………………………… 106
2 バイオ原料・燃料生産用微細藻類の屋外培養条件の考え方 ………………… 106
 2.1 屋外培養時に必要な微細藻類の能力 …………………………………… 106
 2.2 培養装置（オープン系，クローズド系培養装置）………………… 107
 2.3 培養規模イメージと現状の培養技術レベル ………………………… 107
3 高オイル産生微細藻類ソラリス株の可能性 ………………………………… 109
 3.1 ソラリス株の獲得 ……………… 109
 3.2 ソラリス株の200Lクラスのレースウェイ型培養装置を用いた屋外培養試験 ……………………………… 110
4 将来展望 …………………………… 113
5 まとめ ……………………………… 113

第14章 商業的屋内培養システムの開発と産業応用　佐藤　朗，一井京之助

1 はじめに …………………………… 115
2 ヤマハ発動機におけるPBR開発 …… 115
3 商業規模での屋内培養試験事例 …… 116
4 生産性の試算および原価構成 ……… 117
5 おわりに …………………………… 119

第15章 海洋深層水を利用した微細藻デュナリエラの大量培養システムの開発　島村智子，受田浩之，竹中裕行

1 はじめに …………………………… 121
2 海洋深層水と円筒型フォトバイオリアクターを用いた培養システム ……… 122
 2.1 円筒型フォトバイオリアクター … 122
 2.2 $D. salina$藻体と培養液組成 …… 123
 2.3 海洋深層水と円筒型フォトバイオリアクターを利用した$D. salina$の培養 ………………………………… 123
3 濃縮海洋深層水の膜蒸留法による高塩分化と$D.salina$培養への応用 ……… 124
 3.1 膜蒸留法による濃縮海洋深層水の高塩分化 …………………………… 125
 3.2 濃縮高塩分化海洋深層水による$D. salina$の培養 …………………… 126
4 おわりに …………………………… 126

第16章　シアノファクトリの開発　　小嶋勝博, 早出広司

1　はじめに ……………………………… 128
2　合成情報伝達系としての二成分制御系とその応用 ……………………………… 129
3　リボスイッチ・リボレギュレータとその応用 ……………………………… 130
4　イオン液体とその応用 ……………… 131
5　シアノファクトリ …………………… 132
6　展望 …………………………………… 134

【第Ⅳ編　エネルギー生産技術】

第17章　バイオリファイナリーの微細藻類への展開　　蓮沼誠久, 近藤昭彦

1　はじめに ……………………………… 137
2　バイオリファイナリー, 微細藻利用への新展開 ……………………………… 137
3　微細藻を利用した物質生産 ………… 139
4　微細藻エンジニアリングのためのキーテクノロジー——システムバイオロジー解析—— …………………………… 141
5　おわりに ……………………………… 143

第18章　微細藻類からのバイオエタノール生産　　石井孝定

1　はじめに ……………………………… 144
2　藻類の培養 …………………………… 145
3　バイオマス（デンプン）の生産 …… 147
4　バイオマス（デンプン）の回収と残渣処理の問題 ……………………………… 148
5　おわりに ……………………………… 149

第19章　海藻バイオマスからのバイオ燃料生産への環境メタゲノムの応用　　モリ テツシ

1　はじめに ……………………………… 151
2　カーボンニュートラルなエネルギーの必要性 ………………………………… 151
3　ハイスループットスクリーニング技術を用いた環境微生物メタゲノムからの有用遺伝子の獲得 ……………………… 152
4　バイオエネルギーの生産に向けた環境微生物メタゲノムの可能性 ………… 155
5　おわりに ……………………………… 157

第20章　酵母を利用したバイオ燃料生産技術　　植田充美

1　はじめに …………………………… 159
2　バイオマスの完全糖化が可能な微生物
　　ゲノムの完全解読 ………………… 160
3　プラットフォーム形成による未来型の
　　バイオ燃料研究 …………………… 161
4　新しい反応場の創成 ……………… 164

第21章　バイオリファイナリーのための酵素変換技術　　徳弘健郎，村本伸彦，今村千絵

1　はじめに …………………………… 167
2　セルラーゼの酵母細胞表層への提示 … 168
3　セルロースからの乳酸生産 ……… 170
4　酸性条件下でのセルラーゼ活性の
　　向上 ………………………………… 171
5　おわりに …………………………… 172

第22章　バイオマスからのメタン発酵技術　　関根啓藏

1　はじめに …………………………… 174
2　嫌気性分解 ………………………… 175
　2.1　可溶化 ………………………… 175
　2.2　メタン発酵槽 ………………… 176
3　脱硫とガスホルダー ……………… 178
4　石灰乾燥塔 ………………………… 178
5　メタン貯蔵タンク ………………… 179
6　まとめ ……………………………… 180

第23章　亜臨界水による藻類の燃料化技術　　岡島いづみ，佐古　猛，七條保治，岡崎奈津子

1　はじめに …………………………… 181
2　亜臨界水とは ……………………… 182
3　海藻の油化 ………………………… 183
　3.1　バッチ反応装置 ……………… 183
　3.2　亜臨界水による海藻の分解・油化
　　　………………………………… 185
4　微細藻類抽出残渣の油化の可能性 …… 192
5　おわりに …………………………… 192

第24章　バイオ燃料製造時の廃液処理　　多田羅昌浩

1　はじめに …………………………… 193
2　バイオ燃料製造廃液の特性 ……… 193

3	廃液処理システムの検討 …………… 194	3.4	処理に係る微生物 ………………… 197
	3.1 廃液の特性 …………………… 194	3.5	高度処理 …………………………… 197
	3.2 処理システムの検討 ………… 195	3.6	処理水のリサイクル利用 ………… 198
	3.3 処理特性 ……………………… 195	4	おわりに ……………………………… 199

【第Ⅴ編　システム開発と実証実験】

第25章　自動車におけるバイオ燃料使用の検討　　岡島博司

1　はじめに ……………………………… 201　　3　国際動向とコスト計算 ……………… 204
2　自動車用バイオ燃料の技術 ………… 202

第26章　バイオディーゼル機関における燃焼過程　　千田二郎, 松浦　貴

1　はじめに ……………………………… 208　　4　実験結果および考察 ………………… 211
2　バイオディーゼル燃料の軽質化および　　　　4.1　定容燃焼容器 ………………… 211
　　供試燃料 …………………………… 209　　　4.2　エンジン ……………………… 214
3　実験装置および実験条件 …………… 210　　5　結言 …………………………………… 216
　　3.1　定容燃焼容器 ………………… 210　　6　おわりに ……………………………… 216
　　3.2　エンジン ……………………… 210

第27章　An Introduction to Sustainable Aviation Biofuel
—A chapter prepared for inclusion in "Technology of Microalgal Energy Production and its Business Prospects"—
　　　　　　　　　　　　　　　　　　　　　　　　　　　マイケル　レイクマン

1　Introduction ………………………… 218　　4.3　Alcohols-to-Jet ………………… 222
2　Requirements for New Aviation Fuels … 219　　4.4　Biological Production of
3　Feedstock Options ………………… 220　　　　　Hydrocarbons ………………… 222
4　Fuel Processing Technologies ……… 221　　4.5　Other Thermochemical Processes
　　4.1　The HEFA Route ……………… 221　　　　　……………………………………… 223
　　4.2　Gasification-Fischer Tropsch … 222　　5　Future Prospects …………………… 223

第28章　微細藻類によるエネルギー生産と事業展望
冷牟田修一，須田彰一郎，秋　庸裕

1　石油業界からみたバイオマスエネルギー ……………………………………… 226
　1.1　藻類を用いることのメリット …… 226
　1.2　藻類を用いることのデメリット … 226
　1.3　これまでの検討 ………………… 227
　1.4　今後の課題 ……………………… 227
2　ボトリオコッカス …………………… 228
3　オーランチオキトリウム …………… 230
　3.1　特徴と歴史 ……………………… 230
　3.2　分離と培養 ……………………… 230

第29章　藻類系バイオマスを活用したエネルギー生産事業への展望
若山　樹

1　はじめに ……………………………… 232
2　藻類系バイオマスのエネルギー生産技術としての適用 …………………… 233
　2.1　液体燃料 ………………………… 233
　2.2　固体燃料 ………………………… 234
　2.3　気体燃料 ………………………… 235
3　藻類系バイオマスを活用した事業展開先 ……………………………………… 236
　3.1　エネルギー生産への適用 ……… 236
　3.2　CO_2固定・利用技術への適用 …… 237
　3.3　排水処理・廃熱回収への適用 … 238
　3.4　高付加価値物質生産への適用 … 238
4　藻類系バイオマスを活用した事業 …… 239
　4.1　米国の状況 ……………………… 239
　4.2　藻類系バイオマスの事業性 …… 240
　4.3　フォトバイオリアクター ……… 240
　4.4　関連事業者間の連携 …………… 242
5　おわりに ……………………………… 244

【第Ⅵ編　国内および海外の情勢と展望】

第30章　バイオマスエネルギー政策の概要について
中村元洋

1　はじめに ……………………………… 247
2　バイオマスのエネルギー利用の現状 … 248
3　バイオマスのエネルギー利用を取り巻く課題 ………………………………… 249
4　バイオ燃料の戦略と計画 …………… 249
5　経済産業省の支援状況について …… 251
6　おわりに ……………………………… 253

第31章　海洋利用のための政策と今後　　寺島紘士

1. 海洋の法秩序と国際的政策の枠組みの変化 …………………………………… 255
2. 新たな海洋秩序や海洋政策の変化のわが国への影響 ……………………… 255
3. 広大で変化に富んだわが国の海域 …… 257
4. わが国海域のポテンシャルとその活用 ………………………………………… 258
5. 海洋基本法の制定と海洋の利用 ……… 259
6. 今後の課題 ……………………………… 260

【第Ⅰ編　微細藻類の基礎】

第1章　分類と系統解析

川井浩史[*1]，中山　剛[*2]

1　はじめに

　「藻類」は一般に「酸素を発生するタイプの光合成をする生物のうち，いわゆる陸上植物（コケ，シダ，種子植物）を除いたもの」と定義される。また，多くのものが水中で生活していることから「主に水中で生活する光合成生物（いわゆる植物）のうち水草やアマモなどの海産種子植物（海草）を除いたもの」と説明される場合もあるが，実際には多くの藻類が土壌や壁，氷の上や，他の生物の表面や時には組織の内部など様々な環境で生活しており，例外が多い。いずれにせよ，これらのすっきりしない定義から明らかなように，「藻類」は進化的にまとまった生物のグループでは無い。その理由は，この「酸素発生型光合成」という機能は細胞内共生という現象によってさまざまな生物によって獲得されたからである。つまりアメーバやゾウリムシのような従属栄養の原生生物（原生動物）が，本来，餌として食べていた光合成生物をすぐに消化してしまうのではなく，細胞内に保持して光合成を行わせ（細胞内共生），最終的には自らの細胞の一部である細胞小器官（葉緑体）とする現象が何度も起こったと考えられている（図1)[1~3]。このため，進化的にはそれぞれの藻類は異なる葉緑体の起源を持つ別の藻類よりは葉緑体を獲得する前の原生生物に近縁であり（例えばミドリムシ（ユーグレナ *Euglena*）は眠り病原虫トリパノソーマ *Trypanosoma* に近縁），上述したようにさまざまな「藻類」は進化的にはまとまらないということになる。

　生物の分類は伝統的に主にその形の情報（形態学的特徴）に基づいて行われ，分類の基本的な単位である「種」を決めると同時に，それらの類縁性を推定し，属や科，目，綱，界といった，より高次の階級での分類を行う（このように分類されたものを分類群と呼ぶ）という形で整備されてきた。19世紀に進化論が提唱され広く認められる以前にはこれらの分類群の間での類縁関係は考慮されていなかったが，進化論以降はそれらの進化的な類縁関係である系統という観点から類縁が考えられるようになった。上述したように伝統的には，それぞれの生物の形態が主要な分類基準であったため，形の特徴が乏しいか，顕微鏡を用いないとその形が観察できないような小さな生物の分類の整備は大形の生物よりは遅れた。しかも，人間が容易に観察，採集できる陸上の生物に比べて水中の生物に関する情報ははるかに得にくい。顕微鏡でなければ見えないよう

[*1] Hiroshi Kawai　神戸大学　自然科学系先端融合研究環　内海域環境教育研究センター　教授
[*2] Takeshi Nakayama　筑波大学　生命環境系　講師

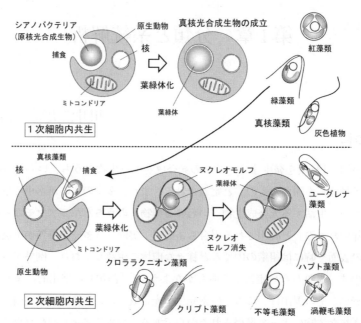

図1 一次細胞内共生（一次共生）および二次細胞内共生（二次共生）による葉緑体の獲得と、新たな光合成生物の誕生

な藻類の分類は，細胞と鞭毛の形状，細胞壁の有無，葉緑体の形状と光合成色素や光合成産物の種類などに基づいて行われてきた。また，海藻類など多細胞のものについては，上述の特徴に加え，藻体全体の外部形態や組織構造，生活史のタイプなどが分類形質して用いられてきた。

一方，1980年代以降，藻類を含む様々な生物の系統を遺伝子情報に基づき解析することが可能になった。この解析は，初期の頃はそれぞれの生物から抽出したRNAまたはDNAの塩基配列を直接決定するという方法で行われていたが，PCR法の発明により，ごく微量のDNA（またはRNA）からでも，目的とする部位を増幅して塩基配列を決定することが可能になった。このため，それまで解析対象としにくかった，大量のRNA，DNAを得ることが困難な生物についても遺伝子解析を行うことが可能になった。このため，現在では微細藻類を含む細菌や原生生物であっても形態の情報に基づかなくとも，その系統の解析や，種の同定が行えるようになった。ただし，このような遺伝子情報による分類（種同定）は，解析に用いる遺伝子について，すでにその分類が明らかな種や系統群の塩基配列情報が明らかになっていることが前提となる。このため，依然としてその系統や種の多様性が十分理解されているわけではなく，また既知の生物群においても遺伝子情報が得られていないものが多い藻類では，あるサンプルについて遺伝的な解析を行ったとしても，必ずしも種や属レベルの同定ができるとは限らず，どの生物群に近い（あるいは遠い）という情報が得られるにすぎない場合もある。

上述したように遺伝子情報による系統解析（または分類）を行うためには，その遺伝子部位の配列情報の蓄積が十分あることが必要である。このため，共通の遺伝子部位を解析対象にする場

合が多く，加えてPCR反応において有効なプライマーが得やすいかどうかという条件から，一般に大まかな系統関係の解析には原核生物（ラン藻など）の場合は16S リボソームRNA遺伝子（16S rDNA），真核生物の場合は核に含まれる18S リボソームRNA遺伝子（18S rDNA）または葉緑体に含まれるルビスコ遺伝子がしばしば用いられてきた。ルビスコ遺伝子は光合成に関わる遺伝子であるために従属栄養生物では利用できないことや，上述したように葉緑体が複数回の細胞内共生によって成立しているため，宿主となった原生生物の系統と，葉緑体の系統は一致しないという問題点があるが，ある藻類がどの系統に属するかを明らかにする上では有効である。ルビスコ遺伝子は大小2つのサブユニットから構成されており，その遺伝子（*rbcL*, *rbcS*）は藻類の系統によって両方が葉緑体に含まれる場合と，核（*rbcS*）と葉緑体（*rbcL*）に分かれて存在する場合があるので，留意する必要がある。また，ミトコンドリアに含まれる*cox1*（COIとも呼ぶ）遺伝子は進化速度が非常に速いため，大まかな系統関係を明らかにするためには適していないが，生物群全体でその塩基配列情報を収集する「生物のバーコード化（Barcode of Life）」プロジェクトで広く調べられたことによって様々な系統群についての配列情報が蓄積されており，藻類でもしばしば用いられるようになっている。さまざまな生物群の塩基配列情報はDDBJ（日本DNAデータバンク：DNA Data Bank of Japan），GenBank，EBIなどのデータベースに登録されており，また微細藻類の系統株コレクションでは収集・提供している系統株（培養株）の遺伝子情報を公開している場合もある。これらの遺伝子情報は，分類や系統解析のために用いられるほか，コンタミネーション，誤操作などによる系統株の取り違えなどを確認するための遺伝子タグ（標識用遺伝子マーカー）としても用いられている。

2　藻類の誕生，進化と系統

　生物界全体は核（細胞核）を持たない原核生物と，核を持ち，原核生物と比べるとはるかに大形で複雑な細胞構造を示す真核生物に大きく区分される。また原核生物は，真正細菌（バクテリア）と古細菌（アーキア）に分けられるが，このうち真正細菌の中で初めて「酸素を発生するタイプの光合成」を行う生物群，すなわちラン藻が誕生した。これらの3つの系統的なグループ（真正細菌，古細菌，真核生物）はしばしばドメインという界よりも大きな階級で区分されている。

　冒頭で述べた藻類の一般的な定義において「酸素を発生するタイプの光合成」としているのは，酸素を発生しない光合成をする生物がいるからである。紅色細菌や緑色硫黄細菌などのいわゆる光合成細菌も光エネルギーを用いて有機物を生産するが，ラン藻や真核生物がラン藻を取り込んで獲得した葉緑体とは異なりこの際に酸素は発生しない。すなわち，ラン藻や葉緑体の光合成では，電子供与体として水を用いているのに対して，その他の光合成細菌は水と比べると著しく限られた資源である硫化水素などを用いている。このため，ラン藻が様々な環境に生育場所を拡大し，地球大気の状態を激変させるほど大繁殖したのに対して，光合成細菌は比較的限られた環境

微細藻類によるエネルギー生産と事業展望

にだけ繁殖しており，その生物量もラン藻と比べると著しく小さい。

　原核生物および真核生物のおおまかな系統関係を図2，3に示す。原核生物は，前述したように真正細菌と古細菌の2つの系統に分けられるが（図2），大腸菌や乳酸菌，枯草菌など我々に身近な原核生物のほとんどは真正細菌に含まれる。唯一の原核藻類であるラン藻も真正細菌に属し，このため最近ではシアノバクテリア（ラン色細菌）と呼ばれることも多い。ラン藻には外洋などの貧栄養環境で優占するシネココッカス*Synechococcus*やプロクロロコッカス*Prochlorococccus*，富栄養環境で大量発生し水の華（アオコ）を引き起こすミクロキスティス*Microcystis*，ラン藻のモデル生物として知られるシネコキスティス*Synechocystis*のように基本的に単細胞性のものと，いわゆるスピルリナ*Arthrospira*（以前は*Spirulina*とされていた）やアナベナ*Anabaena*，スチゴネマ*Stigonema*のように多細胞性のものが含まれる。ラン藻の中には大気中の窒素分子

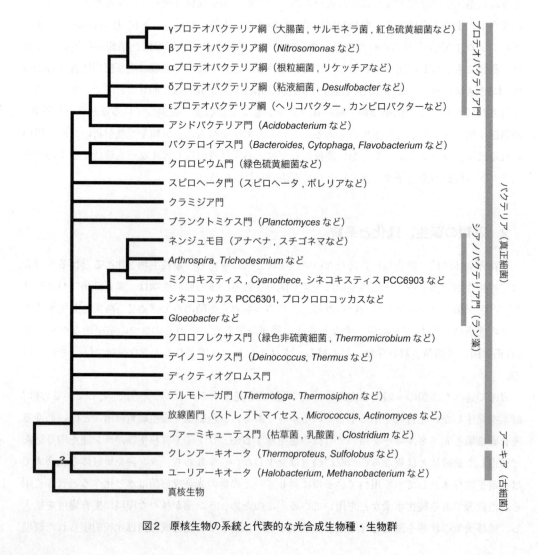

図2　原核生物の系統と代表的な光合成生物種・生物群

第1章　分類と系統解析

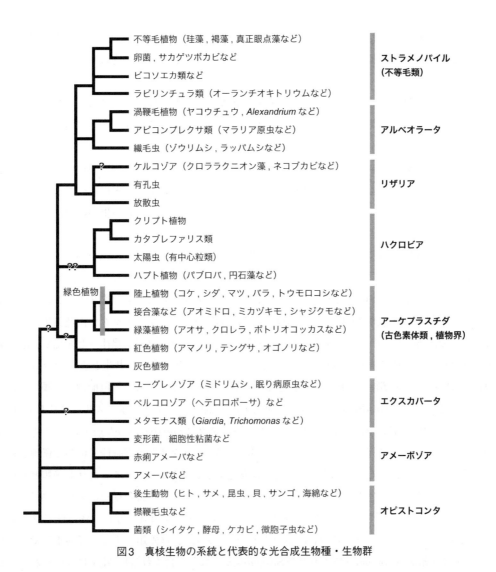

図3　真核生物の系統と代表的な光合成生物種・生物群

を栄養源として利用可能なアンモニウム塩や硝酸塩に変換する窒素固定能を持ったものが含まれるが，特にアナベナやネンジュモ Nostoc などが含まれる系統は窒素固定に特化した細胞であるヘテロシスト（異質細胞）を形成する。ラン藻は一般に光合成色素としてクロロフィル a と，フィコシアニンやフィコエリスリンなどのフィコビリンタンパク質などのアンテナ色素（補助色素）を含むが，フィコビリンタンパク質をほとんど含まず，クロロフィル b を含む種（プロクロロン Prochloron，プロクロロスリックス Prochlorothrix，プロクロロコッカス）やクロロフィル a の代わりにクロロフィル d を含むもの（アカリオクロリス Acaryochloris）なども知られている。ラン藻が獲得した酸素発生型光合成という機能は，先に述べたように細胞内共生という現象を通して真核生物へとつながっていった。

微細藻類によるエネルギー生産と事業展望

　一方,古細菌には酸素発生型光合成をするものは知られていない。古細菌ははじめ,遺伝子情報による違いから真正細菌と系統上大きく異なることが示されたが,細胞膜や細胞壁を構成する成分,DNAに結合するタンパク質の種類や遺伝子の発現システムなどでも大きな違いが見られる。また,古細菌は底泥中などの嫌気的な環境,温泉などの高温環境,塩湖などの高塩分環境など,極端な環境に生育するものが多く,これらの環境適応に関わる機能（例えば耐熱性酵素）を生かした遺伝子資源としての利用という観点から注目されている。

　真核生物は核やミトコンドリア,ゴルジ体,小胞体,鞭毛など複雑な細胞構造をもち,遺伝子システムでも原核生物との相違点が多い。真核生物の系統については,先に述べたような遺伝子情報を用いることによって近年急速に理解が進んできた。現在では,真核生物の中にはアメーボゾア（粘菌類やアメーバ類）,オピストコンタ（動物や菌類）,エクスカバータ（ミドリムシやディプロモナス類）,狭義の植物（紅藻や緑色植物）,ハクロビア（ハプト藻や太陽虫）,リザリア（放散虫やネコブカビ）,ストラメノパイル（ミズカビや褐藻）,アルベオラータ（繊毛虫やマラリア原虫）などいくつかの大きなグループが存在すると考えられている（図3）[4]。この中で最初に酸素発生型光合成を獲得したものの子孫が狭義の植物（アーケプラスチダ,古色素体類ともよばれる）である。狭義の植物の祖先において細胞内共生したラン藻が葉緑体へと変化し,酸素発生型光合成がはじめて真核生物に伝えられた（図1）。この共生を一次共生とよんでいる。狭義の植物の中には灰色植物,紅色植物,緑色植物が含まれる。このうち,紅色植物（紅藻）にはシアニディオシゾン *Cyanidiocyzon* のような単細胞性の種からアマノリ類（スサビノリ *Porphyra yezoensis*（*Pyropia yezoensis*）やテングサ類（マクサ *Gelidium elegans*）,ツノマタ類 *Chondrus*,オゴノリ類 *Gracilaria*,ユーケマ類 *Eucheuma* などの多細胞性で重要な資源生物とされる種などが含まれている。紅色植物は光合成色素としてクロロフィル a とラン藻類と共通するフィコビリンタンパク質を含み,紅藻デンプンを生産する。また緑色植物はアオサ藻類（主として海産で緑色の海藻類などが含まれる）,トレボウキシア藻類（主として淡水産でクロレラ *Chlollera* やボトリオコッカス *Botryococcus* などが含まれる）,緑藻類（主として淡水産で,クラミドモナス *Chlamydomonas* やイカダモ *Scenedesmus* などが含まれる）,陸上植物やそれにつながる接合藻（淡水産でアオミドロ *Spirogyra* やミカヅキモ *Closterium* などが含まれる）などに区分される。緑色植物はクロロフィル a, b を光合成色素として含み,デンプンを葉緑体内に貯蔵するという特徴をもつ。紅色植物や緑色植物がもつ一次共生起源の葉緑体は,いずれも2重膜で包まれているという共通点がある。

　さらに別の真核生物が上述のような一次共生によって生じた藻類を取り込んで葉緑体とすることで,さまざまな藻類が新たに誕生した（図1）。このような現象は二次共生とよばれている。二次共生によって生まれた藻類のなかには,紅色植物を取り込んだ不等毛植物や渦鞭毛藻,ハプト藻,クリプト藻があり,緑色植物を取り込んだものにはユーグレナ藻やクロララクニオン藻がある。これらの藻類では葉緑体は3または4枚の膜で包まれており,またクリプト藻とクロララクニオン藻では取り込まれた真核光合成生物（紅色植物または緑藻植物）の核が残っている（ヌ

第1章 分類と系統解析

クレオモルフとよばれる)。不等毛植物はストラメノパイル（不等毛類）に属し，水界の重要な生産者である珪藻，褐藻，真眼点藻などが含まれる。また不等毛類にはラビリンチュラ類（オーランチオキトリウム*Aurantiochytrium*，シゾキトリウム*Schizochytorium*）や卵菌類（ミズカビなど）などの従属栄養性の系統群も含まれるが，これらが二次共生によって葉緑体を獲得する前の生物なのか，それとも二次的に葉緑体を失った生物なのかは定かではない。繊毛虫やマラリア原虫とともにアルベオラータに属する渦鞭毛藻には，アレクサンドリウム*Alexandrium*のような赤潮の原因となる種やサンゴに共生する褐虫藻（*Symbiodinium*ほか）などが含まれる。ハプト藻（パブロバ*Pavlova*，イソクリシス*Isochrysis*，円石藻など）とクリプト藻は太陽虫などとともにハクロビアという系統群にまとめられている。このうちハプト藻類は光合成や硫化化合物，円石生成などを通じて海洋における物質循環に重要な役割を果たしている。ユーグレナ藻はミドリムシなどを含み，多くは貯蔵多糖としてパラミロンとよばれる不溶性β-1,3グルカンを生産する。ユーグレナ藻は眠り病原虫やランブル鞭毛虫*Giardia*などとともにエクスカバータに属する。リザリアには放散虫や有孔虫，ネコブカビなどが含まれ，緑色植物由来の葉緑体をもったクロララクニオン藻もこの系統群に属する。このように二次共生によって誕生した藻類は系統的に多様であり，それに対応して細胞構造や光合成色素，貯蔵多糖などの特徴が極めて多様である（表1）。

　藻類には単細胞，ボルボックスのように複数の細胞が連結されてできる群体と，多細胞化・大形化したものが見られ，一般に前者を微細藻類，後者を大形藻類（このうち海に生活するものは海藻類）と呼んでいる。藻類は光合成によって生きているため，基本的には大形の粒子を捕食する必要はない（ただし微細藻の中には光合成と捕食を併用しているものもいる）。そのため微細藻類でも大形藻類でも細胞壁を発達させているものが多い。細胞壁の成分としてはセルロースを主とするものが多いが，分類群によって著しく多様である。例えば緑色植物に属する大形藻類の一部ではキシランやマンナンを主成分としている。また，紅藻類ではセルロースに加えて寒天（アガー，アガロース）またはカラギーナンを多く含んでいる。褐藻類はアルギン酸，フコイダン（フカン），セルロースを主成分としている。また微細藻では珪酸質やタンパク質性の外被をもつものや，細胞壁の最外層がスポロポレニン様の物質で覆われている例もある。藻類から光合成産物，貯蔵物質を取り出してバイオマス資源として利用するためには細胞を効率よく破砕する必要があるが，セルロース，ヘミセルロースを細胞壁の主成分とする陸上植物とはその構成成分が大きく異なることに留意する必要がある。

微細藻類によるエネルギー生産と事業展望

表1 主要な藻類の系統群とその特徴

系統群	代表的な生物種, 生物群	体のつくり	主要光合成色素; アンテナ色素	主要貯蔵物質	主要細胞壁成分
シアノバクテリア (ラン藻)	アナベナ, スピルリナ, シネコキスティス, シネココッカス, ミクロキスティス, アカリオクロリス	単細胞, 群体, 多細胞体 (糸状)	クロロフィルa (b, d); フィコビリンタンパク質	ラン藻デンプン (グリコーゲン)	ムレイン (ペプチドグリカン)
紅色植物 (紅藻)	アマノリ類, テングサ類, ユーケマ, オゴノリ	単細胞, 多細胞体 (糸状, 葉状, 樹状)	クロロフィルa; フィコビリンタンパク質	紅藻デンプン (グリコーゲン)	セルロース, 寒天/カラギーナン
灰色植物 (灰色藻)	シアノフォラ	単細胞, 群体	クロロフィルa; フィコビリンタンパク質	デンプン	セルロース
アオサ藻類 [緑藻植物]	アオサ・アオノリ, イワズタ, ミル	単細胞, 群体, 多細胞体 (糸状, 葉状), 多核嚢状体	クロロフィルa, b; ルテインなど	デンプン	セルロース, マンナン, キシラン, グルカン, ラムナン
トレボウキシア藻 [緑藻植物]	クロレラ, ボトリオコッカス	単細胞, 群体, 多細胞体 (糸状, 葉状)	クロロフィルa, b; ルテインなど	デンプン	セルロース
緑藻類 [緑藻植物]	ドゥナリエラ, クラミドモナス, ネオクロリス	単細胞, 群体, 多細胞体 (糸状, 葉状, 樹状)	クロロフィルa, b; ルテインなど	デンプン	セルロース, 糖タンパク
接合藻類	アオミドロ, ミカヅキモ	単細胞, 多細胞体 (糸状)	クロロフィルa, b; ルテインなど	デンプン	セルロース
クリプト植物	クリプトモナス	単細胞	クロロフィルa, c; フィコビリンタンパク質	クリプトデンプン	なし
ハプト植物	パブロバ, イソクリシス	単細胞, 群体, 多細胞体 (糸状)	クロロフィルa, c; フコキサンチンなど	クリソラミナリン	なし (一部は有機質または炭酸カルシウムの鱗片を持つ)
渦鞭毛植物	アレクサンドリウム, ヤコウチュウ	単細胞, 群体	クロロフィルa, c; ペリディニンなど	デンプン	なし
ラビリンチュラ類* [不等毛類]	オーランティオキチウム, ラビリンチュラ	単細胞, 群体	なし	?, 脂質	なし
珪藻 [不等毛類]	ナビキュラ, ファエオダクチラム	単細胞, 群体	クロロフィルa, c; フコキサンチンなど	クリソラミナリン, 脂質	なし (ケイ酸質の殻を持つ)

* 非光合成生物

(つづく)

第1章 分類と系統解析

(つづき)

系統群	代表的な生物種,生物群	体のつくり	主要光合成色素;アンテナ色素	主要貯蔵物質	主要細胞壁成分
褐藻 [不等毛類]	コンブ類, ワカメ, ジャイアントケルプ, モズク類, ホンダワラ類	多細胞体(糸状, 葉状, 樹状)	クロロフィルa, c;フコキサンチンなど	ラミナリン	セルロース, アルギン酸, フコイダン
真眼点藻 [不等毛類]	ナンノクロロプシス	単細胞, 群体	クロロフィルa;ビオラキサンチンなど	?	セルロース
ラフィド藻 [不等毛類]	ヘテロシグマ, シャットネラ	単細胞	クロロフィルa, c;ディアディノキサンチン, フコキサンチンなど	?	なし
黄緑色藻 [不等毛類]	フシナシミドロ	単細胞, 群体, 多細胞体(糸状), 多核嚢状体	クロロフィルa, c;ディアトキサンチン, ボーケリアキサンチンなど	?	セルロース
黄金色藻 [不等毛類]	オクロモナス	単細胞, 群体	クロロフィルa, c;フコキサンチンなど	クリソラミナリン	なし(一部の胞子はケイ酸質の壁を持つ)
クロララクニオン藻	クロララクニオン	単細胞, 群体	クロロフィルa, b;ルテインなど	β-1,3グルカン	?
ユーグレナ(ミドリムシ)類	ユーグレナ	単細胞, 群体	クロロフィルa, b;ディアディノキサンチンなど	パラミロン	なし(タンパク質のペリクルに包まれる)

* 非光合成生物

文　献

1) J. E. Graham *et al.*, Algae, 2nd ed., Benjamin Cummings (2008)
2) 千原光雄(編), 藻類の多様性と系統, 裳華房 (1999)
3) 井上勲, 藻類30億年の自然史, 東海大学出版会 (2007)
4) G. Walker *et al.*, *Parasitology*, 138, 1638 (2011)

第2章 藍藻（シアノバクテリア）のゲノム解析と生理機能

得平茂樹[*1]，大森正之[*2]

1 藍藻（シアノバクテリア）

　藍藻（シアノバクテリア）は今からおよそ30億年前に地球上に出現した原核藻類である[11]。現在よく知られ，産業利用されているクロレラなどの緑藻類が，細胞の中に核とよばれる小器官を持った真核藻類であるのに対して，はっきりとした核を持っていない。つまり正確にはバクテリアに分類される。藍藻は非常に高い光合成能力をもっている。その光合成能力のために大量の二酸化炭素を固定して炭水化物を作ると同時に，水の分解により大量の酸素を地球上に供給した。その結果，それまでに存在しなかった酸素が大気に含まれるようになり，現在の地球大気環境がもたらされたと言われている。現在の植物の葉に含まれる葉緑体の祖先は藍藻である。最初水中に出現した藍藻はやがて陸上に進出し，わずかな水と空気中の二酸化炭素や窒素ガスを栄養源として，岩石の表面を覆い，有機物を岩石表面に蓄積させて現在の土壌を形成した。現在でも南極大陸の氷の下から火山の噴火口の中，海洋の真っただ中から砂漠にまで広く棲息している。形態も細胞がひとつひとつバラバラになって存在する単細胞性のものと，細胞が数珠のようにつながった糸状性のものがあり，多様である[19]。このようなたくましい環境適応機構を持ち，30億年を生き抜いた藍藻には，光合成能力や窒素同化能力だけでなく，いまだにその仕組みが解き明かされていない数多くの不思議な能力が備わっている。

2 藍藻ゲノム

　1996年，千葉県のかずさDNA研究所は光合成生物としては世界で初めて，単細胞性藍藻の*Synechocystis* sp. PCC6803（シネコキスティス）の全ゲノムシーケンスを決定した[7]。光合成生物の全ゲノムが明らかにされたことで，これ以降世界的に植物のゲノム研究が大発展することになる。藍藻に話を絞れば，2001年に糸状性の*Anabaena* sp. PCC7120（アナベナ）の全ゲノムが決定され[6]，その後も*Thermosynechococcus elongatus* BP-1[13]，*Gloeobacter violaceus* PCC7421[14]，*Synechococcus* sp. PCC6301[21]の全ゲノムシーケンスが決定され，最近では2010年に経済産業省製品評価機構（NITE）が*Spirulina (Arthrospira) platensis* NIES-39（スピ

---

*1　Shigeki Ehira　中央大学　理工学部　生命科学科　助教
*2　Masayuki Ohmori　中央大学　理工学部　生命科学科　教授

第2章 藍藻（シアノバクテリア）のゲノム解析と生理機能

ルリナ）のゲノムシーケンスを発表している[3]。世界的にも米国をはじめ多くの国で藍藻の全ゲノムシーケンスが決定され，すでに50を超える種についてのデータが蓄積されている。藍藻のゲノムデータベースであるCyanoBase（http://genome.microbedb.jp/cyanobase）は，各種の藍藻のゲノム配列とその構成遺伝子の情報のみならず，変異株や文献情報までをも含んだデータ

図1　藍藻ゲノムデータベースCyanoBase

ベースとして貴重なゲノム情報を提供している（図1）[15]。

シネコキスティスのゲノムはサイズが約3.6 Mbp（メガベースペア）で，約3,000の遺伝子により構成されており，そのうち約半数の遺伝子について機能が予測されている。遺伝子破壊株を作製した実験から，形質転換に関わる遺伝子群や鉄輸送に関わる遺伝子群，運動調節や走光性に関わる遺伝子群などが同定されている。アナベナはゲノムサイズが約6.4 Mbpであり，シネコキスティスよりはるかに大きいゲノムを持っている。この違いが単細胞性と糸状性の違いに由来するものなのか，アナベナが細胞糸（トリコーム）の中にヘテロシストとよばれる形態や機能の異なった細胞を分化させる能力をもつことに由来するのか，大変興味のある研究課題である。

スピルリナはアフリカのチャドやメキシコで古くから食用に供されてきた藍藻であり，現在でもその乾燥物が栄養補助食品として市販されている。また，健康に良いβ-カロテンを多く含んでおり，光合成色素タンパク質のフィコシアニンは食品添加物として利用されている。スピルリナは細胞外に多量の多糖を分泌する。その中で，スピルランとよばれるラムノースを主とした硫酸多糖は抗ウィルス活性を示すことが知られている。スピルリナのゲノム中には繰り返し配列やファージ様配列が多く含まれており，95 kbpほどのギャップは未だ埋められていない。全ゲノム長は約6.8 Mbpと推定されている。タンパク質をコードする遺伝子は6,630個と予測され，そのうち，5,157個は他の藍藻の遺伝子と相同であったが，1,473個は全く独自の遺伝子であった。RNA遺伝子は49個であった。このように，全ゲノムシーケンスが決まると，他の生物のゲノムとの比較から，未知の遺伝子の機能を推定することができるようになる。次世代シーケンサーの普及により，今後，微細藻類のゲノムは次々と解析されていくであろう。

3　藍藻の形質転換

藍藻はそれぞれ特徴的な機能を持っており，現代の遺伝子工学的な技術を用いて有用な機能を強化し，産業利用に供することも夢ではなくなっている。産業利用はされていないが，シネコキスティスは遺伝子操作による形質転換が容易な藍藻であり，外部からDNAを与えると，それを取り込んで自身のDNAとの組み換えを起こす性質を持っている。そのため，遺伝子の機能を知るための基礎研究にはよく使われる[5]。また，大腸菌と遺伝子をやり取りするための遺伝子ベクターも数多く開発されている。アナベナになると形質転換はやや難しくなり，それなりの遺伝子操作のスキルが必要である。形質転換のための遺伝子ベクターもよく吟味して使用する必要があるようだ[24]。

既に，本格的に産業利用されているスピルリナについて，かなり以前から形質転換系の確立が必要であると言われてきたが，なぜか安定的に遺伝子導入をすることが非常に難しい。近年，リポソームを用いた形質転換法も試みられているが，簡単ではなさそうである[10]。遺伝子の導入が難しいということは，スピルリナの制限修飾系が他の藍藻と異なっている可能性が考えられる。スピルリナの制限修飾系を正確に理解することも，全ゲノム解析の大きな目的の一つでもある。

スピルリナゲノム中にはI型制限修飾系が3つ，II型制限修飾系が8つ，メチラーゼが7つ存在する[23]。これらの数は他の藍藻に比べると非常に多く，この事実がスピルリナでの形質転換の難しさを示しているようである。制限修飾系が明らかになった現在，この知見をもとにした形質転換系の確立が待たれる。

4　藍藻の生理機能と遺伝子

4.1　乾燥耐性機能の分子生物学的解明

　藍藻はそのほとんどの種類が，淡水や海水に棲息しているが，陸上にもかなりの種類が進出している。砂漠のような乾燥土壌にさえも見つけることができる。中国では砂漠にも生える藍藻は食用に珍重されていたようであるが，砂漠緑化の大事な担い手として，現在は採取が禁止されているそうだ。藍藻を荒廃した農地の改良や耕地の砂漠化防止に利用することはできないだろうか。具体的には空中窒素を固定する能力を持つ陸棲藍藻を他の微生物や植物の種子と混ぜて土壌に散布し，土壌表面にマット状に生育させて緑化を促進する。千葉大学の犬伏教授の研究室の研究から，土の表面に藍藻のマットを形成することにより，水分の蒸発が妨げられることや土壌の物理的な性質が改良されることが報告されている[16]。

　私達の研究室では，兵庫県立大学の構内で採取され，三重大学の加藤博士により単離された*Nostoc* sp. HK-01（ノストック）を用いて，この藍藻の乾燥耐性の分子機構について研究した[9]。まず，細胞内のリボソームタンパク質の小サブユニットのRNA（16S rRNA）の塩基配列を用いて系統解析を行ったところ，アナベナと非常によく似た塩基配列を持つことが明らかとなった。すなわちこの2種の藍藻は極めて近縁種である。しかし，乾燥耐性能力に絞って比較すると，アナベナと比較してノストックは非常に強い。ノストックにはあるがアナベナには無い遺伝子システムが存在するようだ。もし，ノストックの全ゲノム解析が終了していれば，すぐに遺伝子の比較が出来るわけであるが，残念ながらノストックの全ゲノム解析は未だ行われていない。そこで，アナベナを用いて藍藻の乾燥耐性機構を探ってみた。

　乾燥によってどのように遺伝子の発現が調節されているかを調べるのには，DNAマイクロアレイ解析が良く使われる。我々が持っているマイクロアレイはスライドガラスの上に5,336種のアナベナの遺伝子が張り付けられている。アナベナの生細胞から抽出したRNAを逆転写することにより，蛍光色素で標識したDNAを作成し，マイクロアレイと反応させ，相対的な発現量を測定した。その結果，乾燥によって実に多くの遺伝子の発現が変化することが明らかとなった（図2）[8]。光合成に関係する遺伝子の多くは乾燥ストレスにより，発現が減少した。逆に，トレハロース代謝系の遺伝子やタンパク質の立体構造を保つ機能を持つ分子シャペロンは発現が増加した。両者ともに乾燥時におけるタンパク質の構造や活性の維持に必要であると考えられている。このようにアナベナは乾燥で光合成が行えなくなると，無駄にタンパク質を作ることは止め，水が供給される時への備えを固めるのである。一度乾燥させたアナベナを再び水に戻すと，直後か

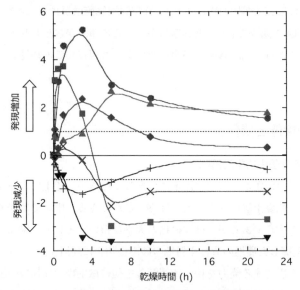

図2 乾燥による遺伝子発現の時間変化
発現が増加する遺伝子群と減少する遺伝子群があり，
それぞれいくつかの発現パターンを示す。

ら多くの遺伝子の発現が見られた[4]。その後の研究から，RNAポリメラーゼのシグマ因子の一つシグマJをアナベナ細胞で大量に発現させると，乾燥耐性能が増すことが明らかになった[22]。将来的にはより乾燥に強い植物を分子生物学的手法で生み出すことが可能になると思われる。

4.2 細胞内信号伝達系遺伝子の改変による代謝の制御

これまでにも標的とするタンパク質を改変してその機能を増大させようとする試みは多くなされてきた。低温耐性の遺伝子を導入することにより，低温でも生育できるように植物を改変したりするのは，良い例である[12]。しかし，目的とする遺伝子を導入しても，目指したような機能を植物に付与できなかった例は非常に多い。あるひとつのタンパク質を大量に作っても，細胞全体としての反応系すなわち代謝系にスムーズに乗らなければ，結果としては何も起こらないことになる。逆に代謝系のバランスを崩すことによって，細胞を死に至らしめることにもなる。ある特定の物質を大量に作らせたいならば代謝系全体の制御系を理解する必要があるということになる。

細胞の代謝機構の調節の一翼を担っているのが情報伝達系である。情報伝達系は細胞の外部からの情報すなわち環境情報を細胞の中枢である核に伝える役割を担っている。核では環境の変化に対応すべく指令が作られ，それをもとに代謝系が環境に適応して変化する。そこで，代謝系の調節機構の中で上流に位置する情報伝達機構を人為的に操作することにより，細胞に目的とする物質を恒常的に生成させるという戦略が考えられる。微細藻類を含む植物は，寒暖，明暗，二酸

第2章　藍藻（シアノバクテリア）のゲノム解析と生理機能

化炭素濃度など数限りない環境の変化を環境情報として捉え，それらの変化に応じて代謝機構を調節している．外部の環境からの情報をとらえる基本単位は一つ一つの細胞であり，細胞は細胞膜で包まれている．したがって，外界からの情報はまず細胞膜で捉えられる．細胞膜には情報（信号）受容体とよばれるタンパク質が，所狭しと並んでいる．さながらパラボラアンテナの林のようなもので細胞は覆われていることになるだろう．これらの情報（信号）受容体を起点とする情報伝達系は，細胞の中を自由に移動できる低分子の情報媒体（メッセンジャー）を経て，目的の酵素の活性化や遺伝子発現の変化を実現する．

　藍藻における情報媒体として，動物の血糖値調節において良く知られている環状AMP（サイクリックAMP，cAMP）が重要な役割を果たすことを我々は発見した[18]．cAMPは明暗の変化や好気，嫌気の変化，pHの変化に対応して細胞内の濃度を著しく変化させる．すなわち，藍藻においては，cAMPは環境情報のセカンドメッセンジャーであることが明らかとなった．これまでの研究からは，呼吸などの光合成によらないエネルギーの供給系の制御や，イオンの取り込み，細胞の運動の促進，さらに，光による代謝変化にも関与している可能性もあり，その機能は多岐に渡っているようだ[18]．藍藻の代謝の光による調節はバイオエネルギー生成や有用物質の生成に応用されようとしており，cAMPがそのような場面で利用される可能性は高い．スピルリナはcAMPによって顕著に凝集することが知られており，凝集には多糖の分泌なども関わっているのであろう[17]．スピルリナのゲノム解析によれば，スピルリナは他の藍藻よりも多くの種類のcAMP合成酵素を持っており，かなり複雑なcAMP情報伝達系を有することが伺える．細胞内の情報伝達系を人為的に調節することにより様々な代謝系の制御が可能となるであろう．

5　藍藻ゲノム情報の応用利用

　これまで述べたように，微細藻類は優れた光合成能力をもっており，植物に替わる新たなバイオマス資源として注目されている．特に原核生物である藍藻は遺伝子操作が容易であり，また細胞構造も単純なため生物工学的な育種に適している．効率的な遺伝子改変，代謝改変を行うためには，ゲノム情報は欠かせぬ情報である．バイオエネルギー生産に関する研究においてその情報が大いに役立っている．

5.1　比較ゲノム解析によるアルカン生合成経路の同定

　多くの植物や微細藻類は，アルカン（飽和炭化水素）を合成することが知られている．アルカンはガソリンや軽油の主要構成成分であり，微細藻類由来のバイオエネルギーとして期待されている．アルカンの生合成には，脂肪酸代謝が関係していると考えられていたが，その詳細は分かっていなかった．しかし，最近Schirmerらがゲノム情報をうまく利用して，その生合成経路を同定することに成功した[20]．Schirmerらはまず，ゲノム情報が利用できる藍藻について，そのアルカン生産能力を分析した．分析を行った11種のうち，10種の藍藻がアルカンを生産してい

た。アルカンを生産しなかったSynechococcus sp. PCC 7002には，アルカン生合成経路が存在しないと考えられる。そこで，11種の藍藻の持つ全ての遺伝子に関して比較解析（比較ゲノム解析）を行い，アルカンを生産する10種の藍藻にはあるがSynechococcus sp. PCC 7002のゲノムには存在しない遺伝子を見つけ出した。そして，その中の2個の遺伝子がアルカンの生合成経路を構成していることを明らかにした。これら2個の遺伝子を大腸菌で発現させることで，大腸菌にアルカンを生産させることにも成功しており，今後この代謝経路を利用したアルカン高生産株の育種が期待されている。

5.2 ポストゲノム解析を利用した代謝改変

ゲノム解析の進展はそれぞれの生物の持つ遺伝子の全体像を明らかにしただけでなく，その情報を利用した様々な研究手法（ポストゲノム解析）を生み出した。特にゲノムDNAからの転写産物（トランスクリプト）を網羅的に解析し，生体応答のダイナミクスを明らかにするトランスクリプトーム解析は，代謝や細胞分化などの制御メカニズムの解明に有用な手法である。筆者らは，窒素固定型の藍藻アナベナを用いてトランスクリプトーム解析を行い，糖代謝の制御メカニズムを明らかにすることに成功している[1]。NrrA (Nitrogen-regulated response regulator A) は，窒素欠乏環境への応答において多くの遺伝子の発現を調節する重要な転写制御因子である[2]。トランスクリプトーム解析により，グリコーゲンの分解と分解により生じた糖の利用に関わる複数の遺伝子の発現がNrrAにより制御されていることが明らかとなった。さらに，nrrA遺伝子の発現を操作することで，生体内の糖代謝を改変し，細胞内にグリコーゲンを蓄積させることにも成功している。この転写制御因子を利用した代謝改変は，代謝工学の新たな手法として注目されている。これまでの代謝改変では，標的とする遺伝子の数だけ，場合によってはそれ以上の遺伝子操作を繰り返す必要があった。しかし，代謝系をまとめて制御する転写制御因子を利用することで，1回の遺伝子操作で多くの代謝系遺伝子を操作することが可能となる。さらに代謝系を制御する転写制御因子は，代謝調節に重要な未知の遺伝子の発現をも制御していると予測され，既存の知識からでは遺伝子操作の対象とならない遺伝子をも一括して操作することができ，より効率的な代謝改変が可能となる。

文　献

1) S. Ehira *et al.*, *J. Biol. Chem.*, **286**, 38109-38114 (2011)
2) S. Ehira *et al.*, *Mol. Microbiol.*, **59**, 1692-1703 (2006)
3) T. Fujisawa *et al.*, *DNA Res.*, **17**, 85-103 (2010)
4) A. Higo *et al.*, *Microbiology*, **153**, 3685-3694 (2007)
5) M. Ikeuchi *et al.*, *Photosynth Res.*, **70**, 73-83 (2001)

第2章 藍藻（シアノバクテリア）のゲノム解析と生理機能

6) T. Kaneko et al., *DNA Res.*, **8**, 205-213（2001）
7) T. Kaneko et al., *DNA Res.*, **3**, 109-136（1996）
8) H. Katoh et al., *Microb. Ecol.*, **47**, 164-174（2004）
9) H. Katoh et al., *Microbes Environ.*, **18**, 82-88（2003）
10) Y. Kawata et al., *Mar. Biotechnol.*, **6**, 355-363（2004）
11) A. H. Knoll, Cyanobacteria and earth history. In A. Herrero, E. Flores (ed.), The cyanobacteria, Molecular biology, genomics and evolution. Caister Academic Press, Norfolk, UK（2008）
12) N. Murata et al., *Nature*, **356**, 710-713（1992）
13) Y. Nakamura et al., *DNA Res.*, **9**, 123-130（2002）
14) Y. Nakamura et al., *DNA Res.*, **10**, 137-145（2003）
15) M. Nakao et al., *Nucleic Acids Res.*, **38**, D379-381（2010）
16) S. Obana et al., *J. Appl. Phycol.*, **19**, 641-646（2007）
17) K. Ohmori et al., *Plant and Cell Physiology*, **34**, 169-171（1993）
18) M. Ohmori et al., *Photochemical & Photobiological Sciences*, **3**, 503-511（2004）
19) R. Rippka et al., *J Gen Microbiol.*, **111**, 1-61（1979）
20) A. Schirmer et al., *Science*, **329**, 559-562（2010）
21) C. Sugita et al., *Photosynth Res.*, **93**, 55-67（2007）
22) H. Yoshimura et al., *DNA Res.*, **14**, 13-24（2007）
23) 成川礼ほか，光合成研究，**20**, 150-160（2010）
24) 得平茂樹，佐藤直樹，化学と生物，**39**, 121-126（2001）

第3章　脂溶性代謝物プロファイリング
（脂質メタボロミクス）

馬場健史*

1　はじめに

　遺伝子からRNAへの転写に始まるゲノム情報の媒体の一連の流れは，RNAからタンパク質（酵素）への翻訳，酵素反応による代謝物の生成を経て，表現型へと収束していく．この情報の媒体の流れを連続的に捉えることにより，遺伝子を出発点とした細胞の生命現象を正しく理解することができると考えられる．代謝物総体（メタボローム）の解析を目的とするメタボロミクスは，プロテオミクスおよびトランスクリプトミクスと並んで，生物学の大きなテーマであるゲノム情報の全容解明の鍵を握るポストゲノム科学の有望技術であるとされている．

　現在，メタボロミクスにおける代謝物の検出には質量分析（Mass Spectrometry, MS）が頻用されている．質量分析は，被験化合物の定性情報，すなわち分子量および構造情報を得ることができるとともに，高感度の定量が可能である．通常，MSは何らかの分離手段と組み合わせて使用することにより，致命的な欠点であるイオンサプレッションを回避するとともに，分子量と溶出時間の組み合わせによる代謝物の同定の精度が向上する．これまでに，ガスクロマトグラフィー（Gas Chromatography, GC）/MSやキャピラリー電気泳動（Capillary Electrophoresis, CE）/MSにより，解糖系，トリカルボン酸（TCA）サイクルなどの生体内の中心代謝経路に関わる親水性の低分子代謝物を対象としたメタボロミクスが盛んに行われている[1, 2]．

　一方で，脂質に関しても，近年の研究でエネルギー源や生体膜の構成成分であるだけでなく，生理活性シグナル分子として生理現象に関わっていることが明らかとなったことから，メタボロミクスのターゲット分子として注目されるようになり，脂質メタボロミクス，リピドミクスとして，脂質に特化したメタボロミクスが最近特に積極的に進められている．生体膜の構成成分の1つであるリン脂質は酵素による代謝を受けることにより，脂肪酸とリゾリン脂質を生成する．リン脂質はβ酸化によりエネルギー源として消費されたり，エイコサノイドの前駆体としてシグナル伝達に関与する一方で，リゾリン脂質はそれ自身がシグナル分子として働く．このように，脂質の代謝がキーとなってさまざまな生理現象が引き起こされることがわかってきており，ゆえに，脂質の細胞内における機能を体系的に理解するためには，これらの代謝の動的振る舞いを包括的に捉える必要がある．

　脂質は水に不溶な生体成分の総称であり，基本的には疎水性が高いとされるが，リン酸基や糖

---

*　Takeshi Bamba　大阪大学　大学院工学研究科　生命先端工学専攻　准教授

第3章 脂溶性代謝物プロファイリング（脂質メタボロミクス）

など，極性の高い分子種の結合により，幅広い極性を持つ。これに加えて，脂肪酸の鎖長や不飽和度だけが異なる多数の構造類縁体が存在すること，構造異性体が存在することなどから，脂質の分析には高度な分離分析技術が要求される。また，データ解析においても脂肪酸の組み合わせや結合位置が異なるが同じm/zを示す異性体，いわゆる同重体が多数存在するため，成分の同定には独特の解析が必要である。このような状況が脂質メタボロミクスを実施しようとしたときの大きなハードルとなり，脂質におけるメタボロミクス研究が遅れてきた理由の一つである。近年では脂質メタボロミクスのための各種分析手法やデータ解析の手法が構築され，分析科学を専門としない研究者にも脂質メタボロミクス研究ができるようになってきている。本稿では，微細藻類における脂質プロファイリング研究の実施を考えておられる方に実用的な技術について最近のトレンドを交えて専門外の方にも分かり易い形で紹介したいと思う。まず，一般的なダイレクトインフュージョンMSや液体クロマトグラフィー（Liquid Chromatography, LC）/MS等を用いた脂質メタボロミクスのシステムについて解説し，筆者らが取り組んでいる超臨界流体クロマトグラフィー（Supercritical Fluid Chromatography, SFC）を用いた新しい脂質プロファイリングの技術についても紹介したい。本稿を読んで頂いて脂質メタボロミクスに興味を持って頂いた方には，サンプル調製や分析条件など詳細なプロトコールが記載されている大変参考になる成書[1〜5]があるので是非ご覧頂きたい。

2 脂質プロファイリング法の概論

　メタボロミクスは網羅的な代謝物の解析を目的としているが，実際には一回の分析で必要とするすべての代謝物の情報が得られるというわけでない。上述のとおり解析対象を脂質に限ったとしても多数の分子種が存在し，それぞれの含有量も大きく異なることから，目的に応じた分析方法の使い分けが重要である。現在一般的に用いられている手法としては，ダイレクトインフュージョン（DI）MS法とLC/MS法がある（詳細については3節，4節で紹介する）。また，これらの分析により行われる脂質メタボロミクスはその目的に応じて3つの手法に分類される[2, 3]。

　1つ目の手法は，「Non-targeted method」である。解析対象を特定の分子を限定せずに，検出された分子を対象として解析を行うものである。試料中の脂質の大まかなプロファイリングをとらえ解析対象のスクリーニングを行う際に好適な手法であり，脂質プロファイリングのファーストステップとして用いられることが多い。この手法においては，できるだけ多くの成分をもれなく検出し，またそれらを質量分析の解像度を利用して判別，同定したいということから，飛行時間型の質量分析計（Time of Flight Mass Spectrometry, TOFMS）やオービトラップ（Orbitrap）質量分析計が用いられる。また，構造情報を得るために，MS/MS分析によるフラグメント情報の取得が可能な四重極型（Q）-TOFやイオントラップ型（IT）-オービトラップ型などのハイブリッド型質量分析が頻用される。

　2つ目の手法は，特定の脂質クラスに解析対象を絞りその中で網羅性を追求した「Focused

method」である。リン脂質においてはコリン基やセリン基など特有の極性基を有することから，それらの部分構造を持つものを特異的に検出するプリカーサーイオンスキャンやニュートラルロススキャンを用いて，特定の脂質クラスの分子群を選択的にかつ包括的に分析する手法である（図1）。プリカーサーイオンスキャンは，結合脂肪酸の解析にも有用である。この手法にはスキャンスピードの速い三連四重極型質量分析計（QqQMS）が好適であり，低濃度の成分の検出を目的とする場合には装置の感度も重要になる。また，この手法はDI法でも目的とする脂質のプロファイルの取得が可能なことから，LCなどの分離手法を用いなくても良い簡便さ，スループットの面から頻用されている。近年では，長時間安定したナノフローでの試料導入が可能なNanoMate（Advion社）が開発され，ハイエンドのスキャンスピードが速い高感度質量分析計を用いなくても目的とするプロファイルの取得が可能となっている。

　3つ目の手法は，特定の分子種を解析の対象とする「Targeted method」である。脂質プロファイリングにおいても解析の対象がある程度選定できている場合には，複数の代謝物にフォーカスしたマルチターゲット，さらに多くの対象の解析を行うワイドターゲット分析が用いられる。この手法においても「Focused method」と同じくQqQMSを用い，特定の分子の定量に好適なMultiple Reaction Monitoring（MRM，Selected Reaction Monitoring，SRMともいう）により対象化合物の解析を行う。MRMは1つ目の四重極（Q1）でプリカーサーイオンを選択し，2つ目の四重極（Q2）でそのイオンをフラグメンテーションさせ，3つ目の四重極（Q3）で特異的なフラグメントのイオンを選択することから選択性の高いデータを取得可能であり，微量成分の検出も可能な高感度の手法である。また，定量性も高いことから定量分析に好適な手法である。最近では，高速MS/MS測定が可能な質量分析計を用いて理論的に拡張したtheoretically expended MRMやpredicted MRMなどによりさらに多くの脂質に対して定量性の高いデータを得るための手法が用いられている。このpredicted MRMは，構成脂肪酸のバリエーションによる異性体が存在する脂質の特性を効果的に利用することにより網羅性を向上させる有用な手法で

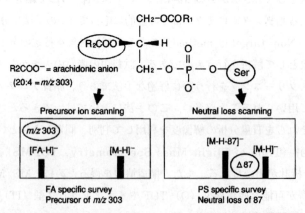

図1　プリカーサーイオンスキャンとニュートラルスキャン
（ホスファチジルセリンの分析例）[文献2 (p44, 図3) より引用]

第3章　脂溶性代謝物プロファイリング（脂質メタボロミクス）

ある。MRM分析においては通常Q1でプリカーサーイオンを，Q3で脂質クラスに特有のフラグメント（検出感度が良い理由から）を選択するため，どのような種類（クラス）であるかと，結合している脂肪酸炭素数の合計までの情報を得ることは可能であるが，構成脂肪酸の完全な同定はできない。構成脂肪酸の同定を行うには，負イオンモードにおいて脂肪酸のフラグメントの解析を行う必要がある。先に述べた脂肪酸に特異的なフラグメントをターゲットとしたプリカーサーイオンスキャン分析か，解析対象のプリカーサーイオンに対して各種脂肪酸のMRM分析を行い，検出された脂肪酸の情報をもとに構成脂肪酸を決定する。しかし，sn-1およびsn-2の結合位置までは同定が難しく，完全な構造の同定にはクロマトグラフィーの情報等も併せた総合的な解析が必要である。

　それぞれのリン脂質により，正イオンで検出しやすい分子と負イオンで検出しやすい分子があるので理解しておく必要がある。一般的に，ホスファチジルコリン（PC）やホスファチジルエタノールアミン（PE）はプロトン付加体として正イオンモードで検出され，負イオンモードではほとんど検出されない。一方，ホスファチジルイノシトール（PI）やホスファチジ酸（PA）は正イオンモードでは検出されにくく，脱プロトン体として負イオンモードで検出される。しかし，移動相にギ酸アンモニウムなどの塩を加えておくと，PCはギ酸付加体として負イオンモードで，PIはアンモニア付加体として正イオンモードで検出できるようになる。また，どちらのモードでもイオン化しにくいトリアシルグリセロール（TAG），ジアシルグリセロール（DAG）などの中性脂質についても，アンモニア付加体として正イオンモードで，ギ酸付加体として負イ

表1　リン脂質のイオン化パターン（移動相にギ酸アンモニウムを添加した場合）

	正イオン	負イオン		正イオン	負イオン
PC	+1[+H]	+45[+HCOO]	PS	+1[+H]	−1[−H]
Lyso PC	+1[+H]	+45[+HCOO]	Lyso PS	+1[+H]	−1[−H]
PE	+1[+H]	−1[−H]	TAG	+18[+NH$_4$]	−1[−H] +45[+HCOO]
Lyso PE	+1[+H]	−1[−H]	DAG	+18[+NH$_4$]	−1[−H] +45[+HCOO]
PI	+18[+NH$_4$]	−1[−H]	MAG	+1[+H] +18[+NH$_4$]	+45[+HCOO]
Lyso PI	+1[+H] +18[+NH$_4$]	−1[−H]	FA	+18[+NH$_4$]	−1[−H]
PA	+18[+NH$_4$]	−1[−H]	SM	+1[+H]	+45[+HCOO]
Lyso PA	+1[+H] +18[+NH$_4$]	−1[−H]	Cer	+1[+H]	+45[+HCOO]
PG	+18[+NH$_4$]	−1[−H]	Sph	+1[+H]	+45[+HCOO]
Lyso PG	+18[+NH$_4$]	−1[−H]	S1P	+1[+H]	+45[+HCOO]

PG：phosphatidylglycerol, PS：phosphatidylserine, MAG：monoacylglycerol,
FA：free fatty acid, SM：sphingomyelin, Cer：ceramide, Sph：sphingosine,
S1P：sphingosin-1-phosphate
［文献3（p109, 表2.17）を改変して引用］

オンモードで検出可能になる。表1に各種脂質クラスのイオン化パターンをまとめたので実際の分析の際に参考にして頂きたい。

上記のとおり，脂質分析は質量分析の各種手法を駆使し複雑な解析を行う必要があるため，質量分析を触ったことがない方には実施する際の大きなハードルとなる。特にデータ解析においては，多数の構造異性体が混在することから複雑な成分同定のための高いスキルと大変な労力を必要とする。しかし，最近，田口良先生のグループ，三井情報のご努力により，Lipid Searchという自動同定ソフトウエアが開発されたので，大量の分析結果をハイスループットで精密に解析することが可能となった。Lipid Searchの詳細については5節で解説する。

3 ダイレクトインフュージョンMSによる脂質プロファイリング

ダイレクトインフュージョン（DI）/MS法による脂質プロファイリングは，Hanらのグループが「Shotgun Lipidomics」と名付けて積極的に取り組んでおり，技術開発ならびに応用研究を進めている[6,7]。クロマトグラフィーによる分離を用いずelectrospray ionization mass spectrometry（ESI/MS）を用いたDI法による分析を行い，その結果を二次元マッピングにより解析するものである（図2）。クロマトグラフィーによる分離を行わない場合抽出した脂溶性

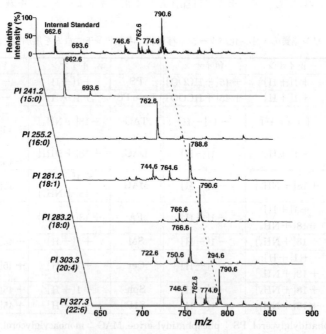

図2　マウス心筋脂質抽出物中のPEの二次元ESI/MS分析結果
LiOH存在下負イオンモードプロダクトイオンスキャン
［文献6（FIGURE 10）を引用］

第3章 脂溶性代謝物プロファイリング（脂質メタボロミクス）

成分を一度に導入すると多数の成分が混在するため解析が困難になるが，当該手法では脂質の電気的な性質（表2）にもとづいて図3に示すようなスキームで粗抽出物の分画を行うことにより，効率的に解析を行うプラットフォームを構築している。

上記のとおり，DI/MS法は簡便で，スループットが高いことから，マーカー成分や変動因子の同定などスクリーニングに有用である。しかし，DI/MS法による分析には，イオン化サプレッションの影響により，定量性の低下や微量脂質が検出できなくなるなどの課題がある。しかし，安定同位体を内部標準として添加する方法[8]や実用性の高いナノインフュージョンシステム（NanoMate, Advion社）が開発され，DI/MS法による脂質リピドミクスシステムが構築されている[7]。一般的なナノフローのシステムではスプレーチップの問題で安定した結果を得ることが難しいが，当該システムではシリコンウェハーのベースに配置されたマイクロノズルを用いることにより長時間，また多検体の連続分析においても安定した再現性の高いナノフローでのスプレーが可能になり，これまでDI/MS法では検出できなかった微量成分の解析も可能になっている。また，当該手法のサンプル使用量は最大10 μLであることから，局在解析など試料量が限られるサンプルの分析にも適用可能である。

表2 電気的な性質に基づく脂質の分類

Group	Electrical propensity	Lipid classes
Anionic lipids	Carry net negative charge(s) at physiological pH	Cardiolipin, acylCoA, sulfaide, PIPs, PG, PS etc.
Weak anionic lipids	Carry net negative charge(s) at alkaline pH	PE, lysoPE, Cer, free FA, eicosanoids, etc.
Neutral polar lipids	Neutral at alkaline pH	PC, lysoPC, SM, glycolipid, TAG, etc.
Special lipids	Vary	Acylcarnitine, sterols etc.

PIPs, phosphoinositides（PIP, PIP_2, PIP_3）
［文献6（TABLE 1）を改変して引用］

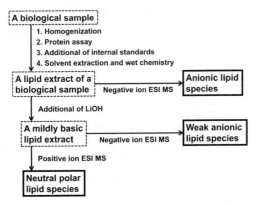

図3 DI/MS法によるShotgun Lipidomicsのスキーム
　　［文献6（FIGURE 7）を改変して引用］

4 LC/MSによる脂質プロファイリング

上記DI/MS法のイオン化サプレッションの問題を低減させる手法として，LC/MSなどのクロマトグラフィーによる分離を適用した手法が構築されている[9〜12]。当該手法では微量成分の解析や構造異性体の解析も可能になる。LC/MS脂質分析系には順相系のカラムを用いたものと，逆相系のカラムを用いたものがある。

順相系のカラム，すなわち未修飾のシリカゲルカラムを用いた場合には，最初に中性脂質が溶出した後に，リン脂質の極性基の疎水性の高い分子から低い分子へと順に溶出される（図4）。順相系のカラムを用いた分析系では脂肪酸側鎖の異なる個々の分子を分離することはできないが，脂質クラスごとに分離されることから，全体のプロファイルを取得するのに好適な手法である。

一方，逆相系のカラムを用いた場合には，順相カラムとは逆の順序（疎水性の低い分子から疎水性の高い分子の順）で溶出される。結合脂肪酸の鎖長が長くなるほど保持時間は長くなり，また結合脂肪酸の炭素鎖が同じ場合は不飽和度が高くなるほど保持時間が短くなる（図5）。さらに，同じm/zを持つ分子の場合には，sn-1，sn-2がともに不飽和脂肪酸であるものは最も早く，不飽和脂肪酸と飽和脂肪酸を持つ場合は，飽和脂肪酸の炭素数が小さいほど早く溶出する傾向がある。上記のように逆相系のカラムを用いた分析系では結合脂肪酸の異なる分子を分離することが可能であることから，クラス内の脂質の詳細な解析に有用な手法である。

なお，PA，PS，ホスファチジルイノシトールリン酸群（PIPs）などの酸性リン脂質は生体内の存在量が微量であり，抽出やクロマト操作における吸着やテーリングの問題があり同一手法による分析が難しい。ガラスバイアルのシラン処理，特別な抽出，前処理，配管，バルブ等分析系の非金属化など工夫が必要である。詳細については文献[10]や成書[2,3]を参考にして頂きたい。

また，微細藻類によるエネルギー生産において重要な脂質であるTAGの詳細な解析が可能なLC/MSによる分析系についても構築されている[11]。TAGは脂肪酸が3つ結合しており多数の構造異性体が存在する。また，極性基を有しない非常に疎水性の高い分子であり，HPLCにより個々の分子を分離することが困難であった。しかし，近年開発された超高速液体クロマトグラフィー（UHPLC）を用いることにより，構造異性体を含めた各TAG分子の炭素鎖や不飽和度の違

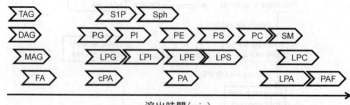

図4　順相カラムを用いた場合の各リン脂質の溶出順序
［文献3（p107, 図2.24）を改変して引用］

第3章 脂溶性代謝物プロファイリング（脂質メタボロミクス）

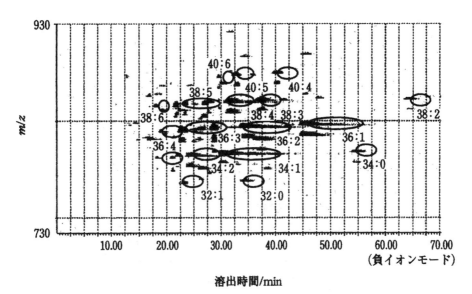

図5　逆相カラムを用いたブタ肝臓脂質のPC分子種の二次元マッピング
（負イオンモード）［文献3（p108, 図2.25）より引用］。

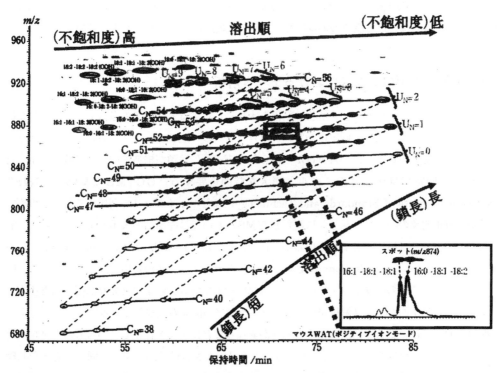

図6　マウス肝臓由来TAGの分子種の二次元マッピング
［文献3（p121, 図2.30）より引用］

微細藻類によるエネルギー生産と事業展望

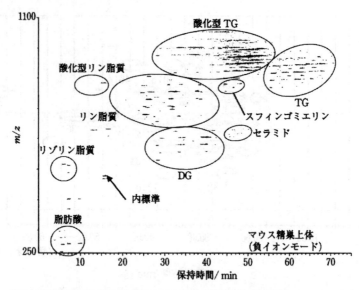

図7 逆相LC-MS/MS分析システムによる脂質の包括的プロファイリング
［文献3（p123, 図2.32）より引用］

いにより規則的な分離が可能になった（図6）。この系では，TAGの酸化物の他に，リン脂質，スフィンゴ脂質，脂肪酸なども分析可能である。文献12）の分析条件が最新バージョンであり，現時点でLC/MSにおける脂質の網羅的な一斉分析に最適なメソッドである（図7）。

5 脂質メタボロミクスにおけるデータ解析

メタボロミクスにおけるデータ解析は結果を大きく左右するといっても過言ではない重要な行程であり，その中でも成分の同定は脂質メタボロミクスの一連のプロセスにおいて大きな部分を占める。多成分を対象とした一斉分析から得られたデータには類似構造の成分が多数混在するため，成分の同定にはかなりのスキルと膨大な時間を要する。GC/MSにおいてはNIST（National Institute of Standards and Technology）などのライブラリを利用することが可能であるが，解析対象のバリエーションに富むLC/MSにおいては標準品の入手が困難なことから実用的なライブラリは構築できていないのが実情である。Lipid Bank（http://lipidbank.jp/）やLipid Map（http://www.lipidmaps.org/）といったデータベースの整備も進みつつあるが，脂質メタボロミクス用のソフトウエアについては発展途上であり，同定に必要な拡張された検索エンジンを含む効率的なデータ解析が可能なソフトウエアの開発が望まれている。

脂質においては，結合脂肪酸の組み合わせが異なることにより多様化しているものの種類（クラス）が20種ほどに限られていることから，入手可能な脂質標準品を用いて同定に必要な基礎的なフラグメント情報を取得し，データベースを構築することが可能である。実際に生体試料を分析することによって，そのデータを脂肪酸鎖長や不飽和結合の数など分子種を形成する種々の

第3章　脂溶性代謝物プロファイリング（脂質メタボロミクス）

要素から生じる多様性を理論的に構築したデータと照合しつつ，データベースを拡張することにより，標準品の入手ができない脂質の同定も可能なデータベースが構築できる。田口良先生のグループと三井情報との共同研究により，MSデータからの自動ピークピッキング技術と，蓄積，開発されてきたデータベースと検索アルゴリズムを合体させることにより，質量分析による脂質測定データから脂質代謝物を自動同定するためのLipid Searchという検索ツールが開発された[13〜15]。Lipid Searchは各メーカーの質量分析計により取得された脂質の分析データを読み込み，脂質を自動同定するWebアプリケーションである。脂質の質量分析の生データを読み込み，適切な脂質ピークを選択する波形解析モジュール，脂質の仮想構造から，そのプリカーサーイオンとそこから生じるプロダクトイオンデータ群を保持する脂質データベース，抽出した脂質ピークと脂質データベースを使用し，サンプル内に存在する脂質を同定するモジュールで構成されている。MS1，ニュートラルロススキャン，プリカーサーイオンスキャンの各スペクトルの同定結果を集計し，最も確からしい脂質を検索することが可能である。また，Lipid Searchでは，m/z値の理論値と実測値の誤差，MS2における実測フラグメントデータの予測フラグメントとの一致数，LC溶出時間の実測値と予測値のずれの3つが同定結果の確かさを決定しスコア値が算出されるため，同定結果の信頼性の評価が可能である。また，標準物質から得たデータだけでなく構造相関を利用した仮想構造までも定義することにより解析対象の脂質の網羅性を上げることが可能であり，現在，脂肪酸，アシルグリセロール，リン脂質とその酸化物，スフィンゴ脂質およびスフィンゴ糖脂質，など約20万程度の分子が格納された理論データベースが構築されている。開発された自動定量プロファイリングシステムとLipid Searchの自動検索結果を統合できる解析システムはWeb上で公開されている（http://lipidsearch.hs.chubu.ac.jp/LipidNavigator.htm）。Lipid Searchの開発により，これまで膨大な時間をかけて手作業で行っていたボトルネックの成分同定作業がハイスループットかつ高い精度で行えるようになり，脂質メタボロミクスのツール化が加速すると思われる。

6　SFC/MSを用いた新規脂質プロファイリングシステム

先に述べたとおり，構造が類似した異性体が多数存在する脂質の分析においてそれぞれの脂質分子種を分離同定するためには解像度の高い分離系が必要になる。そこで，筆者らのグループでは，新たな脂質の分離系として超臨界流体クロマトグラフィー（supercritical fluid chromatography，SFC）に注目し，脂質プロファイリングにおける適用技術の開発および応用研究に取り組んでいる。

SFCは，超臨界流体（物質固有の気液の臨界点を超えた非凝縮性の流体）を移動相として用いるGCとHPLCの両方の性質を持ち合わせた高解像度，ハイスループットの分離手段である。SFCでは，カラム背圧が低いことを利用して，高速モードでの分離やカラム長を伸ばすことにより分離能を向上させることが可能である。また，温度や背圧を変化，すなわち，移動相の状態

を変化させることによりGCやHPLCにない幅広い分離モードを選択できる特徴を有する。また，通常HPLCで使用する充填型カラムが使用でき，カラムや移動相に添加するモディファイヤーを選ぶことによって，種々の化合物の分離に適用可能である。二酸化炭素は，臨界圧力が7.38 MPaであり，臨界温度が31.1℃と比較的常温に近く，引火性や化学反応性がなく，純度の高いものが安価に手に入ることなどから，SFCに最もよく利用される。超臨界二酸化炭素はヘキサンに近い低極性であるが，メタノールのような極性有機溶媒をモディファイヤーとして添加することによって，移動相の極性を大きく変化させることが可能である。さらに，SFCの特筆すべき特徴として，分取への移行が容易であることが挙げられる。最近開発されたUHPLCは粒子径の小さい充填剤を用いた超高圧の分離系であるため分取クロマトとして利用することは難しい。SFCはスケールアップが容易であり，代謝物解析において未知物質の同定や標準物質の取得に威力を発揮する。

　移動相である超臨界二酸化炭素の極性からSFC/MS分析の対象となる化合物が疎水性の高い化合物になるため，質量分析計におけるイオン化にはatmospheric pressure chemical ionization（APCI）が用いられることが多い。しかし，脂質メタボロミクスにおいてはリン脂質のような極性脂質も対象となるため，ESIの適用を試みた。イオン化条件の最適化により，各種リン脂質，糖脂質，スフィンゴ脂質の良好なイオン化が観測され，アシルグリセロールのような非極性脂質についても十分な感度が得られた。また，モディファイヤーにギ酸アンモニウムを添加することにより，メタノールのみでは検出されなかったPIの検出に成功し，また，PCの感度も約390倍上昇した。その他，カラムや分離条件など種々の分析条件の検討を重ね，各種リン脂質，糖脂質，中性脂質，スフィンゴ脂質混合物の一斉分析系の構築に成功した[16]。分離カラムとしてシアノカラムを用いたときに全ての脂質が検出され，LC/MS分析系と比べてクラスごとの分離が良好であった（図8）。また，分析時間が10分余りと短く，さらに次の分析に移るまでに必要な平衡化の時間も約1分程度と非常に短時間であった。ほとんどの脂質は，正イオンモードにおいてプロトン付加分子，または，アンモニウムイオン付加分子として検出された。特に，中性脂質（TAG，DAG）は正イオンのみ検出された。一方，PA，PIについては，脱プロトン分子やギ酸イオン付加分子が検出される負イオンモードのほうが強く検出された。また，ODSカラムを用いた場合には，シアノカラムに比べて分子種ごとの分離能が高く，当該条件においては特にTAGにおいて構成脂肪酸の鎖長の違いによる分離が認められた[16]。以上の結果から，全脂質の網羅的な解析にはシアノカラムを，構成脂肪酸などの分子種の詳細な解析が必要な場合にはODSカラムを使用するといったように，目的に応じてカラムを使い分けることによりSFCの特徴を生かした効果的な解析ができることがわかった。

　現在，当該SFC/MSシステムを用いた応用研究としてダイズにおける脂質のプロファイリング[17]や各種病態モデルマウスなど各種生物における脂質メタボロミクスに取り組んでいる。また，SFCの高分離能を生かした酸化リン脂質のプロファイリングへの適用技術の開発にも取り組んでいる。さらに，超臨界流体抽出（SFE）との接続技術の開発も進めており，抽出・分析を

第3章 脂溶性代謝物プロファイリング（脂質メタボロミクス）

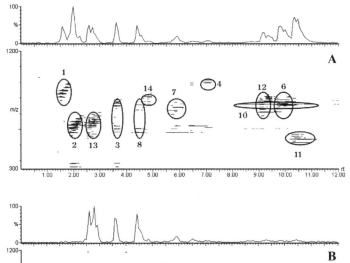

図8 SFC/MSによる脂質混合物の一斉分析
（シアノカラム）［文献16（FIG.4）より引用］
（A）正イオンモード，（B）負イオンモード。1：TAG, 2：DAG, 3：MGDG monogalactosyldiacylglycerol, 4：DGDG digalactosyldiacylglycerol, 5：PA, 6：PC, 7：PE, 8：PG, 9：PI, 10：PS, 11：LPC, 12：SM, 13：Cer, 14：CB cerebrosides

オンラインで行うSFE-SFC/MSシステムの構築に取り組んでいる。これまでに乾燥血液スポット（DBS：Dried Blood Spot）中のリン脂質のオンラインSFE-SFC/MS分析に成功している。

7 おわりに

脂質は微細藻類によるエネルギー生産を考えた際に重要な分子であることは言うまでもなく，また脂質の代謝について詳細な情報を取得できる脂質メタボロミクスの有用性は十分理解されていると思う。しかし，上記のとおり脂質メタボロミクスの手法は非常に複雑であり，筆者も同様であったように論文を読んだだけではなかなか理解できず実施するのが困難なのが現状である。本稿においては，これまで脂質メタボロミクスについてご存じなかった方にもそのストラテジ，具体的な手法についてある程度のイメージを持って頂くことを目的として，実用的な手法を中心

に解説させていただいた．しかし，スペースの関係で実際のプロトコール等詳細について記載することができなかったことが心残りであるが，参照いただく成書[1〜5]をご紹介させていただくことでお許しいただきたい．

今後，本稿で紹介させていただいたSFC/MSやLipid Search，そして非常に高い分解能を有し成分の同定に威力を発揮するオービトラップ質量分析計を用いた脂質メタボロミクスシステム[18]などのように新しい分析技術やデータ解析手法が開発されることにより，脂質メタボロミクスが代謝解析のツールとして有効利用されるようになると思われる．我々の研究室では，メタボロミクスを幅広い分野の多くの研究者方に気軽にツールとして利用していただくことを目標として，さらに実用化技術の開発，ノウハウの蓄積に積極的に取り組んでいきたいと考えている．

文　　献

1) メタボロミクスの先端技術と応用，シーエムシー出版（2008）
2) 遺伝子医学MOOK16，メディカルドゥ（2010）
3) 脂質分析，丸善（2011）
4) Lipidomics: Voloume 1: Methods and Protocols, Humana（2009）
5) Lipidomics: Voloume 2: Methods and Protocols, Humana（2009）
6) X. Han *et al., Mass Spectrometry Reviews*, **24**, 367（2005）
7) X. Han *et al., Mass Spectrometry Reviews*, **31**, 134（2012）
8) W. Römisch-Margl *et al., Metabolomics*, **8**, 133（2012）
9) T. Houjou *et al., Rapid Commun. Mass Spectron.*, **19**, 654（2005）
10) H. Ogiso *et al., Anal. Biochem.*, **375**, 124（2008）
11) K. Ikeda *et al., J. Chromatogra. B*, **877**, 2639（2009）
12) K. Ikeda *et al., Cancer Sci.*, **102**, 79（2011）
13) R. Taguchi *et al., Methods Enzymol.*, **432**, 185（2007）
14) H. Nakanishi *et al., Methods Mol. Biol.*, **656**, 173（2010）
15) 横井靖人ほか，遺伝子医学MOOK16, p.118, メディカルドゥ（2010）
16) T. Bamba *et al., J. Biosci. Bioeng.*, **105**, 460（2008）
17) J. W. Lee *et al., J. Biosci. Bioeng.*, **113**, 262（2012）
18) R. Taguchi *et al., J. Chromatogra.A*, **1217**, 4229（2010）

第4章 微細藻類のCO_2濃縮機構
—モデル緑藻におけるゲノム発現情報の利用—

山野隆志[*1], 福澤秀哉[*2]

1 はじめに

　藻類によるエネルギー生産を実現するためには, 光合成によるCO_2固定反応を理解し, これを改良することが重要である。藻類に限らず, バクテリアから人まで, 生物はCO_2濃度を感知し, その濃度変化を情報として捉え, 下流の遺伝子の発現や代謝を調節している。中でも微細藻類は, 細胞周囲のCO_2濃度が低下すると能動的にCO_2を細胞内に輸送・濃縮する「CO_2濃縮機構 (Carbon-Concentrating Mechanism：CCM)」を誘導し, 生育に不利なCO_2欠乏条件においても効率的な光合成活性を維持する。一方, 細胞を高CO_2濃度環境で培養すると, CCMは抑制されるとともに, 種によっては細胞内pHの恒常性を維持することができず死滅する。細胞がCO_2濃度を感知して, CO_2濃縮機構関連遺伝子の発現を制御する機構について, ここ10年程で大きな理解の進展が見られた。本稿では, 特に真核藻類の中で遺伝子解析が最も容易である緑藻クラミドモナスのCO_2濃縮とゲノム情報の利用について, 最新の知見を紹介する。

2 CO_2濃縮のモデル生物としての緑藻クラミドモナス

　現在, 多くの研究室で使われているクラミドモナス *Chlamydomonas reinhardtii* (和名コナミドリムシ) は, 1945年にSmithが米国ボストン近郊のジャガイモ畑から採取した雌雄一対の接合型株に由来する。以来, 光合成・鞭毛運動・生殖・光応答などに関わる多くの変異株が単離され, 順遺伝学に加えて逆遺伝学が可能となっている。クラミドモナスの核ゲノム情報はほぼ解読され[1], 変異原因遺伝子の同定も容易となっている。また, RNAiや人工マイクロRNAによる遺伝子発現の抑制が可能となり, 遺伝子機能の解析が容易となってきた。さらに, 培養条件特異的に発現するプロモーターや蛍光タンパク質遺伝子GFPの利用ができること, 遺伝子導入が他の微細藻に比べて容易であることが, 世界の藻類遺伝子研究の牽引役となっている理由である。

---

*1 Takashi Yamano　京都大学　大学院生命科学研究科　統合生命科学専攻　助教
*2 Hideya Fukuzawa　京都大学　大学院生命科学研究科　統合生命科学専攻　教授

3　CO_2濃縮機構（CCM）

微細藻類が行う光合成による一次生産は，地球上の光合成全体の約50％を占めることから[2]，水圏環境下における光合成を理解することは重要である。水圏環境下における効率的な光合成にとって最も障害となるのは，基質となるCO_2の欠乏である。例えば，水中におけるCO_2の拡散速度は，大気中における拡散速度の10,000分の1にもなるため，拡散によるRubiscoへのCO_2の供給は，陸上植物の場合に比べて制限される。このようなCO_2欠乏ストレスに順化するために，多くの微細藻類は細胞内にCO_2を輸送・濃縮するシステムを獲得した。例えば，5％（v/v）の高濃度CO_2を含む空気を与えて生育させるとC3植物型の光合成特性を示すが，大気レベルの0.04％のCO_2を含む空気を通気して生育させても，CO_2が欠乏しているにもかかわらず細胞はCO_2に対して高い親和性を示し，効率的な光合成を行うことができる。これはシアノバクテリアや藻類が，光エネルギーを用いて細胞外から能動的に無機炭素（Inorganic carbon：Ci）を細胞内に輸送し，Rubisco周辺にCO_2を濃縮するシステムによることが知られており，CO_2濃縮機構と名付けられている[3, 4]。なお本稿では5％のCO_2を含む空気を通気して細胞培養した条件を高CO_2（High-CO_2：HC），大気レベルの0.04％のCO_2を通気した空気を通気して培養した条件を低CO_2（Low-CO_2：LC）と呼び，それぞれHC条件，LC条件と記載する。

4　真核藻類のCCM

藻類が光依存的にCiを細胞内に取り込み，Ci poolを形成していることはクラミドモナスを用いて初めて発見され[4]，RubiscoのK_m（CO_2）よりも外環境中のCO_2濃度が低い条件においても，CO_2を効率的に固定できる[5, 6]。

生理学的な研究に加えて，変異株の解析によるCCMの分子遺伝学的な研究が進められている。HC条件では生育できるが，LC条件では生育できない，あるいは生育速度が遅延する変異株を単離し，原因遺伝子を同定することで，CCMに関与する因子が同定されてきた。これらの変異株では，Ci輸送[5, 7]，炭酸脱水酵素[8~10]，光呼吸[11, 12]に関与する因子が欠損していた。特に興味深いものは，CCMの誘導が起こらないC16株[13]とcia5株[14]であり，これらの変異原因遺伝子としてCCM1/CIA5が単離された[15, 16]。これらの変異株では，CCMに関与する多くの遺伝子群の発現誘導が損なわれていることから，CCM1/CIA5はCCM制御におけるマスター調節因子であると考えられている[17, 18]。

クラミドモナスの細胞内Ci輸送経路に関して，以下のようなモデルが提唱されている（図1）[19, 20]。①細胞膜と葉緑体包膜に局在するCi輸送体により，CO_2とHCO_3^-が外環境から葉緑体へと輸送される。②葉緑体ストロマに局在する炭酸脱水酵素によって，主にHCO_3^-の形でCi poolが形成される。③チラコイド膜に局在するHCO_3^-輸送体を介して，チラコイド膜ルーメンへとHCO_3^-が輸送される。④チラコイド膜ルーメン内に局在する炭酸脱水酵素によりHCO_3^-

第4章　微細藻類のCO₂濃縮機構―モデル緑藻におけるゲノム発現情報の利用―

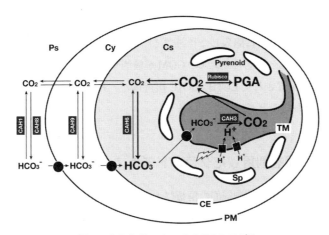

図1　クラミドモナスのCCMのモデル

CO$_2$とHCO$_3^-$が細胞外からCi輸送体（図中に黒丸●で示す）を介して細胞内に輸送され，葉緑体ストロマでCi poolを形成する。次いでチラコイド膜に局在するCi輸送体によりチラコイド膜ルーメンへと輸送され，CAH3によってCO$_2$へと変換される。CO$_2$は拡散によりチラコイド膜を通り，ピレノイド内部のRubiscoによって固定される。ここでその文字が大きいほど濃度が高いことを示し，矢印の線が太いほど反応あるいは輸送が行われやすいことを示す。光合成の電子伝達鎖を■で示す。細胞壁と鞭毛は省略してあり，ピレノイドを貫通するチラコイド膜（特にピレノイドチューブと呼ばれる）は実際よりも大きく描いてある。CAH 1, CAH 3, CAH 6, CAH 8, CAH 9は炭酸脱水酵素のアイソザイムを示す。図中の略語はペリプラズム層（Periplasmic space, Ps），細胞質（Cytosol, Cy），葉緑体ストロマ（Chloroplast stroma, Cs），葉緑体法膜（Chloroplast envelop, CE），チラコイド膜（Thylakoid membrane, TM），細胞膜（Plasma membnrae, PM），デンプン鞘（Starch plate, Sp），3-Phosphogyceric acid（PGA）を示す。

がCO$_2$へ変換される。⑤CO$_2$が拡散によりチラコイド膜を通過し，Rubiscoに固定される。後述するように，⑤の過程はピレノイドと呼ばれる細胞内微細構造と，ピレノイドを貫通するチラコイド膜（特にピレノイドチューブと呼ばれる）を介して行われると考えられている。

5　ピレノイド

藻類の多くは，鮮明な顆粒として観察されるピレノイドと呼ばれる細胞内微細構造を持つ。ピレノイドの実体はRubiscoを含むタンパク質構造体と考えられている[21]。またピレノイドには光化学系Ⅱは見出されず光化学系Ⅰの活性が検出されることから，酸素を発生する光化学系ⅡとRubiscoとを隔離し，Rubiscoが酸素と反応し光呼吸反応を進めることを防ぐための構造ではないかと推定されている。陸上植物の葉緑体にはピレノイドがないことから，ピレノイドが水圏における光合成に重要であることが示唆される。しかし同時に，藻類の全ての分類群においてピレノイドを持たない種が含まれていることから，ピレノイドを保持せずとも葉緑体内で光合成が機能することを示唆している。実際にピレノイドを持たない*Chloromonas*はLC条件でCiに対して高い親和性を示す[22]。

クラミドモナスのピレノイドは，デンプン鞘に囲まれ，多方向からチラコイド膜が陥入するタイプに分類される。ピレノイドに陥入したチラコイド膜は特にピレノイドチューブと呼ばれ，ピレノイドチューブを介してクラミドモナスのCCMが機能するモデルが提唱されている[19, 20]。また，ピレノイド周囲に配置されたLCIB/LCIC複合体が，Rubiscoに固定されずに漏れ出したCO_2の再利用に重要であることが示されている[23]。

6 ゲノム発現情報を利用したクラミドモナスCCM遺伝子の探索

ゲノム情報の解読と転写産物の網羅的な解析により，CO_2濃縮に関わる遺伝子の同定が進められている。近年，次世代シーケンサーの登場によりその解析コストは低下しており，多様な藻類のゲノム情報が解読・解析されつつある。藻類のゲノムサイズは数Mbp程度から，例えば褐虫藻の数Gbpまで多様である。すでにゲノム配列が公開されているシロイヌナズナ（ゲノムサイズ130 Mbp，遺伝子数約26,000），ダイズ（1.1 Gbp，約46,000），ジャガイモ（約844 Mbp，約39,000），ポプラ（485 Mbp，約46,000）などの陸上植物と比べると，平均的な遺伝子数は7,000〜40,000と少ないが，ゲノムサイズに関しては同様の多様性を持っている。

緑藻クラミドモナスにおいては，cDNAアレイ解析[17, 24, 25]によりCO_2欠乏条件下で誘導されるCCM関連因子（遺伝子）が見出されている（表1）。特に，Ci輸送体の候補遺伝子として，*Lci1*・*Hla3*（細胞膜輸送体），*Ccp1*・*Ccp2*・*LciA*（葉緑体胞膜輸送体），*LciB*/*LciC*（ピレノイド局在因子）が注目され，その機能解析が進んでいる。例えば，*Lci1*は低CO_2条件で発現が誘導される細胞膜タンパク質をコードしており，HC条件において強制発現するとCiの取り込み活性が上昇したことから，Ciの輸送に関与していると考えられる[26]。LCIBは低CO_2条件で発現が誘導される水溶性タンパク質で，RNAiにより発現を抑制すると，その株は低CO_2条件で生育が困難となる[23]。LCIBは相同タンパク質LCICと複合体を形成し，LC条件において葉緑体ピレノイド周囲に局在する。しかし，細胞外CO_2濃度が上昇するとピレノイドから離脱し，少なくとも4時間はタンパク質の分解を伴わずに，葉緑体ストロマに分散する[23]。従って，CO_2に依存したタンパク質の移動を担う機構が存在すると推定される。以前に単離されていたCi要求性変異株*pmp1*は，LCIBの35番目のチロシン残基が，ストップコドンに変異しており[7]，Ciの取り込み能が減少し，LC条件で生育できないことから，LCIB/LCIC複合体がCCMに必須である。

次世代シーケンサーを利用したRNA-seq法は，細胞におけるmRNAやマイクロRNA（miRNA）の配列を一度に大量に解読する方法で，これにより，細胞の中の遺伝子の発現量の定量化や，新規な転写領域を同定に利用できる。RNA-seq法により，環境ストレスにより誘導されるmiRNAの存在や，miRNAが遺伝子の発現を制御している可能性がクラミドモナスで示され[27]，多くの藻類でも同様の転写後の遺伝子発現調節系が機能していると推測される。従来のDNAアレイ技術では知り得なかった遺伝子発現調節機構が，RNA-seq法により明らかになると考えられる。例えば最近，緑藻クラミドモナスが硫黄欠乏あるいは銅欠乏条件にさらされた時の

第4章 微細藻類のCO$_2$濃縮機構—モデル緑藻におけるゲノム発現情報の利用—

表1 cDNAアレイ解析[25]により同定されたCCM関連遺伝子群

遺伝子名	LC条件／HC条件の発現量比				機能と局在	文献
	0.3h	1h	2h	6h		
LciA	5.4	133.8	324.1	71.3	葉緑体胞膜に局在する膜タンパク質。	17, 35
LciB	6.9	21.1	16.8	5.0	ピレノイド周囲に局在する機能未知タンパク質。LCIBの欠損株はLC条件で生育できない表現型を示す。LCICと複合体を形成する。	7, 17, 23, 35
LciC	10.2	24.7	25.0	6.3	ピレノイド周囲に局在する機能未知タンパク質。LCIBと複合体を形成する。	17, 23
LciD	4.2	16.5	13.4	4.0	LCIB, LCICと相同性のある機能未知タンパク質	17
Lci1	2.1	91.1	156.4	43.9	細胞膜に局在する膜タンパク質。本来発現していないHC条件において強制発現することで光合成活性の上昇が観察された。	26, 36
Lci5	3.1	2.3	2.4	0.7	葉緑体ストロマに局在する機能未知タンパク質。LC条件特異的にリン酸化される。	37
Cah1	1.6	45.1	101.8	65.5	ペリプラズム層に局在する炭酸脱水酵素。	38, 39
Mca	1.5	74.7	186.0	98.8	ミトコンドリア局在型の炭酸脱水酵素。	40
Cah3	4.5	3.4	2.0	2.0	チラコイドルーメンに局在する炭酸脱水酵素。CAH3の欠損株はLC条件で生育できない表現型を示す。RubiscoにCO$_2$を供給する機能を持つと考えられている。	8, 35, 41
Ccp1	1.3	61.4	130.4	65.3	葉緑体包膜に局在する膜タンパク質。発現抑制株はLC条件での生育速度が遅延する。	42
Ccp2	2.1	8.6	28.8	11.0	葉緑体包膜に局在する膜タンパク質。発現抑制株はLC条件での生育速度が遅延する。	42
Hla3	1.4	2.3	13.6	3.6	細胞膜に局在することが予測されているABCトランスポーター。LciAと同時に発現抑制することでLC条件における生育の遅延及び光合成活性の低下が観察された。	35, 43

RNA-seq解析が行われ[28, 29]，硫黄応答必須因子SNRK2.1や銅センサーCRR1の制御を受ける遺伝子群が網羅的に同定されている。京都大学では，多様な培養環境におけるゲノム発現情報（RNA-seqデータ）のデータベース化を進めており，新たな遺伝子発見や，全ての遺伝子の発現状況を網羅的に理解する手立てとして役立てている[30]。

7 CCMの調節機構

クラミドモナスのCCMの誘導は，CCM1（/CIA5）によって調節される[15, 16]。CCM1は，アミノ末端配列に2つの亜鉛フィンガーモチーフを，中央部にグルタミンやグリシンに富む領域を持ち，CO$_2$濃度条件に関わらず恒常的に発現している[15, 16, 18]。細胞内で約280～500kDaの高分子複合体を形成し[31]，核に局在することから[18]，転写因子複合体に作用すると考えられている。またCCM1の亜鉛フィンガーモチーフには，実際に各1個（合計2分子）の亜鉛が結合し，これはCCMの制御とタンパク質複合体の安定化に必須である[31]。恒常的に発現しているCCM1がどのようにしてCO$_2$濃度変化を感知しているのかについてはまだ明らかでないが，リン酸化状

態の変化や相互作用因子の結合強度の変化などによる可能性が考えられる。CCM1の変異株と野生株の発現プロファイルの比較により，CCM1はLC条件移行1時間以内に誘導される遺伝子群の，ほぼ全ての発現誘導を調節していることが示されている[17, 32]。このことから，CCM1がCO_2のシグナル伝達経路において最も上流に位置することが示唆される。ただし，CCM1がCO_2あるいはHCO_3^-と結合し，センサーとして働くかどうかは不明である。CCM1のオルソログはCCMを持つボルボックスやクロレラにも保存されている[33]。

CCM1の下流で働くCO_2シグナル伝達因子については，DNAタグ挿入変異株*lcr1*（low-CO_2 stress response 1）株の解析より原因遺伝子が同定されている[34]。LCR1はアミノ末端領域にMYBドメインを持つ転写因子であり，少なくとも*Cah1*, *Lci1*, *Lci6*の3つの遺伝子の転写を誘導する。またゲルシフトアッセイにより，LCR1が*Cah1*の上流域に実際に結合する[34]。*Lcr1*自身もLC条件下で発現が誘導され，その発現はCCM1に依存することから，LCR1はCCM1からのCO_2シグナルを増幅し，下流の遺伝子に伝える役割を果たすと考えられている。*Lcr1*とその下流の遺伝子である*Lci1*はボルボックスのゲノム配列には保存されていないことから，LCR1を介するCCMの調節機構は多細胞化の進化の過程で失われた可能性がある。

8 おわりに

微細藻類の培養に関わる多くの環境因子の中で，CO_2濃度のセンシングは，光合成の制御，ひいては物質生産の制御の理解につながる。これは基礎研究のみならず，制御系の改変による生育速度の改良への展開を秘めている。本稿では，植物が進化の過程で獲得してきたCO_2感知・応答システムを理解するモデルとして緑藻クラミドモナスのCO_2濃縮機構について述べたが，今後はCO_2応答に関わるシグナル伝達機構と代謝応答を解明に基づいたバイオテクノロジーの進展が期待される。

文　献

1) S. S. Merchant *et al., Science*, **318**, 245-50（2007）
2) C. B. Field *et al., Science*, **281**, 237-240（1998）
3) A. Kaplan *et al., Planta*, **149**, 219-226（1980）
4) M. R. Badger *et al., Plant Physiol.*, **66**, 407-413（1980）
5) M. H. Spalding *et al., Plant Physiol.*, **73**, 273-276（1983a）
6) J. V. Moroney *et al., Plant Physiol.*, **77**, 253-258（1985）
7) Y. Wang *et al., Proc. Natl. Acad. Sci. USA*, **103**, 10110-10115（2006）
8) R. P. Funke *et al., Plant Physiol.*, **114**, 237-244（1997）

第4章　微細藻類のCO$_2$濃縮機構—モデル緑藻におけるゲノム発現情報の利用—

9) J. V. Moroney et al., *Mol. Gen. Genet.*, **204**, 199-203（1986）
10) M. H. Spalding et al., *Plant Physiol.*, **73**, 268-272（1983b）
11) K. Suzuki, *Plant Cell Physiol.*, **36**, 95-100（1995）
12) Y. Nakamura et al., *Can. J. Bot.*, **83**, 820-833（2005）
13) H. Fukuzawa et al., *Can. J. Bot.*, **76**, 1092-1097（1998）
14) J. V. Moroney et al., *Plant Physiol.*, **89**, 897-903（1989）
15) H. Fukuzawa et al., *Proc. Natl. Acad. Sci. USA*, **98**, 5347-5352（2001）
16) Y. Xiang et al., *Proc. Natl. Acad. Sci. USA*, **98**, 5341-5346（2001）
17) K. Miura et al., *Plant Physiol.*, **135**, 1595-1607（2004）
18) Y. Wang et al., *Can. J. Bot.*, **83**, 765-779（2005）
19) J. A. Raven, *Eur. J. Phycol.*, **32**, 319-333（1997）
20) J. V. Moroney et al., *Eukaryot. Cell*, **6**, 1251-1259（2007）
21) E. Morita et al., *J. Phycol.*, **33**, 68-72（1997）
22) E. Morita et al., *Planta*, **204**, 269-276（1998）
23) T. Yamano et al., *Plant Cell Physiol.*, **51**, 1453-68（2010）
24) C. S. Im et al., *Photosynth. Res.*, **75**, 111-125（2003）
25) T. Yamano et al., *Plant Physiol.*, **147**, 340-54（2008）
26) N. Ohnishi et al., *Plant Cell*, **22**, 3105-3117（2010）
27) A. Molnár et al., *Nature*, **447**, 1126-9（2007）
28) D. González-Ballester et al., *Plant Cell*, **22**, 2058-84（2010）
29) M. Castruita et al., *Plant Cell*, **23**, 1273-92（2011）
30) http://chlamy.pmb.lif.kyoto-u.ac.jp/
31) T. Kohinata et al., *Plant Cell Physiol*, **49**, 273-83（2008）
32) R. A. Ynalvez et al., *Physiol. Plant*, **133**, 15-26（2008）
33) T. Yamano et al., *Photosynth. Res.*, **109**, 151-9（2011）
34) S. Yoshioka et al., *Plant Cell*, **16**, 1466-1477（2004）
35) D. Duanmu et al., *Plant Physiol.*, **149**, 929-937（2009）
36) M. D. Burow et al., *Plant Mol. Biol.*, **31**, 443-448（1996）
37) M. V. Turkina et al., *Proteomics*, **6**, 2693-2704（2006）
38) H. Fukuzawa et al., *Proc. Natl. Acad. Sci. USA*, **87**, 4383-4387（1990）
39) S. Fujiwara et al., *Proc. Natl. Acad. Sci. USA*, **87**, 9779-9783（1990）
40) M. Eriksson et al., *Proc. Natl. Acad. Sci. USA*, **93**, 12031-12034（1996）
41) J. Karlsson et al., *EMBO J.*, **17**, 1208-1216（1998）
42) Z. Y. Chen et al., *Plant Physiol.*, **114**, 265-273（1997）
43) C. S. Im and A. R. Grossman, *Plant J.*, **30**, 301-313（2002）

第5章　微細藻類の多様性と有用藻類の探索・収集

宮下英明[*]

1　はじめに

　藻類は地球上の一次生産の約半分を担っているといわれているものの[1,2]，その多様性や機能，生態学的重要性に関する研究は必ずしも充分に行われているとはいえない。特に，微細藻類については，すでに報告されている種数が，地球上に存在すると推計されている種数の10％にも満たないという報告もあり，天然には遥かに多様な微細藻類が数多く潜在していると考えられる[3,4]。実際，少々の工夫によって分離される微細藻類のほとんどが新種あるいは新属の微細藻類である，といっても過言ではない。陸上植物の種がすでに80％以上明らかになっていると考えられていることに比べると，微細藻類の多様性研究自体が，まだ，発展途上にあることがよくわかる。微細藻類には，陸上植物よりも優れた光合成能力をもつものや，陸上植物には知られていない特異な機能性物質の生産・蓄積能をもつものも知られており，二十一世紀の最重要課題である人類の持続的発展のためには，有用な微細藻類の探索と遺伝資源としての保持がますます重要となっている。

　物質生産をおこなう際の生産プロセスと微細藻類株の選択には2つの全く異なったアプローチがある。一つは，特殊な物質を生産する能力をもつ藻類や，物質生産性の優れた微細藻類を探索したうえで，それに適した生産プロセスを選択・構築する方法である。もう一つは，生産プロセスを決定したうえで，そのプロセスの制約において最も生産性の高い微細藻類を探索する方法である。両者の選択は，およそ3つの条件によって決められる。それは，生産される物質の付加価値の高さ，微細藻類の培養・回収などに関わる取扱いの容易さ，設備投資・維持管理を含めたトータルの生産コストの高低，である。これらの制約を考慮して，最も適切な生産プロセスと培養される藻類が選択される。

　ここでは，とくに自然光を利用した藻類バイオディーゼル生産の視点において，既存の培養方式の特徴を生物学的視点から整理したうえで，バイオディーゼル生産に利用できる藻類の探索・収集における戦略について述べる。

2　微細藻類の大量培養方式

　自然光を利用した微細藻類の大量培養方式は，開放型（オープンシステム）と閉鎖型（クロー

---

　[*]　Hideaki Miyashita　京都大学　大学院人間・環境学研究科　教授

第5章　微細藻類の多様性と有用藻類の探索・収集

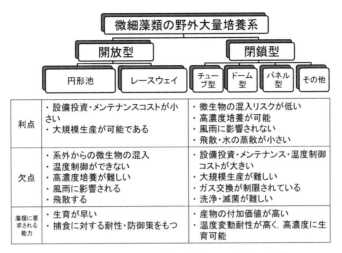

図1　微細藻類の野外大量培養系とその利点・欠点

ズドシステム）に大別できる（図1）。さらに前者は円形池方式とレースウェイ方式に，後者は，チューブ型，ドーム型，パネル型，プラスチックバッグ型等にそれぞれ細別できる[5]。

　開放型の培養システムは，野外に浅い池（プール）をつくりそこで微細藻類を培養するものである。培養にあたっては撹拌用のパドル類や二酸化炭素の吹き込み用の装置を付属する程度であるため，設備投資やメンテナンスコストが閉鎖型に比べてはるかに小さい[6]。一方で，野外に開放されているがゆえに，外部からの微生物混入（コンタミネーション）によって培養中の微細藻類が捕食されたり，培養目的以外の微細藻類が混入して増殖してしまうことが最も大きな問題となる。培養液の撹拌に制約があることや二酸化炭素供給が充分に行えないために高濃度培養が難しいとされている[7]。これにともなって培養液からの微細藻類回収コストが高くなる。また，雨水によって栄養塩の希釈など増殖に悪影響があるほか，温度やpHなどの培養条件の細かい制御が難しい。強風等によって培養中の微細藻類が周囲に飛散し，周辺環境に影響を与えることも考えられる。砂漠などの高温乾燥地域では培養液からの水の蒸散が激しい。これらのことから，培養可能な藻類が限られるほか，生産されるバイオマスの用途も限られる。

　閉鎖型の培養システムは，管状，ドーム状あるいはパネル状の樹脂・ガラス容器，プラスチックバッグの中で微細藻類を培養する方式である。閉鎖系であるためコンタミネーションのリスクが小さく，水の蒸散を抑えられる。二酸化炭素の溶解を効率的におこなうことが可能であることから，高濃度培養が可能である。これによって単位面積当たりの生産を向上させることができると言われている。また，培養容器の外側に水を噴霧したり，培養容器全体をプール等の水中にいれることによって，温度の大幅な上昇を抑えることが可能である。一方で，冷却に用いる大量の水を必要とするほか，温調ができない場合には，熱放出効率に劣るため培養液の温度上昇によって微細藻類の死滅や生産性の低下がある。また，閉鎖系であるがゆえにガス放出能力が低いため，光合成によって産生された酸素が高濃度になり，同時に二酸化炭素濃度が減少すると光呼吸によ

って光合成産物の資化が進み大幅に生産性が低下することがある。大型化が難しく，大規模培養の為にはユニットを数多く用いる必要がある。チューブの径が小さいリアクターや大型なもの，形状が複雑なもの，薄型のものなど，生産効率の高いリアクター設計ほど洗浄や滅菌が難しくなる傾向にある。紫外線等による容器の光劣化によって，チューブやパネル，プラスチックバッグに寿命が発生し，維持コストを押し上げる要因となっている。二酸化炭素を高圧で吹き込む必要がある装置が多く，これに関わるコストも問題となる。

　開放型と閉鎖型ともに，液相から微細藻類を効率的に回収するシステムや，藻体の乾燥などの付帯設備が必要である。さらにバイオマスからの抽出精製が必要な物質生産の場合には，それらに関する設備が必要になる。

3　藻類の大量培養において藻類に要求される能力

　開放型，閉鎖型のどちらかの方法を使えば，どんな藻類でも大量培養できるわけではない。そもそも，生育速度が非常に遅いものや，高濃度に生育しない藻類など，大量培養に適さない藻類が非常に多い。また，それぞれの大量培養方法によって適した藻類が異なる。大量培養が可能かどうか，またどちらの大量培養方法が適しているかについては，それぞれの大量培養方法が根本的に有する欠点に対応できる能力を培養目的の藻類がもちあわせているかどうか（図1），さらに，生産に許容されるコストによって決まる。藻類のどのような能力が培養系を決定する要因になっているかは，商業的に稼働している大量培養方式と生産されている藻類をみるとよくわかる。

　現在商品化されている微細藻類の98％は，開放型によって生産されているといわれている[8]。開放系の池方式で大量培養されている藻類の代表的なものには，クロレラ（*Chlorella* sp.），スピルリナ（*Arthrospira* sp.），ドナリエラ（*Dunaliella* sp.）がある[9]。いずれも健康補助食品として市販されている。

　クロレラは，緑色植物門トレボキシア藻綱の単細胞藻類である。かつてクロレラ属とされていた藻類は必ずしも相互に近縁であるとは限らない（系統学用語では多系統であるという）ことから，現在では，*Chlorella*，*Chloroidium*，*Pseudochlorella*，*Heterochlorella*，*Heveochlorella* に再分類されている。クロレラの中には，良好な培養条件下においての3時間以内に2倍に増えるものも報告されており，最も生育の早い真核藻類の一つである[10]。生育が早いため，他の藻類が混入しても，それらよりも早く増殖できるほか，捕食圧を逃れることができる。この生育速度の早さが，野外培養によって生産できるクロレラの最も重要な能力である。

　スピルリナは，細胞が螺旋状に連なったシアノバクテリア（藍藻）*Arthrospira* sp. である[11]。チャド湖周辺の住人の重要なタンパク質源として長く食用とされてきた経緯があり，栄養補助食品として早期にFAOに認められている。スピルリナは，アルカリ性（pH8-11）に至適生育pHをもち，高温，強光下でも良好な生育を示す。特に，アルカリ性領域で良好な生育を示すことが，他の微生物の混入にも対応できる大きな特徴である。

第5章 微細藻類の多様性と有用藻類の探索・収集

　ドナリエラは，緑色植物門緑藻綱の2本の等長鞭毛をもつ遊走性の単細胞藻類である。β-カロテンを細胞の乾燥重量あたり10％まで蓄積するものが報告されているほか，他のカロテノイドも豊富に含まれていることが知られている[12]。ドナリエラは，最も塩耐性の高い真核生物の一つで，飽和塩化ナトリウム水溶液（約35％w/v）中においても生育可能である。このため，海水を利用した人造塩湖などで優勢に生育させることが可能である。この高い塩耐性が他の微生物の混入にも対応できるドナリエラの大きな特徴である。

　前述のとおり開放系の培養における最も大きな課題は，外部からの微生物混入による微細藻類の生産性の低下や培養制御の喪失である。開放型によって商業生産されている微細藻類は，極めて生育（分裂）速度が早い，アルカリ性領域に至適生育pH条件がある，高塩濃度下で増殖可能であるなど，他の微生物の混入に対応できる能力を有している。

　閉鎖型で大量培養されている藻類の代表的なものには，ヘマトコッカス（*Haematococcus* sp.）がある。ヘマトコッカスは，緑色植物門緑藻綱の2本の等長鞭毛をもつ遊走性の単細胞藻類で，ドナリエラに比較的近縁な生物である。強光や高温にさらされたり，培地中の窒素やリン濃度が低下すると，細胞形態を変え，細胞内にアスタキサンチンを蓄積する。アスタキサンチンは高い抗酸化作用をもつ物質として知られており，健康補助食品として市販されている。ヘマトコッカスは開放型での培養によっても生産されているものの[13]，閉鎖系での大量培養によって，高品質な付加価値の高いものが安定供給されるようになっている[14]。閉鎖系での大量培養される藻類には，高付加価値をもつ物質の生産能力が要求される。

　現在地球に存在すると推定される藻類の多様性が少なくとも数百万種といわれているなかで，商業生産に及んでいる微細藻類は僅か数属にすぎない。このことは，現在までに開発されている大量培養方式に適合する能力を有する微細藻類の獲得が重要であることを意味している。

4　エネルギー生産と藻類

　藻類の機能あるいは藻類バイオマスを利用したエネルギー生産は，長年，水素，メタン，エタノール，炭化水素の生産など多様なものが研究されている（図2）。水素は，藻類のもつヒドロゲナーゼやシアノバクテリアのもつニトロゲナーゼ活性を利用して，分子状水素を生産するものである[15]。すでに多くの研究報告があるものの，水素を発生させるための嫌気条件の制御やスケールアップが難しく，水素生産効率が従属栄養細菌の水素生産能力に比べて必ずしも高くないことから，実験室レベルの研究に留まっている。メタン生産は，廃棄アオサを原料とした手法が日本において唯一商業ベースに近づいているものであると思われる[16]。しかし，これは，初夏から夏にかけて打ち上げられるアオサの有効利用を主たる目的としたプロセスであり，原料が安定的に通年供給されるものではないことを考えると，必ずしもエネルギー生産システムとはいえない。メタン生産は未利用資源の有効利用として行われているものが多く，原料の生産からメタン生産までの一貫した生産モデルの実証事例は知られていない。エタノールは，藻類の蓄積するデンプ

微細藻類によるエネルギー生産と事業展望

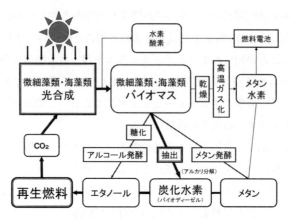

図2 藻類を利用したエネルギー生産[23]

ンを回収し，既存のアルコール生産プロセスの原料として利用する試みである。デンプンを蓄積する藻類を大量かつ安定的に供給できれば既存の発酵プロセスを利用したアルコール生産が可能であると考えられる。しかし現状では，トウモロコシから作られる安価なデンプンより安価にかつ安定的に藻類デンプンを生産することは難しく現実的ではない[8]。近年では，微生物への遺伝子導入によってグルコース以外の単糖類もアルコール発酵原料として利用できるような育種も行われており，利用可能な藻類原料の幅が広がっている[17]。しかし，メタン生産およびアルコール生産ともに，藻類が蓄積した有機物を原料として，メタン発酵や糖化，アルコール発酵などの微生物プロセスをさらに経る必要があることから，太陽エネルギーから換算したエネルギー変換効率が極めて小さくなり，未利用資源の有効利用という点においては有効であるものの，持続可能な効率的エネルギー生産システムとは言い難い。それに対して，近年注目を浴びている藻類バイオディーゼル生産は，藻類が生産した炭化水素あるいは脂質を抽出し，炭化水素の場合はそのまま，脂質の場合は既存の油質改変技術によって既存の化石燃料利用システムにおいて利用する方法である。藻類が生産したものを直接抽出・改変することによって得られるエネルギーであり，必然的に太陽エネルギーの変換効率は高くなる。また，抽出残渣をメタン発酵やアルコール生産に利用した場合，エネルギー回収効率はさらに高くなることが期待される。

　藻類の高い光合成能力を利用した藻類バイオディーゼル生産法は，持続可能でかつクリーンでありまたカーボンニュートラルであるにも関わらず，今日に至っても普及が見られない。その理由は明確であり，化石燃料価格と競合できる生産コストを実現できないからである。現状の化石燃料は極めて安価な製品で，一部のミネラルウォーターより安い。つまり，ボトル詰めのミネラルウォーターと同等のコストで生産できなければコストの面で競合できない。一方で，近年，米国において活発に微細藻類バイオディーゼル生産の話題があがるのは，米国におけるエネルギー転換政策が後押しをしているためであり，必ずしも既存の化石燃料価格に比べて安価あるいは同等価格で生産されているとはいえない。生産コストの削減が実現できなければ藻類バイオディーゼル生産の普及は厳しい。

第5章　微細藻類の多様性と有用藻類の探索・収集

5　藻類バイオディーゼル生産コスト削減に向けた藻類株選抜

　藻類バイオディーゼル生産におけるコスト削減に必要不可欠な技術開発は，安価な藻類バイオマス生産システムの構築である。また，安定供給の実現可能性についても開発研究の必要がある。主には，設備投資およびメンテナンスコストの小さい培養・回収・油質改質法の開発と，効率的に油脂を生産する藻類の獲得・育種が鍵となる。

　低コストに藻類バイオマスを生産するためには，設備投資やメンテナンスコストの増大を回避できない閉鎖型培養システムの利用は難しく，開放型の大量培養システムを利用せざるを得ない[18]。しかし，前述の通り，開放型の大量培養システムでは，外部からの微生物混入が大きな課題になるほか，二酸化炭素供給が充分に行えないために安価な二酸化炭素供給源が必要であり，二酸化炭素の排出源の近傍に設置する必要があることによって設置場所が制約される。また，高濃度培養が難しいため，培地調製に要する大量の水と，培養廃液の処理・再利用施設が必要になる。これら，開放型の大量培養システムそのものが有する根本課題に対しては，システムそのものの改善が必要であるものの，ある程度飽和してしまっている技術開発の中でそれらの大幅な改善には限界があると考えられる。そのため，それらの欠点を補うことのできる藻類の獲得・育種が重要となる。

　藻類バイオディーゼル生産に利用可能な藻類には，さまざまな能力が要求される。まず，最も重要な能力は，炭化水素あるいはトリグリセリドなどの油脂蓄積・生産能力である。一般に藻類は，光合成をするために葉緑体という発達した細胞内膜を有するため，他の真核生物よりも油脂含量が高い。さらに窒素源の欠乏など特殊な培養条件にすることによって，油脂蓄積を誘導することができるものが多い。現実的にはバイオマスとして得られる藻体の乾燥重量あたり30％の油脂蓄積能力が一つの目安になっている[19]。

　ただし，単に油脂蓄積能力が高いだけでは，バイオディーゼル生産に利用可能かどうかは判断できない。むしろ，生育速度の早さ，あるいは，特定の培養条件下で優勢に生育することができるかどうかが，油脂蓄積能力と同等に重要である。生育速度が早いことの重要性は，オイルショック以降長い研究の歴史をもつボトリオコッカス（*Botryococcus brauni*）を利用した藻類バイオディーゼル生産が日の目を見ていないことを見れば容易に類推できる。ボトリオコッカスは，C重油相当の炭化水素を生産する緑色植物門トレボキシア藻綱の群体性の藻類である。乾燥重量あたり最大60％以上の炭化水素蓄積能をもつことも報告されているほか，誘導なしに一次代謝として常に炭化水素を生産する点，唯一細胞外に炭化水素を分泌している点，生産される炭化水素は改質なしに利用できる点など，比類のない非常に優れた炭化水素生産藻類である[20, 21]。しかし，ボトリオコッカスの生育が極めて遅いこと，至適生育pHが中性付近であること，至適生育温度が25℃前後であることから[22]，開放型の培養システムでは異種藻類の混入等を回避する方法がなく大量培養が難しい。このように，単に炭化水素蓄積能が高いだけでは，エネルギー生産に結びつけることが難しく，従来のボトリオコッカスと同等の炭化水素生産性を維持しながら

開放型培養システムでの培養に耐えられるような生育速度あるいは生育条件を有する株の獲得・育種が必要となっている。

　油脂含量が高く，混入藻類より生育速度が早い場合，その藻類が藻類バイオディーゼル生産において有望な株であることに間違いない。しかし，必ずしもそれらの特性だけで藻類バイオディーゼル生産が可能となるわけではなく，生育した藻類の回収の簡便性，混入捕食者を回避する仕組み，温度変動（高温化・低温化）に対する耐性，強光に対する耐性，高濃度CO_2に対する耐性，夜間の呼吸活性や光呼吸活性の大きさ，生育可能な水（淡水，汽水，海水，軟水，硬水など）の嗜好性など，多岐にわたる検討を必要とする。さらに，大量培養システムの方式，大量培養を行う場所の気候，供給されるCO_2の質などによって，培養される藻類に要求される耐性や能力の重要度や優先順位が異なることから，それらに合わせた選抜が必要となる。

6　藻類の分離戦略

　開放系での藻類バイオディーゼル生産に利用できる藻類の獲得には，既存の有望藻類の育種に加え，自然界に潜在している微細藻類のなかから新たな油脂蓄積藻類を分離することが有効な方法であると考えられる。藻類の多様性の一部しか知られていない現状では，これまでに知られていない油脂蓄積藻類の獲得が期待できるからである。

　自然界から油脂蓄積藻類を得るには，収集・集積培養，分離，株化（保存），解析，選抜がそれぞれ必要である（図3）。

　藻類は水と光がある場所には必ず存在するといってよい。収集には，どんな特性をもった藻類を収集するかを決め，そのような藻類がどこに，どのように生息しているか，それに合致する環境はどこかを調査・推定したうえで，適切な方法で採取・収集する。藻類に要求される能力を念頭に採集の戦略を立てることが最も重要である。例えば，高温で生育できるものは温泉地周辺，アルカリ性で生育できるものはアルカリ泉の湧水地周辺など，それぞれの藻類が生育している場

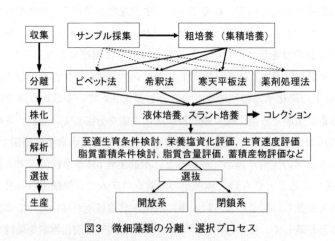

図3　微細藻類の分離・選択プロセス

第5章 微細藻類の多様性と有用藻類の探索・収集

所の推定と選定を行う。生物多様性条約により外国での採取利用には煩雑な手続きが必要なこと，国立公園法によって管理されている地域では適切な手続きが必要であることに注意しなければならない。

採取したサンプル中には，多くの場合の複数種の微細藻類が混在している。目的とする微細藻類が低倍率の顕微鏡下で確認可能であるものであればピペット法によって分離するのが最も簡便である。また，目的とする微細藻類が採取サンプルの中に優勢に存在する場合は，希釈法によって分離することもできる。目的とする微細藻類が寒天平板培地上で生育可能であることがわかっていれば，採取したサンプルを希釈した後に寒天平板上に直接塗布して生育させることによって分離することができる。また，シアノバクテリアと他の藻類とを区別する場合には，抗生物質等を用いて一方の藻類の生育を抑えることによって他方の藻類を優勢に生育させながら分離する方法もある。

一般に採取サンプルに含まれている微細藻類は個々の細胞数が必ずしも多くないこと，形態では区別し難いことなどから，藻類を分離する前にある程度微細藻類を増やす必要がある。それを集積培養という。集積培養には，どんな藻類でも生育しやすい一般的な培地を用いて生育したものをすべて分離する場合と，第一次スクリーニングと位置づけて，大量培養時に想定される培養条件を設定しこれに生育可能な藻類を選択的に増やす場合がある。前者は多様な藻類が収集できるものの，その後再度分離された株の特性評価を詳細におこなう必要が発生する。後者は，効率的に目的とする能力を有する株が得られるものの，多様性の少ない限られた生物種のみが得られる場合が多い。集積培養の条件は，目的，時間，労働力から考えて適切な方法を選ぶことが重要である。

集積培養によって生育した微細藻類を，ピペット法，希釈法，寒天平板法，薬剤処理法等で単離する。藻類の単離株には，「単藻培養（unialgal culture）」株と「無菌培養（axenic culture）」株がある。前者は，藻類としては単一培養であるものの多くの場合細菌が含まれている。後者は純粋培養のことで，他の生物の混入がないものである。微生物学的には，純粋培養の方が理想的である。一方で藻類の中には，細菌の存在によって生育が良くなるものも知られていることから，単藻培養の状態で安定に維持可能で，大量培養を前提とした藻類分離であれば，必ずしも純粋培養にする必要はない。分離株は，液体培養やスラント培養によって継代保存する。継代培養保存によって，藻類株の性質が変わることが知られているため，可能であれば凍結保存する。ただし，この場合は薬剤処理等によって無菌培養株にしておく必要がある。重複を含め一つの採集サンプルから3-10株程度の分離株が得られる。このプロセスで分離される微細藻類にも，必ず新しい油脂蓄積藻類が含まれている。

7 おわりに

地球温暖化への寄与が危惧されている二酸化炭素の排出削減の必要性，また，近未来に予想さ

微細藻類によるエネルギー生産と事業展望

れる化石燃料枯渇に備えた代替エネルギー開発の必要性，さらには原子力に依存しないエネルギー社会への転換気運の高まりにともなって，再生可能エネルギー生産手法のひとつである微細藻類バイオディーゼル生産が注目されている。藻類バイオディーゼル生産の実現のためには，技術的課題の解決とともに，より優れた能力をもつ油脂生産藻類の探索・育種が不可欠である。さまざまな環境から，有望な油脂蓄積藻類が分離・評価され，それら生物資源コレクションとして維持され，それらの中から，それぞれの生産環境に適合した藻類株を選択できるような環境を整備し，次世代のエネルギー生産を担うシステムの構築が期待される。

文　献

1) C. B. Field et al., Science, **281**, 237 (1998)
2) M. J. Behrenfeld et al., Nature, **444**, 752 (2006)
3) R. A. Andersen, Biodiv. Conserv., **1**, 267 (1992)
4) T. A. Norton et al., Phycologia, **35**, 308 (1996)
5) L. Brennan et al., Renew. Sustain. Energ. Rev., **14**, 557 (2010)
6) O. Jorquera et al., Bioresource Technol., **101**, 1406 (2010)
7) J. C. Weissman et al., Biotechnol. Bioeng., **31**, 336 (1988)
8) J. R. Benemann, www.adelaide.edu.au/biogas/renewable/biofuels_introduction.pdf (2009)
9) M. A. Borowitzka, J. Biotechnol., **70**, 313 (1999)
10) N. Sakai et al., Energy Convers Manag., **36**, 693 (1995)
11) M. A. B. Habib et al., "A review on culture, production and use of spirulina as food for humans and feeds for domestic animals and fish", FAO Fisheries and Aquaculture Circular. No. 1034, Rome, FAO (2008)
12) A. Hosseini Tafreshi et al., J. Appl. Microbiol., **107**, 14 (2009)
13) R. T. Lorenz et al., Trends Biotechnol., **18**, 160 (2000)
14) M. Olaizola, J. Appl. Phycol., **12**, 499 (2000)
15) J. R. Benemann, J. Appl. Phycol., **12**, 291 (2000)
16) 天野寿二ら，日本船舶工学会講演会論文集第2K号, 111 (2006)
17) Takeda et al., Energ. Environ. Sci., **4**, 2575 (2011)
18) A. L. Stephenson et al., Energ. Fuels, **24**, 4062 (2010)
19) Y. Chisti, Biotechnol. Adv., **25**, 294 (2007)
20) P. Metzger et al., Appl. Microbiol. Biotechnol., **66**, 486 (2005)
21) A. Banerjee et al., Crit. Rev. Biotechnol., **22**, 245 (2002)
22) Y. Li et al., J. Appl. Phycol., **17**, 551 (2005)
23) 宮下英明，地球環境学へのアプローチ, p.126, 丸善 (2008)

【第Ⅱ編　機能設計と改変技術】

第6章　藻類の脂質代謝経路とその応用

馬場将人[*1], 白岩善博[*2]

1　はじめに

本章では藻類を含む多くの生物が合成する脂質や，一部の生物特有の脂質を紹介し，それらの合成および代謝経路について概説する。更に，藻類の脂質合成経路を応用する際の留意点についても述べる。

2　脂質

本章では脂質を，①生物に由来し，②有機溶媒には溶けるが水には不溶であり，③分子中に炭化水素基を持つ物質として定義し記述を進める。また，単純／誘導／複合脂質といった慣例的な分類を用いることはしない。一部の例外を除き，リン／糖／硫黄／窒素などからなる極性基を含む脂質（いわゆる複合脂質）は，エネルギー利用の観点において不適当であるため取り上げない。本章では非極性脂質を中性脂質と総称するが，この語はトリグリセリド［Triglyceride：TG］のみを指す場合もあることに留意されたい。

3　多くの生物が合成する脂質

脂質の研究分野として，分子構造，合成経路（同位体や阻害剤を使用），酵素（遺伝子）の同定と機能，脂質合成の調節および脂質の代謝に関する研究などがあり，本章もこれに倣い概説する。

表1に，藻類を含む多くの生物が合成する主な脂質とその生理機能を示した。ほとんどの脂質は，脂肪酸合成経路やテルペノイド合成経路から繋がる代謝経路を経て合成される。

3.1　脂肪酸合成経路[1)]

植物では，脂肪酸やTGにみられるC_{16}およびC_{18}のアシル基（炭化水素鎖）は，互いに異なる機能をもつ4種類のサブユニットから成る多酵素複合体，脂肪酸合成酵素（複合体）［Fatty acid synthase：FAS］などの働きにより，葉緑体ストロマで合成される（図1［脂肪酸合成経路］）。

[*1] Masato Baba　筑波大学　生命環境系　研究員
[*2] Yoshihiro Shiraiwa　筑波大学　生命環境系　教授

表1 多くの生物が合成する主な脂質一覧

名称	構造的特徴	生理機能	参考文献
脂肪酸	カルボキシル基をもつ	様々な脂質の構成単位／一部は生理活性をもつ	1〜5
脂肪族炭化水素	脂肪酸から派生／直鎖状分子	バクテリアや一部の真核生物は大量に蓄積する	6, 8〜10
ワックス	超長鎖脂肪酸とアルコールからなる固形エステル	陸上生物のクチクラ層の主な構成要素	6, 9
グリセリド（第8章）	脂肪酸とグリセロールからなるエステル	生物種を問わず支配的な貯蔵物質	1, 5
ポリケチド	ポリケトン鎖からなる	抗生物質などの生理活性物質に派生する	11〜15
テルペノイド	C_{5n}の炭化水素鎖／二重結合／分枝構造をもつ	生理活性をもつ二次代謝産物に派生する	14, 16〜18
ステロイド	トリテルペンから派生／シクロペンタノヒドロフェナントレン環をもつ	動植物において広くホルモンとして機能	14, 16
カロテノイド	テトラテルペンから派生／共役二重結合をもつ／吸光性が強い	主に色素として機能	14, 16〜18

基質となるアセチル-CoA［coenzyme A：補酵素A］は，複数の起源から供与される．アセチル-CoAは，アセチル-CoAカルボキシラーゼ（複合体）などの働きにより，マロニル-ACP［acyl carrier protein：アシルキャリアタンパク質］となる．

一般的には，まずアセチル（C_2）-CoAとマロニル（C_3）-ACPが，FASの働きにより縮合／脱炭酸／β位のケト基の還元反応を経て，飽和炭素結合2個分（C_2単位）伸長されたブチリル（C_4）-ACPとなる．以後，合成されたアシル-ACPがC_2単位ずつ伸長されることで，最終的にC_{16}およびC_{18}のアシル基が合成される．このように合成されるC_{2n}のアシル基は多くの生物において支配的だが，C_{2n-1}のアシル基も，主にC_{2n}のアシル基の脱炭酸反応により合成される例がある[2]．アシル-ACPは，脱ACPされ脂肪酸となった後，CoAと結合する際に葉緑体から細胞質へと排出される可能性がある[1]．アシル-ACP/-CoAや脂肪酸は，その後様々な脂質分子や化合物に代謝される．

藻類を含む植物やバクテリアのFASはII型FASと総称される[1]．FASサブユニットの一種で，縮合反応を触媒するβ-ケトアシル-ACP合成酵素［β-ketoacyl-ACP synthase：KAS］は，特に研究が進んでいる．モデル植物 Arabidopsis thaliana では，基質特異性が異なる3種のKAS，すなわちKASIII（C_{2-4}），KASI（C_{4-16}）およびKASII（C_{16-18}），が知られている．これに対し，植物以外の真核生物のFASは，複数の機能ドメインをもつ多機能酵素であり，I型FASと呼称される．極めて例外的に，3種類の伸長酵素が協調して脂肪酸を合成する場合もある[3]．

数種の陸上植物で，ミトコンドリアにもFASが存在する例が知られている[4]．ミトコンドリアでは，リポ酸合成の前駆体となるC_8や，葉緑体同様のC_{16}およびC_{18}のアシル基が合成され，呼吸の維持に利用されると考えられている．A. thaliana のミトコンドリア型KAS［mtKAS］は，

KASI-IIIとは異なる基質特異性をもつ別の分子であることが示されている。一方で，緑藻 *Chlamydomonas reinhardtii* のゲノムには，FASに対応する遺伝子は一つずつしか見つかっておらず，葉緑体型のFASがミトコンドリアにも移行する可能性がある[5]。

3.2 脂肪酸伸長経路[6]

植物では，ワックスにみられるC_{20}以上のアシル基は，互いに異なる機能をもつ4種類のサブユニットから成る多酵素複合体，脂肪酸伸長酵素（複合体）[Fatty acid elongase：FAE]の働きにより，小胞体内で合成される（図1 [脂肪酸伸長経路]）。脂肪酸の伸長と合成は良く似ているが，アシル-CoA（初発基質はオレオイル（$C_{18:1}$）-CoAやステアロイル（$C_{18:0}$）-CoAとされるが，CoAは不要であるとする知見もある[7]）とマロニル-CoAが，FAEの働きにより縮合し，C_2単位伸長されたアシル-CoAが合成される。C_{20}以上の多様な産物は，超長鎖脂肪酸[very long chain fatty acid：VLCFA]と総称される。陸上植物では，VLCFAは一級アルコールとなるか（アシル還元経路），アルカン（一般式C_nH_{2n+2}で表される直鎖飽和炭化水素）などを経てケトンとなり（脱カルボニル化経路），ともにクチクラ層の構成要素となる（図1 [ワックス合成経路]）。アルカンを合成するアルデヒド脱カルボニル化酵素は，陸上植物，ラン藻およびオイル産生緑藻 *Botryococcus braunii* で活性が検出されている。このうち，ラン藻の酵素のみ遺伝子が特定されている[8]。

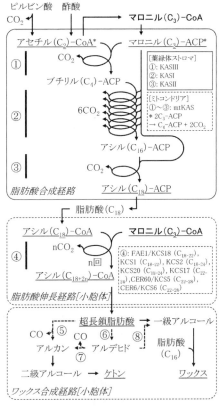

図1 脂肪酸合成・脂肪酸伸長・ワックス合成経路
代表的な代謝経路を図示した。脂質およびその前駆体と無機炭素以外の物質の出入りは省略した。ゴシック体は複数個所に登場する物質を示す。下線はその経路における初発・終末物質を示す。一回の矢印線のループは一回のC_2単位の伸長反応を示す。枠線は一連の合成経路を示す。破線の枠内の経路および酵素は陸上植物に存在するが，藻類に存在するかは確認されていない。ボックス内に各合成経路が局在する細胞小器官とそこで①-④の反応を触媒する縮合酵素を示す。⑤-⑧の反応を触媒する酵素は発見されていない。

A. thaliana では，FAEサブユニットの一種で縮合反応を触媒するβ-ケトアシル-CoA合成酵素[β-ketoacyl-CoA synthase：KCS]は，その発現部位や基質に応じて複数存在すると考えられ，実際に多種が同定されている[9]。縮合酵素以外のサブユニットも最低1種類は同定されている[6]。植物と酵母のFAEサブユニットには概ね機能的相補性があり，これは研究に利用され

ている。藻類にもVLCFAやVLCFA様の脂質は散見される。しかし，藻類型FAEの機能解析は報告がなく，例えば阻害剤感受性などを根拠に植物型FAEとの共通性が推測されるに留まっている[10]。

3.3 ポリケチド合成経路[11, 12]

ポリケチドは，抗生物質をはじめとした複雑な化合物へと派生する（例：エリスロマイシン・テトラサイクリン・ロバスタチンなど）。ポリケチド合成は脂肪酸合成と類似しているが，β位のケト基の還元が行われず，ポリケトン鎖が合成される。この反応では，様々なACP/CoA化合物が基質となりうる。

ポリケチド合成酵素［polyketide synthase：PKS］にはI～III型があり，バクテリアはいずれのPKSも持ちうる。緑藻（*C. reinhardtii*, *Ostreococcus*属の2種）やハプト藻（*Emiliania huxleyi*）のゲノムからI型PKS様遺伝子が見つかっているが，これは陸上植物や紅藻（*Cyanidioschyzon merolae*, *Galdieria sulphuraria*）には見出されていないなど[13]，藻類におけるPKSの分布には謎が多い。渦鞭毛藻の毒素はポリケチド由来であることが知られているが[14]，技術的な制約から，その合成経路の特定には課題が残されている。陸上植物がもつIII型PKSは主にカルコン合成酵素としてフラボノイド合成に働いている[15]。

3.4 テルペノイド合成経路[14, 16, 17]

C_{5n}の炭化水素鎖と分枝構造をもつテルペノイド類は，C_5化合物，イソプレン（生体内ではイソペンテニル二リン酸［isopentenyl diphosphate：IPP］と，その異性体のジメチラリル二リン酸［dimethylallyl diphosphate：DMAPP］）から，縮合により合成される。一般に，イソプレンはメバロン酸［mevalonate：MVA］経路（図2［MVA経路］）とメチルエリスリトールリン酸［methylerythritol phosphate：MEP］経路（いわゆる非メバロン酸経路，図2［MEP経路］）のいずれか一方，もしくはそれら両方の経路を経て合成される。

古細菌や真核生物の細胞質（ペルオキシソームであるとする知見もある[16]）に局在するMVA経路では，計3分子のアセチル-CoAの縮合から，MVAを経てIPPが合成され，さらにそのIPPからDMAPPが合成される。ラン藻を含むバクテリアや葉緑体ストロマ[17]に存在するMEP経路では，ピルビン酸とグリセルアルデヒド3-リン酸（G3P）の縮合から，MEPを経てIPPかDMAPPのいずれかが合成される。陸上植物では，イソプレンは葉緑体膜を通じて双方向に輸送されることが示されており，2つの経路は調和を保ちつつ相互補完していると考えられているが，イソプレン輸送体はまだ発見されていない[16, 17]。

主に*in silico*解析によって，藻類と陸上植物のテルペノイド合成経路に共通点が見出されている[14, 16]。一方で，以下に述べる藻類特有の経路の解明は今後の課題である。藻類におけるMVA経路（遺伝子）の喪失は珍しくない[14, 16]。二次共生藻は一次，二次宿主に由来するモザイク状のMVA経路をもつことが示唆されている[16]。ラン藻の一種では，ペントースリン酸回路と

第6章 藻類の脂質代謝経路とその応用

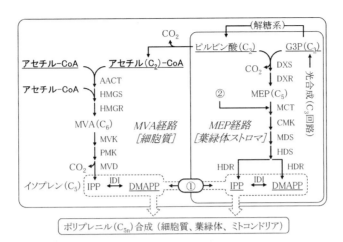

図2 テルペノイド合成経路
図の全体は陸上植物が有する代謝経路を示す。脂質およびその前駆体と無機炭素以外の物質の出入りは省略した。ゴシック体は複数個所に登場する物質を示す。下線はその経路における初発・終末物質を示す。破線の枠線内の物質はイソプレンである。一部の藻類はMVA経路を有しない[14, 16]。①が示すイソプレン輸送体は発見されていない。②はラン藻において予想されているペントースリン酸回路からMEP経路への基質流入位置を示す。各反応を触媒する酵素の略号については以下の通り，
AACT：acetoacetyl-CoA thiolase, CMK：4-(cytidine 5'-diphospho)-2-C-methyl-D-erythritol kinase, DXR：1-deoxy-D-xylulose 5-phosphate reductoisomerase, DXS：1-deoxy-D-xylulose 5-phosphate synthase, HDR：4-hydroxy-3-methylbut-2-en-1-yl diphosphate reductase, HDS：4-hydroxy-3-methylbut-2-en-1-yl diphosphate synthase, HMGS：3-hydroxy-3-methylglutaryl-CoA synthas, HMGR：3-hydroxy-3-methylglutaryl-CoA reductas, IDI：isopentenyl diphosphate:dimethylallyl diphosphate isomeras, MC：2-C-methyl-D-erythritol 4-phosphate cytidylyltransferase, MDS：2-C-methyl-D-erythritol 2,4-cyclodiphosphate synthas, MVD：mevalonate-5-diphosphate decarboxylase, MVK：mevalonate kinase, PMK：5-phosphomevalonate kinase。酵素の詳細については参考文献[16]参照。

MEP経路が連結し，特殊な経路を形成していることが知られている[18]。

IPPとDMAPPは，縮合するとともに脱リン酸化され，ポリプレニルとなる。ポリプレニルは細胞質，葉緑体およびミトコンドリアで特異的に，あるいは協同的に生合成される[16]。基質の組み合わせと産物（モノ／セスキ／ジ／トリ／テトラテルペンなど）は，縮合酵素によって異なる。微細藻類に特異的なポリプレニル二次代謝はあまり報告されていない[14]。

4 一部の生物特有の脂質

表2に，一部の生物に特有の脂質のうち，特にバイオエネルギーとしての利用において注目されている脂質を記載した。*B. braunii*が合成する炭化水素については第7章を参照されたい。

微細藻類によるエネルギー生産と事業展望

表2 一部の生物に特有の主な脂質一覧

名称	構造的特徴	生理機能	参考文献
B. braunii の炭化水素	脂肪酸かテルペノイドから派生／構造は種依存的	細胞外基質，細胞外色素の構成成分など	本書第7章，10
ハプト藻のアルケノン類	低温誘導的なトランス型二重結合を含む	貯蔵物質様の挙動がみられるが不明	19, 20
ラン藻アナベナの糖脂質	アルコール／ケトン配糖体	細胞壁の構成成分	21〜23
バクテリアのオレフィン系炭化水素	head-to-head縮合によりアシル-CoAなどから合成	不明	24〜27
偶数脂肪族炭化水素	脱カルボニル化を経ない	不明	28

4.1 ハプト藻のアルケノン類[19, 20]

　最低でも4種のハプト藻（*E. huxleyi*，*Gephyrocapsa oceanica*，*Isochrysis galbana*，*Chrysotile lamellosa*）は長鎖のアルケン，アルケノエート（長鎖脂肪酸メチル／エチルエステル）およびアルケノン（長鎖ケトン）（本章ではこれらの脂質をアルケノン類と総称する）を高度に蓄積する。アルケノン類は低温誘導的な2-4のトランス型二重結合をもち，その他の脂質と明確に区別できる。アルケノン類は葉緑体付近で合成され，その後脂質体に蓄積されると考えられている[20]。アルケノン類の合成機構と，特徴的なトランス型二重結合形成機構は未知である。上記したハプト藻4種ではTGが微量しか蓄積されず，アルケノン類はそのTG様の挙動から貯蔵物質であると考えられている。

4.2 ラン藻アナベナの糖脂質[21, 22]

　ラン藻アナベナのヘテロシスト（第10章）は特有の糖脂質［heterocyst glycolipid：HGL］を含む細胞壁をもつ。HGLのアグリコン（配糖体の糖を除く部位）はC_{26-28}の脂肪族多価アルコール，もしくはケトンであり，糖を除けばエネルギー利用に適する。HGLは，脂肪酸およびポリケチド合成酵素が関与すると考えられる経路に由来する多価アルコールが，糖転移酵素［HGL formation protein：HglT］の働きで配糖体となり合成される[23]。HGL合成，HGL輸送機構およびヘテロシスト分化調節は良く研究されている。

4.3 バクテリアのオレフィン系炭化水素[24, 25]

　ole（*olefin*）*ABCD*は，オレフィン系炭化水素のhead-to-head縮合酵素遺伝子群であり，主にバクテリアに存在する[26]。head-to-head縮合は，①脂肪酸Xのカルボキシル基が還元され，②形成されたカルボニル基と，脂肪酸Yのα炭素が結合し，③形成された二級水酸基から炭素二重結合が生じ，④（炭素二重結合が還元され）炭化水素を生じる反応である[27]。head-to-head縮合は以前から知られる反応であったが，*oleABCD*は最近同定されたばかりであり，今後の研究が注目される。

4.4 偶数脂肪族炭化水素[28]

ビブリオ *Vibrio furnissi* M1株は，既知の脱カルボニル化による経路とは異なる，一級アルコールを経る連続的な還元反応により，脂肪酸から偶数炭素鎖を持つ炭化水素を合成することが知られている。その合成経路の解明が期待される。

5　環境条件による脂質合成および蓄積の促進

高CO_2，従属栄養，栄養塩欠乏および低温は，脂質合成を促進する条件として良く知られている。高CO_2は光合成の促進により，細胞増殖や脂質合成を促進する[29]。緑藻 *Chlorella protothecoides* は，従属栄養条件下で葉緑素を喪失し，中性脂質の細胞に占める割合（以下，細胞内含量とする）が大きく増加することが知られている[30]。栄養塩欠乏の中でも，窒素欠乏は特に効果が大きく，特にTGの細胞内含量は顕著に増加する[31]。窒素欠乏による脂質の蓄積は生育阻害を伴うため，生産量の増大には寄与しない場合があり，注意が必要である。低温[32, 33]や培養後期における脂質の蓄積に関しても同様である。特定の光波長は，窒素代謝や脂質合成に影響する可能性がある[34]。

脂質の不飽和度は，融点および脂質分子の反応性（酸化しやすさでもある）を決める重要な要素である。脂質の不飽和化は低温や高塩濃度条件下で誘導され[35]，不飽和化酵素により触媒される。

6　中性脂質の代謝

極性脂質（主に膜脂質）は，小胞輸送や非小胞輸送により細胞内を移動する[36]。一方で中性脂質は，細胞内で貯蔵物質として保持されるか，細胞外に放出されることが知られている。

6.1　脂質の細胞内蓄積と分解

陸上植物では，中性脂質は小胞体のリン脂質二重膜内部に蓄積し，ある程度に達すると小胞体膜とともにくびれて脂質体となり細胞内に貯蔵されると考えられている[37]。実際，脂質体は脂質一重膜に包まれている。このモデルは最近のモデル生物を用いた研究から支持されているが[38]，そこに働く分子は同定されておらず，その普遍性の検証が待たれる。

脂質体にはタンパク質が含まれている。例えば，陸上植物のオレオシンは脂質体の安定化に関わる[39]。数種の緑藻では別のタンパク質がオレオシンの役割を担っている[40, 41]。脂質体には脂質代謝に関わる酵素も含まれている[40, 42]。

細胞内の脂質は最終的に分解されると考えられる[43]。陸上植物を参考にする場合，その主な脂質分解の場であるペルオキシソーム（グリオキシソーム）は，藻類における相同器官の有無が不確実であることに留意する必要がある[44]。直鎖アルカンを酸化する従属栄養生物は多く存在し，

Pseudomonads sp.ではその分解に関わる遺伝子も同定されている[45]。

6.2 脂質の細胞外への放出

前述のとおり，HGLの輸送および放出機構は良く研究されている（4.2参照）。陸上植物のワックスおよびワックス前駆体は細胞膜上のATP結合カセット輸送体を通じて放出されると考えられている[6]。植物の脂質輸送タンパク質は脂質への結合能をもち，ワックスが親水性の細胞壁を通過する際のシャトルであると考えられている[6]。

多数の酵母で細胞外脂質が発見されている[46]。これらは細胞内脂質とは異なる構造をもち，極めて特異である。残念ながら，これらの合成や輸送の研究は報告されていない。

哺乳類では，脂質体に蓄積された乳脂質（主にTG）は，乳脂質顆粒［milk fat globule：MFG］として細胞外に放出される[47]。MFGは，脂質体がさらに脂質二重膜（細胞膜かゴルジ小胞）に包まれた構造をもつ。細胞膜や脂質体表層と相互作用するタンパク質三分子複合体が見つかっているが，その具体的な役割は不明である。

*B. braunii*の炭化水素放出機構の解明は，バイオエネルギー生産への寄与が特に期待されており，その解明が待たれている[10]。理論的な裏付けには欠けるものの，遺伝子操作による人工的な脂肪酸の放出はラン藻[48]，大腸菌[49]および酵母[50]で成功例がある。酵母では，TGを放出する未知遺伝子変異株が見つかっている[51]。

7　藻類の脂質合成経路を応用する際の留意点

遺伝子操作は生物機能の強化や応用に不可欠の技術である[52]。藻類の遺伝子操作は極限られた種や株でのみ可能となっている段階であり，現時点では非常に挑戦的な課題である。

脂質の増産には適切な代謝改変が有効であり（第8章），転写調節の改変が可能となればストレス非依存的に脂質の蓄積を誘導できる（第9章）。有用藻株は脂質への炭素配分が元来優勢であるため[53]，カーボンインプット総量の増大はとりわけ重要である。小規模培養で光合成を律速するCO_2制限は，高CO_2通気により解除できる[29]。低CO_2条件で誘導されるCO_2濃縮機構の増強も有効である（第4章）。しかしCO_2十分条件下での生産性や高CO_2耐性は藻株の特質によるところが大きく，今後，そのような種間差が生じる原因の究明が課題である。一方，屋外大量培養では（第Ⅲ編），光特性，温度特性，栄養塩要求性，排他性，脂質分解活性などの改善が優先すべき課題となるだろう[52]。

藻株の遺伝子・代謝改変により培養，藻体回収，脂質回収の効率化を図り，生産コストを低下できる可能性がある。現状において，高密度培養可能性は藻株の特質によるところが大きい[54]。高密度培養は，独立栄養条件（$40\,\mathrm{g\,L^{-1}}$）より従属栄養条件（$100\text{-}150\,\mathrm{g\,L^{-1}}$）で達成されやすい。有機物利用はエネルギー利用における別の問題点が指摘されているものの，藻株への人為的なグルコース利用特性の付与は既に報告があり[55]，今後検討に値する。細胞外多糖の合成を制御

第6章 藻類の脂質代謝経路とその応用

することにより，細胞の凝集沈殿を誘導する方法は細胞回収の効率化に寄与できる[56]。脂質の容易な回収を目的とした微生物への脂質放出性の付与は，実際に一部で成功を収めている[48〜51]。このような技術を応用した細胞非破壊的な脂質分子の回収は，細胞増殖を抑制したままで生産された脂質の回収を容易にするのみならず，細胞増殖を維持するために必要なエネルギーコストの低減にも効果的である。

藻類の脂質は乾燥重量に占める割合が大きく，酵素反応により合成されるため，目的産物を高効率かつ高純度に生産できると期待される。このような藻類由来脂質の特性を生かすために，培養条件はその安定性や産物への影響も含めて検討すべきである。例えば，低温による脂質蓄積と不飽和化は併せて評価する必要がある。将来的には，藻株の改変と併せ，不飽和化酵素の破壊による飽和脂質，短鎖脂肪酸の還元や長鎖炭化水素の分解によるガソリン相当の短鎖炭化水素など，目的に沿った産物を効率よく生産可能な技術の確立が期待される[57]。

文　献

1) J. Joyard et al., *Prog. Lipid Res.*, **49** (2), 128-158 (2010)
2) T. Rezanka, K. Sigler, Prog. Lipid Res., **48** (3-4), 206-238 (2009)
3) VI. Livore, KE. Tripodi, AD. Uttaro, *FEBS J.*, **274** (1), 264-274 (2007)
4) R. Yasuno et al., *J. Biol. Chem.*, **279** (9), 8242-8251 (2004)
5) WR. Riekhof et al., *Cell*, **4** (2), 242-252 (2005)
6) L. Kunst et al., *Curr. Opin. Plant Biol.*, **12** (6), 721-727 (2009)
7) A. Hlousek-Radojcic et al., *Plant Physiol.*, **116** (1), 251-258 (1998)
8) D. Das et al., *Angew Chem. Int. Edit.*, **50** (31), 7148-7152 (2011)
9) S. Tresch et al., *Phytochemistry*, **76**, 162-171 (2012)
10) A. Banerjee et al., *Crit Rev. Biotechnol.*, **22** (3), 245-279 (2002)
11) J. Staunton, KJ. Weissman, *Nat. Prod. Rep.*, **18** (4), 380-416 (2001)
12) B. Shen, *Curr. Opin. Chem. Biol.*, **7** (2), 285-295 (2003)
13) U. John et al., *Protist*, **159** (1), 21-30 (2008)
14) S. Sasso et al., *FEMS Microbiol. Rev.*, 1574-6976 (2011)
15) C. Jiang et al., *Mol. Phylogenet Evol.*, **49** (3), 691-701 (2008)
16) M. Lohr et al., *Plant Science*, 185-186, 9-22 (2012)
17) J. Joyard et al., *Mol. Plant*, **2** (6), 1154-1180 (2009)
18) K. Poliquin et al., *J. Bacteriol.*, **186** (14), 4685-4693 (2004)
19) EA. Laws et al., *Geochem. Geophy Geosy*, **2** (2001)
20) ML. Eltgroth et al., *J. Phycol.*, **41** (5), 1000-1009 (2005)
21) T. Bauersachs et al., *Phytochemistry*, **70** (17-18), 2034-2039 (2009)
22) K. Nicolalsen et al., *J. Basic Microb.*, **49** (1), 5-24 (2009)

23) K. Awai, CP. Wolk, *Fems. Microbiol. Lett.*, **266** (1), 98-102 (2007)
24) DJ. Sukovich et al., *Appl. Environ. Microb.*, **76** (12), 3842-3849 (2010)
25) HR. Beller et al., *Appl. Environ. Microbiol.*, **76** (4), 1212-1223 (2010)
26) DJ. Sukovich et al., *Appl. Environ. Microbiol.*, **76** (12), 3850-3862 (2010)
27) PW. Albro, JC. Dittmer, *Biochemistry*, **8** (5), 1913-1918 (1969)
28) M. Park, *J. Bacteriol.*, **187** (4), 1426-1429 (2005)
29) A. Kumar et al., *Trends Biotechnol.*, **28** (7), 371-380 (2010)
30) XL. Miao, QY. Wu, *Bioresource Technol.*, **97** (6), 841-846 (2006)
31) Q. Hu et al., *Plant J.* **54** (4), 621-639 (2008)
32) SM. Renaud et al., *J. Appl. Phycol.*, **7** (6), 595-602 (1995)
33) X. Li et al., *Bioresource Technol.*, **102** (3), 3098-3102 (2011)
34) S. Miyachi et al., *Plant Cell Physiol.*, **19** (2), 277-288 (1978)
35) YD. Lu et al., *Extremophiles*, **13** (6), 875-884 (2009)
36) CA. Benning, *Progress in Lipid Research*, **47** (5), 381-389 (2008)
37) K. Athenstaedt, G. Daum, *Cell Mol. Life Sci.*, **63** (12), 1355-1369 (2006)
38) M. Beller et al., *Febs Lett.*, **584** (11), 2176-2182 (2010)
39) NJ. Roberts et al., *Open Biotechnol. J.*, **2** (1), 13-21 (2008)
40) ER. Moellering, C. Benning, *Eukaryot Cell*, **9** (1), 97-106 (2010)
41) L. Davidi, A. Katz, U. Pick, *Planta* (2012) (in print)
42) HM. Nguyen et al., *Proteomics*, **11** (21), 4266-4273 (2011)
43) S. Goepfert, Y. Poirier, *Curr. Opin. Plant Biol.*, **10** (3), 245-251 (2007)
44) T. Gabaldon, *Philos Trans R. Soc. Lond B Biol. Sci.*, **365** (1541), 765-773 (2010)
45) JB. Beilen et al., *Biodegradation*, **5**, 161-174 (1994)
46) FH. Stodola et al., *Bacteriol. Rev.*, **31** (3), 194-213 (1967)
47) JL. McManaman et al., *J. Mammary Gland Biol. Neoplasia.*, **12** (4), 259-268 (2007)
48) X. Liu et al., *Proc. Natl. Acad. Sci. USA*, **107** (29), 13189 (2010)
49) HS. Cho, JE. Cronan et al., *J. Biol. Chem.*, **270** (9), 4216-4219 (1995)
50) Y. Michinaka et al., *J. Biosci. Bioeng.*, **95** (5), 435-440 (2003)
51) Y. Nojima et al., *J. Gen. Appl. Microbiol.*, **45** (1), 1-6 (1999)
52) YM. Gong, ML. Jiang, *Biotechnol. Lett.*, **33** (7), 1269-1284 (2011)
53) M. Baba et al., *Bioresour. Technol.*, **109**, 266-70 (2011)
54) F. Bumbak et al., *Appl. Microbiol. Biotechnol.*, **91** (1), 31-46 (2011)
55) LA. Zaslavskaia et al., *Science*, **292** (5524), 2073-2075 (2001)
56) Y. Kawano et al., *Plant Cell Physiol.*, **52** (6), 957-966 (2011)
57) R. Radakovits et al., *Eukaryot Cell*, **9** (4), 486-501 (2010)

第7章　ボツリオコッカスの炭化水素合成経路の解明

岡田　茂*

1　*Botryococcus braunii* とは

　Botryococcus braunii は世界各地の，主として淡水域に分布するトレボウクシア藻綱に属する微細藻類である[1]。単細胞性であるが，個々の細胞が細胞間マトリクス（以下，マトリクスと略）と呼ばれる，本藻種が作るバイオポリマーでつなぎ止められて群体を形成する。本藻種は乾燥藻体重量の数十パーセントにもおよぶ大量の液状炭化水素を生産する。その炭化水素は細胞内では無く細胞外に分泌され，大部分がマトリクス部分に蓄積される。そのため顕微鏡による観察時にカバーグラスで圧迫すると，液状炭化水素が群体から染み出してくるのが観察される（図1）。

　本藻種は生産する炭化水素のタイプにより3品種に大別されている[2]。すなわち，23～33の奇数個の炭素鎖からなる直鎖状の不飽和炭化水素であるalkadiene類（**1**）および27～31の奇数個の炭素鎖からなるalkatriene類（**2**）を生産するものをA品種，botryococcene類（**3**）およびmethylsqualene類（**4**）というトリテルペン系炭化水素を生産するものをB品種，lycopadiene（**5**）というテトラテルペン系炭化水素を生産するものをL品種と呼んでいる（図2）[3]。本藻種は炭化水素含有量の高さから，石油代替資源として魅力的であると考えられ，石油ショック以後，その大量培養による燃料生産の実用化に向け，世界各国で研究が行われた[4]。しかし，本藻種の屋外大量培養は，増殖の遅さが大きな障壁となっている。本藻種の増殖速度は株にもよるが，静置培養での倍加時間が1週間程度である。CO_2 を0.3％添加した空気を通気することで，倍加時間は40時間程度まで短縮されたという報告もあるが[5]，この程度の増殖速度では

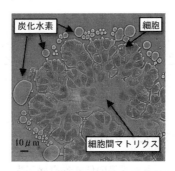

図1　*Botryococcus braunii* の群体と染み出す炭化水素

＊　Shigeru Okada　東京大学　大学院農学生命科学研究科　水圏生物科学専攻　准教授

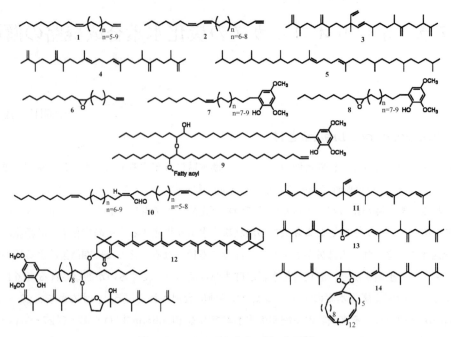

図2 *B. braunii* が生産する様々な脂質

屋外開放系培養を行う際，夾雑生物との競合により十分なバイオマスが得られない可能性が高い。これに関連し，他生物が増殖し難い，高pH条件下でも生育できる株を用いた研究も行われている[6]。他の微細藻類が窒素欠乏等により，増殖が停滞すると脂質を蓄積し始めることが多いのに対し，本藻種の炭化水素は，A，B両品種とも活発に細胞が分裂している時に生産される[2, 5]。また，本藻における炭化水素含量と増殖速度には，一般的に負の相関が見られることから，炭化水素という高エネルギー物質の生産が負担となり，増殖速度が抑えられているものと考えられている。本藻の炭化水素は，一旦細胞外へと分泌された後，細胞内に再吸収されて藻体自身に利用されることは確認されていない。したがって何故，この微細藻が大量の炭化水素を生産，分泌するのか，その生理的意義は現時点では不明であり，それらを明らかにすることは本藻種の有効利用を考える上で重要である。そこで現時点で明らかになっている本藻種の炭化水素生産および分泌に関する知見を以下に述べる。

2 A品種における炭化水素とその関連化合物

本藻種の藻体を乾燥させた後，ヘキサン等の低極性有機溶媒に浸漬すると，細胞を破壊せずに炭化水素の大部分を抽出することができる。この様にして得られる炭化水素を「細胞外炭化水素」と定義している[7]。細胞外炭化水素を抽出し終えた後，抽出残渣をクロロホルム/メタノール等の細胞内への浸透能の高い有機溶媒に浸漬するか，物理的に細胞を破砕することで，さらに少量

第7章　ボツリオコッカスの炭化水素合成経路の解明

の炭化水素を抽出することができる。これを「細胞内炭化水素」と定義している。

　A品種が生産する直鎖状炭化水素は，放射性同位体で標識した前駆体を与えても，「細胞内」から「細胞外」炭化水素画分への放射能の移行が見られないことから，それぞれ別の場所において炭化水素生産が行われていることが示唆された[8〜10]。A品種の炭化水素は，主としてオレイン酸が前駆体となり[11, 12]，炭素2個ずつの鎖長の伸長が起こり，超長鎖脂肪酸が生成した後，最終的にカルボキシル末端の炭素が脱離し，奇数個の炭素鎖からなり，末端に不飽和結合を有する炭化水素が生成すると考えられている。A品種から脂肪酸炭素鎖伸長酵素の遺伝子がいくつか単離されている[13]。これに関連し，A品種のミクロソームから，脂肪鎖アルデヒドを基質とし，一酸化炭素を脱離することでアルカンを生成するコバルト-ポルフィリン酵素が単離されている[14]。しかし，この酵素の反応生成物は，末端に不飽和結合を有しないため，本酵素が超長鎖脂肪酸由来のアルデヒドを基質にして，alkadieneおよびalkatrieneを生成しているかは明らかではない。

　A品種の炭化水素含量は株により大きく異なり，乾燥藻体重量の0.1％しか無いという例もある[15]。この様な炭化水素含量の低い株では，代わりに炭化水素と共通の炭素骨格を有する，様々なエポキシド類（6），長鎖フェノール類およびそのエポキシド（7，8），エーテル類（9），あるいはbotryal（10）と呼ばれるアルデヒド類が多く蓄積している場合がある[16, 17]。これらの化合物も脂肪酸を前駆体として生成し，大部分がマトリクス部分に蓄積される。このマトリクスを形成しているバイオポリマーは，これらの長鎖エポキシドやアルデヒド類が，エーテル結合やアセタール結合を介して重合化したものである。したがってA品種では，炭化水素，炭化水素関連脂質，およびバイオポリマーの生成に脂肪酸が共通して関与していると言える[18]。

3　B品種における炭化水素とその関連化合物

　一方，B品種が生産する炭化水素は，C_nH_{2n-10}（n＝30〜37）の一般式で表されるトリテルペン系の炭化水素であり，botryococcene類とmethylsqualene類の2つのタイプがある[19, 20]。A品種同様，株により炭化水素含量に差はあるものの，両タイプを合わせて乾燥藻体重量の30〜40％に達するものが多い。このうち主成分はbotryococcene類であり，炭化水素画分の90％以上を占める。元々「botryococcene」の名前は，前述の初めて構造が決定された炭素数34の化合物（3）に付けられたものである。実際には炭素数30の（11）が生合成された後，S-アデノシルメチオニン由来のメチル基が順次導入され，それと同時に二重結合の異性化や転位，側鎖の環化等が生じて非常に多様な同族体が生じる[21]。また，methylsqualene類にもメチル基の数の異なる同族体が存在する[22]。Botryococcene類もmethylsqualene類も大部分は「細胞外炭化水素」として蓄積する。しかし細胞内外で炭化水素の組成は大きく異なり，細胞内炭化水素はC_{30}やC_{31}等のメチル化の進んでいないbotryococcene類の割合が高いのに対し，細胞外炭化水素ではC_{34}等のメチル化の進んだ同族体の割合が高い。また，放射性同位体の投与実験から，放射能が

細胞内炭化水素から細胞外炭化水素へ移行することが確認されている[23]。このことは初めにC_{30} botryococceneがすべてのbotryococcene共通の前駆体として細胞内で作られ，その後メチル化されながら細胞外へと移行していくことを意味している。しかし，この細胞外への分泌がどのようなメカニズムで行われているかは分かっていない。これに関連し，細胞内に見られる油滴を共焦点ラマン顕微鏡で観察することで，細胞外への移行メカニズムを調べる試みもなされている[24]。

B品種のマトリクスにも，A品種同様に炭化水素関連の脂溶性化合物が蓄積している。その様な化合物の一つとしてbraunixanthin (12) がある[25]。Braunixanthinはtetramethylsqualene，ケトカロテノイドおよび長鎖アルキルフェノールの三者が，エーテル結合を介してつながっている色素である。長鎖アルキルフェノールはA品種特有の成分と考えられていたが，braunixanthinの発見により本藻種のB品種は，トリテルペン類だけでは無く，A品種と同様の長鎖脂肪鎖化合物も生成する事が示された。その後tetramethylsqualene epoxide (13) やbraunicetal (14) 等，同じくsqualeneの誘導体である新規化合物がB品種から見つかった[26, 27]。これらの化合物は，A品種における長鎖エポキシドや長鎖アルデヒドと同様に，重合可能な構造をしている。したがって遊離の炭化水素としては微量成分であるmethylsqualene類が，バイオポリマーの形成へ関与していることを強く示唆している。一方，遊離炭化水素の主成分であるbotryococcene類に酸素原子が導入された，エポキシドやアルデヒドに相当する化合物は見つかっていない。例外的にケト基が導入されたbotryococcenoneの報告例があるのみである[28]。したがって同じトリテルペンでも，botryococcene類は遊離の炭化水素として蓄積し，methylsqualene類をマトリクスの原料として使い分けることが，本藻種にとって何らかの意味があることなのかも知れない。

4 B品種のトリテルペン系炭化水素生合成メカニズム

B品種におけるトリテルペン生合成メカニズムは，徐々に明らかになりつつある。^{13}C標識したグルコースの投与実験からは，botryococceneおよびmethylsqualene類を構成するイソプレン単位が，古典的なメバロン酸経路では無く，2-C-methyl-D-erythritol 4-phosphate（MEP）経路により供給されることが示された[29]。Botryococceneとsqualeneは，いずれもファルネシル基が2つ縮合した物質である。前者が1'-3結合しているのに対し，後者は1'-1結合をしている（図3）。そのためbotryococceneの生合成については，squaleneの生合成との類似性を視野に入れて研究が行われてきた。事実，放射性同位体で標識したfarnesolを本藻種に投与すると，放射性のsqualeneとbotryococceneが検出された[30]。Squaleneはステロールの前駆体であり，その合成酵素（squalene synthase，以下SSと略）は真核生物に広く分布する[31]。SSには生物種間を越えて，アミノ酸配列が非常によく保存された6つの領域（ドメインⅠ～Ⅵ）がある[32]（図4）。SSは図3に示す2段階の反応を単量体で行う。1段階目の反応では，2分子のファルネシル二リン酸（farnesyldiphosphate，以下FPPと略）が縮合し，シクロプロパン環を有する中間体，

第7章 ボツリオコッカスの炭化水素合成経路の解明

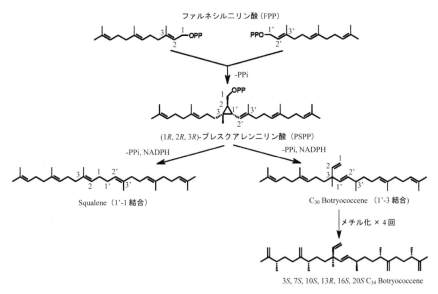

図3 Squalene と botryococcene の推定生成メカニズム

プレスクアレン二リン酸(以下PSPPと略)が生成する。2段階目の反応では、PSPPからのリン酸基の脱離、シクロプロパン環の回裂、炭素-炭素結合の再形成、NADPHによる還元により、squaleneが生成する。各ドメイン中のアミノ酸残基を置換した変異体酵素による実験などから、ドメインIIIおよびIVがsqualene生成の1段階目の反応に、また、ドメインVが2段階目の反応に重要であることが示された(図4)[33]。一方、位置選択的あるいは立体選択的に重水素標識したfarnesolをB. brauniiの培養藻体に投与し、新たに生合成されたbotryococcene類の分子内における重水素の標識パターンをNMRにより調べた結果、botryococcene も squalene と同様にPSPPを中間体とし、squaleneとは別の形でPSPP中のシクロプロパン環が回裂することにより生成することが示唆された[34,35]。これに対し、藻体ホモジネートに放射性のFPPを加えたin vitroのアッセイでは、放射性のsqualeneは生成するが、botryococceneは生成しないという報告もあった[36]。後にこれは、SSの様な膜タンパク質のアッセイに通常添加される界面活性剤が、botryococceneの合成を阻害するためであることが明らかになり、界面活性剤の非存在下では、FPPを基質としてbotryococceneとsqualeneの双方が生成することが確かめられた[37]。また、SSの特異的な阻害剤として squalestatin (zaragozic acid) が知られている。この阻害剤はPSPPと構造が似ているためにSSを阻害する[38]。B. brauniiの藻体ホモジネート中における、squaleneおよびbotryococcene合成活性に対する本薬剤の効果を調べたところ、両者とも強力に阻害された[37]。これらのことから、botryococceneとsqualeneの双方は、SSそのもの、あるいはSSに非常に類似した酵素により合成されているものと考えられた。そこでB. brauniiのB品種から、縮重PCRおよびcDNAライブラリーのスクリーニングにより、SSと相同性を示す遺伝子の単離が行われた[39]。得られたクローンは461アミノ酸残基のタンパク質をコードしており、

微細藻類によるエネルギー生産と事業展望

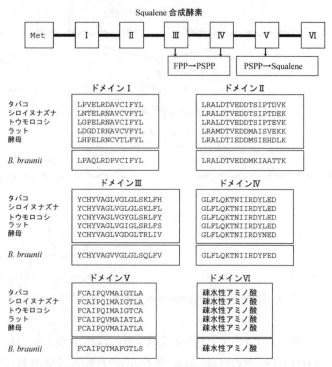

図4　様々な生物由来のsqualene合成酵素中のアミノ酸配列保存領域

その演繹アミノ酸配列中には，SS全般で保存されているドメインⅠ～Ⅴに相当する部分があった（図4）。そこで，この遺伝子を大腸菌で発現させ，酵素活性を測定したところ，squaleneは生成したが，botryococceneは生成しなかった（以下，Botryococcus squalene synthaseと呼び，BSSと略する）。Botryococceneとsqualeneの生成機構の違いは，PSPP分子内のシクロプロパン環の開裂の様式である。従って，botryococceneを生成する酵素では，SSによる1段階目の反応に必要なドメインが保存されている反面，2段階目の反応に関与するドメインⅤがSSとは異なっている可能性が高いと考えられた。そこでBSS遺伝子をプローブとし，cDNAライブラリーを再スクリーニングしたところ，SSと相同性を持ちながら，ドメインⅤのみが大きく異なっている，403アミノ酸残基のタンパク質をコードしているクローン（以下，squalene synthase like protein-1と呼び，SSL-1と略する）が得られた（図5）[40]。しかしSSL-1タンパク質単独では，in vitroの系においてbotryococcene合成活性もスクアレン合成活性も示さなかった。ところがSSL-1タンパク質を，B. brauniiの藻体ホモジネートに加えてin vitroアッセイを行うと，藻体ホモジネート単体で検出されるより遙かに高いbotryococcene合成活性が検出された。また，大量のFPPを細胞内に蓄積できる酵母の変異体内で，SSL-1遺伝子を過剰発現させたところ，酵母細胞内からpresqualene alcohol（PSPPの脱リン化物）が検出された。このことから，SSL-1はFPPをPSPPに変換するPSPP合成酵素であり，PSPPからbotryococceneへの変換に

第7章 ボツリオコッカスの炭化水素合成経路の解明

```
BSS    MGMLRWG---VESLQNPDELIPVLRMIYADKFGKIK--PKDEDRGFCYEILNLVSRSFAI  55
SSL-1  MTMHQDHGVMKDLVKHPNEFPYLLQLAATTYGSPAAPIPKEPDRAFCYNTLHTVSKGFPR  60
SSL-2  MVKLV------EVLQHPDEIVPILQMLHKTYRAKRS--YKDPGLAFCYGMLQRVSRSFSV  52
SSL-3  -MKLR------EVLQHPGEIIPLLQMMVMAYRRKRK--PQDPNLAWCWETLIKVSRSYVL  51
             : :::*.*:  :*::           ::   ::*:  *  **::.*

                 ドメインI         ドメインII
BSS    VIQQLPAQLRDPVCIFYLVLRALDTVEDDMKIAATTKIPLLRDFYEKISDRSFRMTAGDQ  115
SSL-1  FVMRLPQELQDPICIFYLLLRALDTVEDDMNLKSETKISLLRVFHEHCSDRNWSMKSD-Y  119
SSL-2  VIQQLPDELRHPICVFYLILRALDTVEDDMNLPNEVKIPLLRTFHEHLFDRSWKLKCG-Y  111
SSL-3  VIQQLPEVLQDPICVNGYLVLRGLDTLQDDMAIPAEKRVPLLLDYYNHIGDITWKPPCG-Y  110
        . :**  *:.*:*:.**:**.***::*** :  ::.**  ::::  *.:

BSS    KDYIRLLDQYPKVTSVFLKLTPREQEIIADITKRMGNGMADFVHKGVPDTVGDYDLYCHY  175
SSL-1  GIYADLMERFPLVVSVLEKLPPATQQTFRENVKYMGNGMADFIDKQIL-TVDEYDLYCHY  178
SSL-2  GPYVDLMENYPLVTDVFLTLSPGAQEVIRDSTRRMGNGMADFIGKDEVHSVAEYDLYCHY  171
SSL-3  GQYVELIEEYPRVTKEFLKLNKQDQQFITDMCMRLGAEMTVFLKRDVL-TVPDLDLYAFT  169
         *   *::::*  *.: .*   *:   :     *   :*  *.   :*   *.:*.

             ドメインIII              ドメインIV
BSS    VAGVVGLGLSQLFVASGLQSPSLTRSEDLSNHMGLFLQKTNIIRDYFEDINELPAPRMFW  235
SSL-1  VAGSCGIAVTKVIVQFNLATP-EADSYDFSNSLGLLLQKANIITDYNEDINEEPRPRMFW  237
SSL-2  VAGLVGSAVAKIFVDSGLEKENLVAEVDLANNMGQFLQKTNVIRDYLEDINEEPAPRMFW  231
SSL-3  NNGPVAICLTKLMVDRKFADPKLLDREDLSGHMAMFPLGKINVIRDIKEDVLEDP-PRIWW  228
         *  . :::*  *        *::. .:* *:**  ** * **::*

BSS    PREIWGKYANNLAEFKDPANKAAAMCCLNEMVTDALRHAVYCLQYMSMIEDPQIFNFCAI  295
SSL-1  PQEIWGKYAEKLADFNEPENIDTAVKCLNHMVTDAMRHIEPSLKGMVYFTDKTVFRALAL  297
SSL-2  PREIWGKYAQELADFKDPANEKAAVQCLNHMVTDALRHCEIGLNVIPLLQNIGILRSCLI  291
SSL-3  PKEIWGKYLKDLRDIIKPEYQKEALACLNDILTDALRHIEPCLQYMEMVWDEGVFKFCAV  288
        *:******  :.*  :: .*   *: ***.::***:**  *::  *   :  :

             ドメインV
BSS    PQTMAFGTLSLCYNNYTIFTGPKAAVKLRRGTTAKLMYTSNNMFAMYRHFLNFAEKLEVR  355
SSL-1  LLVTAFGHLSTLYNNPNVFKE---KVRQRKGRIARLVMSSRNVPGLFRTCLKLANNFESR  354
SSL-2  PEVMGLRTLTLCYNNPQVFRG---VVKMRRGETAKLFMSIYDKRSFYQTYLRLANELEAK  348
SSL-3  PELMSLATISVCYNNPKVFTG---VVKMRRGETAKLFLSVTNMPALYKSFSAIAEEMEAK  345
         .: :: ***  :*    *   *:.:* :*.   :  ::::  :*::::*

BSS    CNTETSEDPSVTTTLEHLHKIKAACKAG------LARTKDDTFDELRSRLLALTGGSFYL  409
SSL-1  CKQETANDPTVAMTIKRLQSIQATCRDG---LAKYDTP-----------SGLKSFC     396
SSL-2  CKGEASGDPMVATTLKHVHGIQKSCKAALSSKELLAKSGSALTDPAIRILLLLVGVVAYF  408
SSL-3  C---VREDPNFALTVKRLQDVQALCKAG------LAKSNGK---------VSAKGA     383
       *    * **  .: :*:****     *:.    **:.            *

BSS    AWTYNFLDLRGPG---DLPTFLSVTQHWWSILIFLISIAVFFIPSRPSPRPTLSA---   461
SSL-1  AAPTPTK----------------------------------------------------   403
SSL-2  AYAFNLGDVRGEHGVRALGSILDLSQKGLAVASVALLLLVLLARSRLPLLTSASSKQ-   465
SSL-3  -----------------------------------------------------------
```

図5 *B. braunii* B品種から見つかった4種のsqualene合成酵素様タンパク質
保存されているドメインを網がけで示す。BSSおよびSSL-2のC末端の下線部は, 膜間貫通領域と推定される連続した疎水性アミノ酸残基。

は, *B. braunii*の藻体内に存在する未知のタンパク性因子が必要であることが示唆された。その未知因子を探索すべく, EST (expressed sequence tag) 解析を行ったところ, SSL-1に加えて, SSと相同性を示すタンパク質 (SSL-2およびSSL-3) をコードする遺伝子が2種類存在することが明らかになった[40] (図5)。そこで, (SSL-1とSSL-2) および (SSL-1とSSL-3) という組み合わせを, 上記の酵母の変異体内で発現させたところ, 前者ではsqualeneが, 後者ではbotryococceneが生成した (図6)。また, 大腸菌で発現させたタンパク質を使った, 同様の組み合わせでの*in vitro*アッセイでも同じ結果が得られた。一方, SSL-3単独での*in vitro*系におけるアッセイでは, FPPが基質の場合, 何も生成しない反面, PSPPを基質とするとbotryococceneが生成した。これにより, SSL-3はPSPPからbotryococceneを生成する, いわばSS反応における2段階目の反応のみを行う酵素であることが明らかになった。さらに, SSL-3はbotryococceneを主成分として生成するだけでなく, PSPPから少量のsqualeneも生成した。ま

微細藻類によるエネルギー生産と事業展望

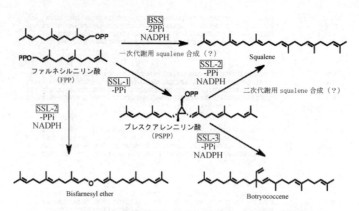

図6　*B.braunii* B品種におけるトリテルペン類合成経路

た，SSL-2も *in vitro* のアッセイにおいて，単独でPSPPからsqualeneを生成した。さらに興味深いことにSSL-2は，FPPを基質として単独でごく少量のsqualeneを作ると同時に，NADPH依存的に大量のbisfarnesyl etherという新規化合物を生成した（図6）。これまでのところ，*B. braunii* におけるbisfarnesyl etherの存在は確認されていない。SSL-1，2および3の発見により，*B. braunii* は他の生物には例を見ない，全く異なるシステムでbotryococceneおよびsqualene分子を作ることが明らかになった。最初に同定されたBSSにより作られるsqualene分子が，ステロールの前駆体として一次代謝に使われる一方，SSL-1とSSL-2の組み合わせにより作られるsqualeneが，methylsqualeneに代表される二次代謝産物としてのsqualene誘導体へと変換されるものと推定されるが，今のところ，詳細は不明である。

B. braunii におけるトリテルペン生合成酵素遺伝子が特定されたことで，今後，特異的な抗体を用いた分泌機構の解明や，生合成遺伝子の発現制御メカニズムの解明を通じ，遺伝子工学的な手法を取り入れることにより，本藻種による効率的な炭化水素生産が可能になるかも知れない。

文　　　献

1) P. Metzger and C. Largeau, Chemicals of *Botryococcus braunii*, in "Chemicals from Microalgae"（Ed. Cohen, Z）, pp205-260, Taylor & Francis, (1999)
2) P. Metzger, *et al., Phytochemistry*, **24**, 2305 (1985)
3) P. Metzger *et al., J. Phycol.*, **26**, 258 (1990)
4) ㈶エンジニアリング振興協会, バイオテクノロジー利用による新燃料油生産, 利用技術に関するフィージビリティ調査　微細藻類による燃料油生産システムに関する調査研究, 41 (1987)
5) E. R. Wolf *et al., J. Phycol.*, **21**, 388 (1985)

第7章 ボツリオコッカスの炭化水素合成経路の解明

6) ㈱科学技術振興機構（2010）戦略的創造研究推進事業「二酸化炭素排出抑制に資する革新的技術の創出－オイル産生緑藻類*Botryococcus*（ボトリオコッカス）高アルカリ株の高度利用技術－」平成20年度報告書, http://www.jst.go.jp/kisoken/crest/report/heisei20/pdf/pdf04/04-006.pdf
7) C. Largeau *et al.*, *Phytochemistry*, **19**, 1043（1980）
8) J. Templier *et al.*, *Phytochemistry*, **31**, 113（1992）
9) E. Casadevall *et al.*, *Biotechnol. Bioeng.*, **27**, 286（1985）
10) C. Largeau *et al.*, *Phytochemistry*, **19**, 1081（1980）
11) J. Templier *et al.*, *Phytochemistry*, **23**, 1017（1984）
12) J. Templier *et al.*, *Phytochemistry*, **30**, 2209（1991）
13) 新エネルギー・産業技術総合開発機構：プログラム方式二酸化炭素固定化・有効利用技術開発（基盤技術研究）光合成機能遺伝子と有用物質生産遺伝子を組み合わせた新たな代謝機能の発現制御技術の開発　平成12年度成果報告書，39（2000）
14) M. Dennis and P. E. Kolattukudy, *Proc. Natl. Acad. Sci. USA*, **89**, 5306（1992）
15) P. Metzger *et al.*, *Phytochemistry*, **28**, 2349（1989）
16) P. Metzger and E. Casadevall, *Phytochemistry*, **28**, 2097（1989）
17) P. Metzger and E. Casadevall, *Phytochemistry*, **30**, 1439（1991）
18) J. Laureillard *et al.*, *J. Nat. Prod.*, **49**, 794-799（1986）
19) P. Metzger *et al.*, *Phytochemistry*, **24**, 2995（1985）
20) Z. Huang and C. D. Poulter, *Phytochemistry*, **28**, 1467（1989）
21) S. Okada *et al.*, *Phytochem. Anal.*, **8**, 198（1997）
22) E. Achitouv *et al.*, *Phytochemistry*, **65**, 3159（2004）
23) P. Metzger *et al.*, *Phytochemistry*, **26**, 129（1987）
24) T. L. Weiss *et al.*, *J. Biol. Chem.*, **285**, 32458（2010）
25) S. Okada *et al.*, *Tetrahedron*, **53**, 11307（1997）
26) V. Delahais and P. Metzger, *Phytochemistry*, **44**, 671（1997）
27) P. Metzger *et al.*, *Phytochemistry*, **69**, 2380（2008）
28) R. E. Summons and R. J. Capon, *Aust. J. Chem.*, **44**, 313（1991）
29) Y. Sato *et al.*, *Tetrahedron, Lett.*, **44**, 7035（2003）
30) H. Inoue *et al.*, *Biochem. Biophys. Res. Commun.*, **196**, 1041（1993）
31) S. M. Jennings *et al.*, *Proc. Natl. Acad. Sci. USA*, **88**, 6038（1991）
32) G. W. Robinson *et al.*, *Mol. Cell. Biol.*, **13**, 2706（1993）
33) P. Gu *et al.*, *J. Biol. Chem.*, **273**, 12515（1998）
34) Z. Huang and C. D. Poulter, *J. Am. Chem. Soc.*, **111**, 2713（1989）
35) J. D. White *et al.*, *J. Org. Chem.*, **57**, 4991（1992）
36) H. Inoue *et al.*, *Biochem. Biophys. Res. Commun.*, **200**, 1036（1994）
37) S. Okada *et al.*, *Arch. Biochem. Biophys.*, **422**, 110（2004）
38) S. Lindsey and H. J. Harwood Jr., *J. Biol. Chem.*, **270**, 9083（1995）
39) S. Okada *et al.*, *Arch. Biochem. Biophys.*, **373**, 307（2000）
40) Niehaus *et al.*, *Proc. Natl. Acad. Sci. USA*, **108**, 12260（2011）

第8章 オミクス解析を用いた代謝経路の解明と遺伝子組換えによる高効率トリグリセリド生産株の作製

田中　剛[*1]，吉野知子[*2]

1　はじめに

　パームや大豆を中心に生産されてきたバイオディーゼルは，各国のエネルギー政策に基づいてその普及が図れてきたバイオエタノールに続く重要なバイオ燃料として，その生産プロセスが検討されている。特に第3世代のバイオマスとして微細藻類を用いたバイオディーゼル生産に関する研究は，加速の一途をたどっており，原料となる中性脂質の含量が高い微細藻類の活用に期待が寄せられている。中性脂質の多くは，三つの脂肪酸がグリセロール骨格にエステル結合しているトリグリセリドとして蓄積される。これまで，高等植物が蓄積するトリグリセリドを原料とし，触媒とメタノールを添加して脂肪酸メチルエステルに変換したものが軽油に代替されている。同様に，微細藻類は細胞内にトリグリセリドを高度に蓄積することが知られており，この代謝経路の解明と遺伝子組換え技術の導入により，目的の脂肪酸組成をもったトリグリセリドの細胞内生産が期待される。本稿では，微細藻類のオミクス研究に基づいたトリグリセリド生産機構の解明と遺伝子組換え技術によるトリグリセリド高生産株の創製に関して近年の取り組みを紹介する。

2　トリグリセリドを高生産する微細藻類

　微細藻類はもともと脂質合成系が発達しており，特にトリグリセリドの生産量が高いため，速い培養速度の微細藻類探索に力が注がれている。これまでに報告されているトリグリセリド高蓄積株として，*Chlorella*属，*Dunaliella*属等が挙げられる（表1）。微細藻類の培養法は，光照射下での二酸化炭素をC源とした方法が一般的であり，5〜70%の含有率でトリグリセリドを生産し，この生産量は属により大きく異なる。通常，窒素源枯渇下，または栄養源を制限したときに脂質含有率が増加する一方，そのような培養環境下ではバイオマス量の減少が避けられない。よって，生産性の高い株の選択には，脂質含有率とバイオマス量の両方を考慮することが重要である。さらにはゲノム情報や遺伝子組換え技術などが確立された株となると，その選択肢は極端に限られる。近年，*Nannochloropsis*属の中でも特に脂質高生産の株として*N. gaditana*が注目

[*1]　Tsuyoshi Tanaka　東京農工大学　大学院工学研究院　生命機能科学部門　准教授
[*2]　Tomoko Yoshino　東京農工大学　大学院工学研究院　生命機能科学部門　准教授

第8章　オミクス解析を用いた代謝経路の解明と遺伝子組換えによる高効率トリグリセリド生産株の作製

表1　トリグリセリドを生産する微細藻類の中性脂質生産性の比較

	Neutral lipid (% of DCW)
Chlorella vulgaris[17]	33-38
Dunaliella tertiolecta[18]	61-68
Nannochloropsis gaditana[1]	48
Fistulifera sp. JPCC DA0580[2]	50-65*
Thalassiosira pseudonana[19]	21
Phaeodactylum tricornutum[19]	19

*Data not published

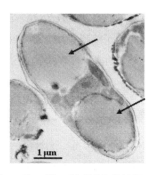

図1　*Fistulifera*属JPCC DA0580株の電子顕微鏡写真
矢印はトリグリセリドの顆粒を示す。

されており，屋外での大量培養に成功していること，脂質含有率が同じ属である*N. salina*，*N. oculata*と比較しても倍以上であることが特長であり，その生産機構の解明が進められている[1]。

筆者らの研究グループにおいても，海洋微細藻類のカルチャーコレクションからバイオディーゼル燃料として利用可能なトリグリセリドを細胞重量当たり60％含有する海洋珪藻*Fistulifera*属JPCC DA0580株（Solaris株）を単離することに成功している（図1）[2]。全ゲノムが報告されている*Phaeodactylum tricornutum*及び*Thalassiosira pseudonana*の2株の珪藻のトリグリセリド含有率は細胞重量当たり20％程度であり（表1），Solaris株が特徴的なトリグリセリド蓄積機構を保持していることが推察される。さらに，海水条件下における生育速度の評価から，Solaris株は$0.06\,h^{-1}$と高い生育を示し，バイオディーゼル燃料生産に向けた候補株として期待される。

トリグリセリドを燃料として使用する際には，トリグリセリドに含まれる脂肪酸の炭素鎖長，不飽和度が燃料効率に大きく影響するため，その構成も重要となる。Solaris株から生産されるバイオディーゼル燃料は，炭素数16のパルミチン酸（C16:0），パルミトレイン酸（C16:1）から成る脂肪酸メチルエステルが全体の90％近くを占めており，現在バイオディーゼル燃料とし

表2　パーム，大豆及び微細藻類から得られる主要脂肪酸の組成（wt％）

	C14:0	C16:0	C16:1	C18:0	C18:1	C20:5
パーム[20]	1.1	41.9	-	4.6	41.2	-
大豆[20]	-	10.5	-	4.1	24.1	53.6
微細藻類						
Chlorella vulgaris[21]	3.1	25.1	5.3	0.6	12.6	0.5
Dunaliella tertiolecta[21]	0.5	17.7	0.9	-	4.9	-
Nannochloropsis oculata[22]	6.1	35.9	32.3	0.9	11.7	8.0
Fistulifera sp. JPCC DA0580	-	38.6	51.6	-	2.4	4.3

20) Moser and Vaughn (2010), 21) Gouveia and Oliveria (2009), 22) Tonon *et al.* (2002)

て着目されている Chlorella 属, Dunaliella 属と比べても極めて均一な脂肪酸メチルエステルが得られることが確認されており（表2），このような知見からも同株はバイオディーゼル供給の有用株として期待される。

3 微細藻類のオミクス解析とトリグリセリド代謝経路の解明

　次世代シークエンサーの登場により真核生物のゲノム解析が各研究機関において実施可能となり，ドラフトゲノムの報告が相次いでいる。さらに次世代シークエンサーを用いて，定量的かつ網羅的に発現解析できるRNA-seq法が，DNAマイクロアレイ技術に代わり次世代のトランスクリプトーム解析技術として注目されている。これまでに，真核微細藻類の全ゲノム情報はドラフトシークエンスのものを含めると20株近く報告されているが，ゲノム解析が行われたトリグリセリド高生産株は少ない。近年，N. gaditana のドラフトゲノムが報告され，トリグリセリド合成に関連する遺伝子が同定されている[1]。筆者らの研究グループにおいても次世代シークエンサーを用いて，トリグリセリド高蓄積株である海洋珪藻 Fistulifera 属 Solaris 株のゲノム解析が進められ，ドラフトゲノムシークエンスの決定，トリグリセリド生産に関わる遺伝子群のアノテーションを完了している。さらに，核ゲノム配列の解読に加え，葉緑体ゲノムの全長を決定し，進化の過程で水平伝播により獲得したと考えられる新規遺伝子領域を同定している[3]。また，全ゲノム配列が決定されている珪藻株，P. tricornutum[4] 及び T. pseudonana[5] との比較ゲノム解析により，トリグリセリド高蓄積に関わる生物学的因子の探索に取り組んでいる。

　ゲノム情報に加え，様々な条件下で培養した細胞内の転写レベルの理解は，代謝経路の解析を行う上で極めて重要である。緑藻 Chlamydomonas reinhardtii は，全ゲノム解析も終了していることよりDNAマイクロアレイによるトランスクリプトーム解析が進められている[6]。また，ゲノムが解読されているモデル微細藻類以外の藻類を標的として，RNA-seq法によるトランスクリプトーム解析が進められている。その中でトリグリセリド合成経路に着眼した数少ない報告例として，緑藻 Dunaliella tertiolecta のオイル蓄積条件において mRNA の網羅的な発現解析が行われ，脂肪酸合成を含むトリグリセリド代謝に関連する酵素の同定とその代謝経路が示されている[7]。さらに，緑藻 Chlorella vulgaris において LC/MS/MS を用いた比較プロテオーム解析が行われ，トリグリセリドが蓄積する窒素欠乏条件において変動したタンパク質が決定されている。筆者らは，Solaris 株を対象としてゲノム解析に加え，トランスクリプトーム，プロテオーム，メタボローム解析を進め，その代謝機構の解明に取り組んでいる。特に脂肪酸合成経路を理解することで，現状の脂肪酸組成に加え，炭素鎖長や不飽和度を制御した脂肪酸を付加したトリグリセリドの創出にも繋がる。

第8章　オミクス解析を用いた代謝経路の解明と遺伝子組換えによる高効率トリグリセリド生産株の作製

4　微細藻類の遺伝子組換えによるトリグリセリド生産の向上

　藻類からのバイオ燃料生産を効率化する上では，遺伝子組み換え技術が担う役割は大きい。これまでに原核藻類である藍藻においてはホスト株の選定やベクター系の構築など，遺伝子組換え技術は汎用的な手法となっている。一方で，バイオエタノールやバイオディーゼル燃料への応用が期待される真核微細藻類や大型藻類における遺伝子組み換えの成功例は少なく，その技術向上が急務である。真核微細藻類の遺伝子組み換えに関する研究は，緑藻 C. reinhardtii をモデル生物として進められているが，トリグリセリド高含有の微細藻類に対しても遺伝子組換え技術の確立が求められている。以下には真核微細藻類を対象とした遺伝子組換え技術と標的遺伝子のノックインまたはノックダウンによるトリグリセリド生産の向上に関して記述する。

4.1　微細藻類における遺伝子組換え技術

　これまでに，珪藻，緑藻，紅藻を含む30株以上の真核微細藻類において遺伝子導入の報告がなされている。ケイ酸質の外殻で覆われた珪藻への遺伝子組換えに関する研究は，1996年に P. tricornutum の遺伝子組換え技術が確立して以来，現在までに T. pseudonana や Navicula saprophilia など，計6種の珪藻の遺伝子組換え系が報告されている。珪藻への遺伝子導入方法もパーティクルガンを用いた方法であり，その高効率化が望まれている。しかしながら，いずれの方法においても形質転換効率は 10^{-6}〜10^{-5} と極めて低く，真核微細藻類における遺伝子組み換え系の汎用化への大きな障壁となっている。

　導入した遺伝子の発現効率と形質転換効率を上昇させるため，転写制御・mRNAスプライシング・翻訳制御などの発現プロセスの効率化が試みられている。特に外来遺伝子の転写を誘導するプロモーターや，mRNAの安定性や翻訳の制御に関与する非翻訳領域（UTR）などのシス作用エレメントの探索が進められている。Micheletらは緑藻 C. reinhardtii におけるシス作用エレメントの探索を行い，発現量増加に成功した[8]。また珪藻においては，Sakaueらが高発現プロモーターの探索によりウィルスプロモーターを使用し，P. tricornutum の発現技術の向上が示された[9]。このような発現技術の発展から，緑藻 C. reinhardtii や珪藻 P. tricornutum においてRNA干渉を利用した遺伝子ノックダウンの試みがなされている[10, 11]。RNA干渉により，100％の遺伝子発現抑制は困難であるが，生育に影響のある遺伝子を標的とする際には有効な手法であると考えられる。さらに，トリグリセリド高蓄積株として注目されている Nannochloropsis 属において，核ゲノム上に存在する遺伝子に対する相同性組換えの成功が報告され[12]，微細藻類におけるゲノム機能解析やバイオ燃料生産の新たな展開を迎えている。

　Fistulifera 属 Solaris 株を利用した遺伝子組換え技術の開発においては，既にパーティクルガン法によるプラスミド導入により，一過性の外来タンパク質の発現，及び核ゲノム上への遺伝子ランダム挿入に成功しており，安定株作製技術を確立している（図2）。珪藻は属により細胞のサイズや形状，さらには細胞表面のシリカ構造が異なるため，形質転換法の精密な検討が必要で

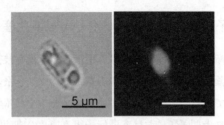

図2 GFP発現プラスミドを導入した*Fistulifera*属 JPCC DA0580 株形質転換体の光学及び蛍光顕微鏡写真

ある。筆者らはパーティクルガンに使用する粒子の材質やサイズ，及び圧力の検討により高効率な遺伝子導入条件を見出した。さらに，転写を調節するプロモーター配列の検討も行い，これまでに珪藻で利用されていたプロモーターに加え，Solaris 株のゲノム解析より明らかとなった内在性プロモーターを用いてその活性比較を行った。その結果，内在性プロモーターを用いた場合に最も高い形質転換効率が得られる事が確認されている。現在，オミクス解析により得られた情報を基に，これまで基礎的知見が乏しかった藻類の代謝モデルが構築されつつあり，遺伝子組換え技術と組み合わせることで既にバイオ燃料生産株として用いられている藻類のさらなる高機能化が期待される。

4.2 遺伝子ノックインまたはノックダウンによるトリグリセリド生産性の向上

遺伝子組換え技術を利用して，微細藻類のトリグリセリド生産性向上を目指した取り組みが始まっている。バイオディーゼル生産においては，藻体内のトリグリセリド蓄積量の増加に加え，脂肪酸組成の改変やバイオマス自身の向上など，遺伝子組換えへの期待が高まっている。微細藻類のトリグリセリド代謝経路は植物における知見をもとに推測されており（図3），その経路から脂質代謝に関与する Acetyl-CoA carboxylase（ACCase）を過剰発現させることでその蓄積量の向上が期待された。最初の取り組みは1996年にDunahayらによる珪藻 *Cyclotella cryptica* の ACCase 遺伝子を *C. cryptica* または珪藻 *N. saprophla* に導入した実験である。ACCase 遺伝子の過剰発現した安定株の取得に成功したが，期待された中性脂質の蓄積量向上は見られなかった[13]。高等植物においてはACCaseの過剰発現により，トリグリセリド蓄積量の向上した例が報告されているが，微細藻類の代謝経路を考慮したデザインが重要であると考えられた。近年，緑藻 *C. reinhardtii* において，多糖形成に関与する ADP-glucouse pyrophorylase 遺伝子のノックダウンによるトリグリセリド蓄積量の増大に関する研究が報告された。デンプン合成への流れを抑制することで，野生株における脂質含有量は乾燥藻体中2％であったが，変異株では20.5％であり，10倍程度の脂質含有量の増加が達成された。脂質合成に直接関与しない経路を改変することで脂質合成量の増加がみられた[14]。

さらに光合成独立栄養性の珪藻に遺伝子組換えを施すことで従属栄養性に転換させ，バイオマスを増加させる試みが行われている[15]。*P. tricornutum* は細胞内へのグルコース輸送系を持たな

第8章　オミクス解析を用いた代謝経路の解明と遺伝子組換えによる高効率トリグリセリド生産株の作製

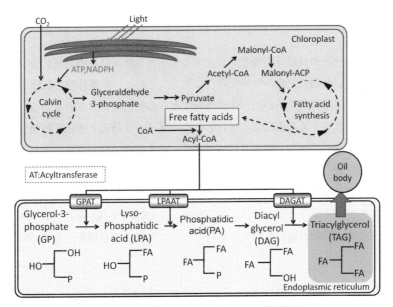

図3　微細藻類内でのトリグリセリド代謝経路
FA : fatty acid
GPAT : glycerol-3-phosphate acyltransferase
LPAAT : lyso-phosphatidic acid acyltransferase
DAGAT : diacylglycerol acyltransferase

いため，生育に必要な糖の供給は光合成に依存している。そこで，グルコーストランスポーター遺伝子を導入し，人工的なグルコース取り込み能を付加した。その結果，遺伝子組換え体はグルコースを添加することで暗条件下でも培養が可能となりそのバイオマスは通常の培養（明条件）の3倍程度増加が示された。バイオマスが増加することで最終的なトリグリセリド生産量が向上するため，細胞内の蓄積量のみではなく，増殖速度や最終菌体数の向上など様々なアプローチが検討対象となる。

さらにバイオディーゼル生産において，トリグリセリドに付加された脂肪酸組成のデザインも重要な課題の1つである。脂肪酸の鎖長は燃料特性にも大きく影響することから，鎖長の制御が求められる。高等植物や藍藻において短鎖脂肪酸に特異的なacyl-ACP thioesterasesを用いることで短鎖の脂肪酸蓄積が増加することが示されている。そこでRadakovitsらはP. tricornutumにこの酵素を発現させることで，ラウリン酸（C12:0）やミリスチン酸（C14:0）等のより短い脂肪酸含量が増加したトリグリセリドの生産に成功した[16]。本研究は，微細藻類のトリグリセリド生産における脂肪酸の鎖長を制御した初めての報告となる。高等植物においてはトリグリセリドの改変に向けた遺伝子工学的な手法による研究が先行している。高等植物で得られた知見と微細藻類のオミクス研究から得られた知見を元に藻体内でのトリグリセリド代謝経路の改変に関する研究が益々進むことが予想される。

5 おわりに

次世代シークエンサーや質量分析機を始めとするオミクス解析技術の発展により，地球上のあらゆる生物を対象にした物質生産が可能な時代に突入している。原油価格の高騰やCO_2削減への意識の高まりから，微細藻類を用いたバイオ燃料生産への期待が寄せられている。本項では特にトリグリセリドを高蓄積する微細藻類に着目し，そのオミクス研究と遺伝子組換え技術を利用したトリグリセリド生産性の向上に関する研究を紹介した。増殖速度が速く，またトリグリセリド高蓄積の微細藻類に対して，代謝経路に基づいた標的遺伝子の導入または欠損により，バイオディーゼルに適した脂肪酸組成をもつトリグリセリド生産株の創製が可能である。さらには，炭素鎖長や不飽和度をデザインすることでジェット燃料からEPAやDHA等のサプリメントまで，自在に高生産できる微細藻類の開発も現実になり，オミクス解析の結果を高度に活用した有用物質生産が期待出来る。

文献

1) R. Radakovits *et al., Nat. Commun.*, **3**, 686 (2012)
2) M. Matsumoto *et al., Appl. Biochem. Biotechnol.*, **161**, 483-490 (2010)
3) T. Tanaka *et al., Photosynth Res.*, **109**, 223-229 (2011)
4) C. Bowler *et al., Nature*, **456**, 239-244 (2008)
5) E. V. Armbrust *et al., Science*, **306**, 79-86 (2004)
6) F. Mus *et al., J. Biol. Chem.*, **282**, 25475-25486 (2007)
7) H. Rismani-Yazdi *et al., BMC Genomics*, **12**, 148 (2011)
8) L. Michelet *et al., Plant Biotechnol. J.*, **9**, 565-574 (2011)
9) K. Sakaue *et al., Physiol. Plant.*, **133**, 59-67 (2008)
10) V. De Riso *et al., Nucleic Acids Res.*, **37**, e96 (2009)
11) E. R. Moellering and C. Benning, *Eukaryot. Cell*, **9**, 97-106 (2010)
12) O. Kilian *et al., Proc. Natl. Acad. Sci. USA*, **108**, 21265-21269 (2011)
13) T. G. Dunahay *et al., Appl. Biochem. Biotechnol.*, **57-8**, 223-231 (1996)
14) Y. Li *et al., Metab. Eng.*, **12**, 387-391 (2010)
15) L. A. Zaslavskaia *et al., Science*, **292**, 2073-2075 (2001)
16) R. Radakovits *et al., Metab. Eng.*, **13**, 89-95 (2011)
17) Y. Liang *et al., Biotechnol. Lett.*, **31**, 1043-1049 (2009)
18) M. Takagi *et al., J. Biosci. Bioeng.*, **101**, 223-226 (2006)
19) L. Rodolfi *et al., Biotechnol. Bioeng.*, **102**, 100-112 (2009)
20) B. R. Moser and S. F. Vaughn, *Bioresour. Technol.*, **101**, 646-653 (2010)
21) L. Gouveia and A. C. Oliveira, *J. Ind. Microbiol. Biotechnol.*, **36**, 269-274 (2009)
22) T. Tonon *et al., Phytochemistry*, **61**, 15-24 (2002)

第9章　軽油生産能を有する単細胞緑藻の生産性向上

藏野憲秀[*1], 萩原大祐[*2], 今村壮輔[*3], 原山重明[*4]

1　はじめに

　微細藻類を用いたバイオ燃料生産においては，目的生産物であるバイオ燃料が化石燃料を代替することを目指しているので，化石燃料に匹敵するコストでマーケットに提供できることが必須の条件となっている。現時点ではペットボトルのミネラルウォーターよりも安価な化石燃料だが，国際エネルギー機関（IEA）のWorld Energy Outlook 2010によれば「在来型の原油生産量は2020年までは安定するが，2006年に達成された最高水準には届かない」旨が明言されており，いずれは価格が上昇していくだろうことは想像に難くない。現時点では藻類燃料の価格は化石燃料をはるかに上回っているが，これからのR&Dによって価格が下がり，上昇していく化石燃料コストと釣り合った時点が藻類燃料を上市するタイミングといえるだろう。

　そのタイミングを早めるためには，藻類燃料生産プロセスの種々の段階を最適化しこまめにコストをカットしていかなければならない。そのプロセスは，大きく分けて①種培養，②本培養，③藻体濃縮，④藻体回収，⑤油分抽出，⑥油分精製，⑦燃料変換のステップから成り立っているが，もっと上流の培養に供する藻体自身の脂質生産性向上と，最下流の抽出残渣の有効活用も重要なコストカット策である。この章では，藻体の脂質生産性向上を目指した研究開発のうち，特に新しい知見を利用した分子育種について紹介する。

2　実用的な藻株を分子育種することの重要性

　単細胞緑藻 *Chlamydomonas reinhardtii* は別名「緑の酵母」と呼ばれるほど微細藻類の中では例外的によく研究されており，形質転換系も整備され，全ゲノム配列も公開されていて非常に扱いやすい実験モデル生物である[1,2]。当然，この生物を使って脂質の蓄積能力を高めようとする研究例は多い。アリゾナ州立大学のHu教授のグループは，*C. reinhardtii* のデンプン合成を

[*1] Norihide Kurano　㈱デンソー　機能材料研究部　藻類研究室　担当次長
[*2] Daisuke Hagiwara　㈱デンソー　機能材料研究部　藻類研究室；中央大学　理工学部　生命科学科　原山研究室
[*3] Sousuke Imamura　中央大学　理工学部　生命科学科　原山研究室　客員研究員（機構准教授）；東京工業大学　資源化学研究所　生物資源部門　准教授
[*4] Shigeaki Harayama　中央大学　理工学部　生命科学科　教授

阻害して脂質蓄積能を向上させることに成功した[3, 4]。また，*C. reinhardtii*の脂質生合成とその遺伝的改変に関する総説も見受けられる[5]。このような成果は学術的立場から大変重要であるが，残念ながら実用的な成果とは言い難い。なぜなら，*C. reinhardtii*は実験室内では培養しやすいが，バイオ燃料生産に相応しい規模での屋外大量培養には適さないからである。この点はHu教授自身も2009年のAlgae Biomass Summitで指摘しており，実用的な微細藻類の株での遺伝的改良技術の開発の重要性に触れていた。具体的には，同じ培養条件を設定しても実用株である*Chlorella* sp.に対して*C. reinhardtii*の最大到達細胞濃度は4割程度，*C. reinhardtii*の変異体だと更にその半分という増殖データが示された。

では，実用株の特徴とは何か。機能面からの特徴は単純で，粗放的な屋外大量培養が可能か否かである。微細藻類の種類は数万とも言われるが，屋外大量培養に成功しているのは*Chlorella*，*Spirulina*，*Dunaliella*，*Euglena*などホンの一握りといって良い。なぜなら，多くの種類の藻株は粗放的な環境では他の生物の混入（コンタミネーション）によってうまく培養できないからである。米国でエネルギー省が中心となって1978〜1996年に実施したAquatic Species Program[6]は微細藻類の燃料化を狙った一大プロジェクトであったが，探索した油分生産能力の高い株をレースウエーポンドで培養するといつの間にか目的株以外の生物がドミナントになっているということがよく観察されたらしい。一方，上記の4株は増殖が速い，アルカリ性・酸性で生育する，高塩濃度に耐性がある等の特徴を有しており，粗放的に培養してもコンタミネーションに強い。つまり，ポピュレーションコントロールが容易かつ安価なのである。残念ながら，モデル生物では粗放培養条件下でのポピュレーションコントロールは不可能に近い。

中央大学と株式会社デンソーは単細胞緑藻"*Pseudochoricystis ellipsoidea*"（写真1）を用いて，藻類燃料のR&Dを実施している。この株は低いpHでも順調に生育するので屋外の開放的な装置でも培養できるのではないかと予想して，500L程度の簡易な装置で培養したところ木の

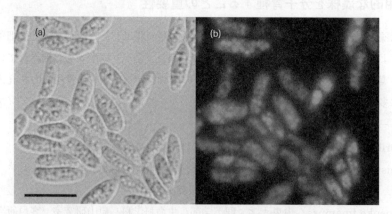

写真1 *Pseudochoricystis ellipsoidea*の光学顕微鏡写真
(a)微分干渉像，(b)蛍光視野　BODIPY染色，白く抜けた球形の粒子が油滴
スケールバー：10μm

第9章　軽油生産能を有する単細胞緑藻の生産性向上

写真2　デンソー善明製作所に設置したレースウエー型のオープンポンド

葉や昆虫が混入しているようなケースでも問題なく培養できることが明らかになった。これらの混入物の表面には多種多様な微生物や捕食者も付着していて，これらの付着生物も当然混入しているはずだが，特に問題なく培養を続行できた。そこで，レースウエー型のオープンポンド（稼働容積9kL×3基と3kL×2基）をデンソーの製作所内に設置し（写真2），培養試験を行ったが，この規模でも安定な培養に成功している。また主要培地成分である窒素源を枯渇させると油分蓄積が増大し，最終的に乾燥重量の30％に達することも観察された[7]。つまり，*P. ellipsoidea* はポピュレーションコントロールが容易でなおかつ燃料生産に適した実用株だと言って良い。

とは言え，屋外大量培養が出来ただけでバイオ燃料生産が可能になるわけではない。少しでもコストを削減するためには育種が必要不可欠である。コスト削減のための育種のターゲットとしては，①生産性の向上，②回収の容易さ（例えば自己凝集性の付与など），③高密度培養（例えば低クロロフィル含量など），④油分抽出工程の簡略化（例えば細胞壁欠損株作成など）が挙げられよう。中でも生産性の向上はプロセス全体にとってのクリティカルポイントであり，重要性は高い。生産性は増殖速度と油分蓄積量の積で表される。増殖速度を向上させるような育種は難しいが，油分蓄積量の向上は遺伝的改変で達成できるのではないかと想定して育種を試みることとした。育種には優良株の選抜や変異体の作成などの手法もあるが，最近多用されるようになった次世代シーケンサを上手に利用すれば伝統的な手法よりも素早く目的が達成できることを期待して，分子育種に取り組んだ。

3　実用的な藻株を分子育種する際の課題

P. ellipsoidea が自然界から単離されたのは2004年であり，まだまだ研究の歴史は浅い。育種をするための分子生物学的なツールも未整備であり，遺伝情報もほとんど解明されていない。そこで分子育種を開始するにあたっては，まず形質転換系の構築と遺伝情報の解明が必要となる。モデル生物においてはすでに確立されている技術だが，実用株では一から立ち上げていくという面倒な作業が待っている。これが実用株の育種に取り組む際の最大の課題となる。幸い，ゲノム

解析は外注でも実施可能となり，ドラフトゲノムの情報の入手には困難はないが，他の類縁の藻類の公開ゲノム情報がさほど多くはないので精度の高いアノテーションは一筋縄ではいかない。

更に問題なのは遺伝子組換えである。植物の形質転換にはガラスビーズ法，エレクトロポレーション法，アグロバクテリウム法，パーティクルガン法などが知られているが，cell wall-less mutantのある C. reinhardtii と異なり，P. ellipsoidea はrigid な細胞壁を有しておりそれが形質転換を邪魔することが予想された。実際に，複数の方法にトライしたが結局パーティクルガン法でしか形質転換に成功しなかった。以下にその詳細を述べる。

4 P. ellipsoideaの形質転換の取り組み

まず，形質転換体をスクリーニングするためのマーカー遺伝子が必要である。そこで，P. ellipsoidea の抗生物質感受性を調べた。各種抗生物質を含有した寒天プレートで本株を培養したところ，クロラムフェニコール，スペクチノマイシン，ハイグロマイシン，パロモマイシン，カナマイシンには感受性を示さなかったが，G418は強い増殖阻害を惹起した。したがって，G418耐性遺伝子neomycin phosphotransferase II（$nptII$）をマーカー遺伝子として使用することとした。

次に，モデル生物で多くの実績があるエレクトロポレーション法を試みた。細胞壁を取り除きスフェロプラスト化するために，細胞壁分解用の各種酵素製剤（セルラーゼ，ペクチナーゼ，プロテアーゼ，キチナーゼなど）を種々の濃度，処理時間，組み合わせで試したが，はかばかしい結果は得られなかった。24時間以上の長時間処理でスフェロプラスト化した細胞数が若干増加したが，エレクトロポレーション法に供するまでには至らなかった。

アグロバクテリウムは植物細胞に感染してプラスミドを細胞に導入し発現させるいわゆる植物病原菌である。この性質に着目して植物の形質転換に頻繁に用いられているが，単細胞藻類で用いられた例は少ない。我々もP. ellipsoidea に対してアグロバクテリウムを用いた形質転換を試みたが，マーカー遺伝子組み換えの確認には成功していない。

パーティクルガン法は，目的DNAをコーティングした微細な粒子に圧力をかけて細胞に打ち込む物理的な形質転換法であり，スフェロプラストを形成させないインタクトな細胞を利用できるので，本株にふさわしいと考えられる。ゲノム情報から得られたP. ellipsoidea 自身の恒常発現プロモータとターミネータ（ユビキチン，チューブリン，アクチン等のプロモータとターミネータ）を用いて9種類プラスミドを構築し，打ち込み圧力条件を変えて遺伝子導入を試みた。打ち込みでいたんだ細胞壁を回復させるために暗条件でグルコースを含んだ寒天プレートで3日間インキュベーションした後，G418を含有したスクリーニングプレートで光独立栄養条件下増殖してきたコロニーをピックアップした。その結果，4つのコロニーにおいては外来遺伝子が細胞内に導入されていることをPCR法で確認した。また，サザン法で外来遺伝子がゲノム上に存在することを，RT-PCR法で$nptII$の存在を，抗NPTIIポリクローナル抗体を用いたウエスタン

解析でNPTIIタンパクの確認を行った。以上によって，本株における形質転換系は確立されたといえる[8]。とは言え問題点は低い形質転換効率である。得られた数字は0.3～0.6 transfromants/10^7 cellsであった。他の緑藻で報告されている<1～250 tansfromants/10^7 cells[9]には及ばない。物理条件やプラスミドの構築などを更にチューニングして転換効率を一桁は改善することが必要である。

5 油分蓄積量をいかに増大させるか

実用株の分子育種の道具立ては揃ってきた。次は，油分蓄積量を増大させる方策である。そのストラテジーとしては，ターゲットとなる鍵酵素を特定してそれを増強あるいは阻害するというストレートな手段がまずあげられる。この戦略では，脂肪酸生成の最初のステップであるアセチルCoAカルボキシラーゼ（葉緑体に局在）を発現量の多い強力なプロモータにつないでクローニングする方法[10]や，前述したデンプン合成系の阻害による脂質蓄積増大を狙う方法[3,4]などがすでに報告されている。我々は，特定の酵素ではなくもう少しグローバルな代謝調節を行う転写因子に着目した。*P. ellipsoidea*は培地中の窒素源の濃度がゼロになり細胞内の相対的な窒素濃度が低下するに伴って脂質蓄積が顕著になるという特徴を有している。つまり窒素欠乏条件で脂質濃度上昇に関与する酵素遺伝子群，及びその酵素遺伝子群の発現を調節している転写因子の発現量が増加していると予測される。この窒素欠乏に伴う代謝変化は多くの真核藻類や植物において認められる現象であるが，その背後で起きている遺伝子発現の変化に関する知見は乏しかった。しかし，今村らは原始紅藻*Cyanidioscyzon merolae*においてMYB型の転写因子が窒素欠乏条件下で窒素同化にかかわる遺伝子の発現に関与していることを示した[11]。それまで窒素同化系を支配する調節因子は酵母や動物では解析されていたが植物では知られていなかったので，これは新しい知見だった。この真核藻類における研究例をヒントに，以下の作業仮説を構築した。*P. ellipsoidea*においても*C. merolae*と同様のメカニズムが働いているのではないか，つまり窒素欠乏条件でそれに応答する転写因子が発現し窒素同化に関わる遺伝子群を発現させているのではないか，更にそれらの転写因子は脂質蓄積にも関わっているのではないか，そして脂質蓄積に関わる転写因子を常時発現させることが出来れば窒素が十分にある時でも脂質蓄積を行わせることができるのではないか（図1）。現状では，窒素が十分にある状態で1週間培養して一定の細胞濃度を確保し（この時点では細胞の脂質含量は10％程度），その後1週間窒素欠乏の条件で培養を続け脂質含量を10→30％に増大させた後に収穫するという手順を踏んでいるが，もし本株が窒素欠乏ではなくとも脂質を30％まで蓄積するような形質を獲得すれば，培養期間の半減が達成できる。これは単純に言って生産性の2倍の向上につながるものであり，取り組む価値は大きいと判断できる。

では，窒素欠乏に応答する転写因子を如何にして捕まえ利用するか。その方法として，まずドラフトゲノム情報の入手，窒素十分条件と窒素欠乏条件でのトランスクリプトーム解析によって

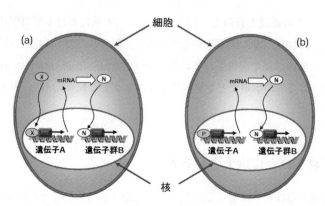

図1 *Pseudochoricystis ellipsoidea*における脂質蓄積遺伝子群の発現制御モデル
(a) 窒素欠乏の情報は，未知の転写制御シグナルXを介して窒素欠乏に応答した転写因子遺伝子Aの発現を促す。この結果細胞質内で合成された窒素欠乏応答転写因子Nは核内に移動し，脂質蓄積遺伝子群Bの発現を誘導する。
(b) 窒素欠乏に応答する転写因子遺伝子Aの上流に構成的に発現する強力なプロモータPをつなげば，窒素欠乏のシグナルがない場合でも常時脂質蓄積遺伝子群Bが発現できると期待される。

得られた遺伝子発現の差分情報の解析，転写因子の絞り込みを行い，続いて絞り込んだ転写因子の実際の発現による機能解析，そして最終的には常時30％の脂質を蓄積する形質転換体の作成に結びつける。この戦略でNEDOプロジェクト「新エネルギー技術研究開発／バイオマスエネルギー等高効率転換技術開発（先導技術開発）」に「軽油生産能を有する単細胞緑藻の転写因子大量発現による生産性向上」として採択された。

以上のR&Dはまだ着手したばかりで生産期間半減の目標には到達していないが，今後も継続して行う予定である。

6 おわりに

2007年にR&Dのブームに火の付いた北米よりも少し遅れて2009年あたりから国内でも藻類燃料のブームが起きているが，関係者の間では藻類燃料がペイできるようになるのは早くとも2020年頃ではないかと予想されている。エネルギー関連でブームというと「常温核融合」が記憶に残る。マスコミも巻き込んだ一大ブームが起きたが，数年後にはすっかり下火になり，現在ではほとんど検討もされていない。藻類燃料の場合は「常温核融合」のような「不可能事」ではないので，ポイントをおさえて地道にR&Dを継続していけば再生可能エネルギーの一角を占める燃料生産手段として確立していくことができると信じている。持続する意思と，一過性のブームが去った後も継続できるような成果の積み重ねが何より重要である。

第 9 章　軽油生産能を有する単細胞緑藻の生産性向上

謝辞

　ゲノム解析・トランスクリプトーム解析にご協力いただいた理化学研究所近藤伸二先生，足立直樹先生，小沢里津子先生，TODD TAYLOR先生，菊地淳先生，東京大学鈴木穣先生に感謝いたします。

文　　　献

1) E. H. Haris, *Annu. Rev. Plant Physiol. Plant Mol. Biol.*, **52**, 363 (2001)
2) 高橋裕一郎ほか, 蛋白質核酸酵素, **45**, 1937 (2000)
3) Y. Li *et al.*, *Metab. Eng.*, **12**, 387 (2010)
4) Y. Li *et al.*, *Biotechnol. Bioeng.*, **107**, 258 (2010)
5) S. S. Merchant *et al.*, *Curr. Opin. Biotechnol.* (2011) in press
6) http://www.nrel.gov/biomass/pdfs/24190.pdf
7) A. Satoh *et al.*, *J. Jpn. Inst. Energy*, **89**, 909 (2010)
8) S. Imamura *et al.*, *J. Gen. Appl. Microbiol.*, **58** (2012) in print
9) J. M. Coll, *Span. J. Agric. Res.*, **4**, 316 (2006)
10) Y. Sasaki and Y. Nagano, *Biosci. Biotechnol. Biochem.*, **68**, 1175 (2004)
11) S. Imamura *et al.*, *Proc. Natl. Acad. Sci. USA.*, **106**, 12548 (2009)

第10章 ラン藻の窒素固定酵素ニトロゲナーゼを利用した大規模な水素生産構想

増川　一[*1]，北島正治[*2]，櫻井英博[*3]，井上和仁[*4]

1 はじめに

　地表に到達する太陽光エネルギーは，人類が消費する化石燃料エネルギーの6,000倍を超えるほど膨大である（表1）。しかし，そのエネルギー密度は，地球表面で平均して年間で1,500 kWh・m^{-2}程度と低く，経済性の確保が課題である。化石燃料代替のエネルギーとして，地球温暖化の軽減に相当程度の貢献をするためには，将来得られるエネルギー資源が量的に大きくなければならない。約68億人の人類が摂取する食物エネルギー（1日2,000 kcal）と比較して，消費する化石燃料エネルギーは，世界平均でその約20倍，日本は約50倍，米国は約100倍に達するほど莫大である（表1）。したがって，陸上エネルギー作物から現在の食料生産と同程度のエネルギーが新規に得られたとしても，化石燃料消費のわずか5％を満たすに過ぎない。このように，陸上バイオマスには量的限界があるので，経済性を確保した光生物学的なエネルギー生産を実現

表1　太陽光エネルギーと社会的エネルギー消費

		数量 (10^{18} J／year)	比率	
			対【A】	対【B】
世界 （IEA）	一次エネルギー消費（2008）【A】	513	1.00	1.23
	（うち化石エネルギー消費（2008）【B】）	417	0.81	1.00
	光合成純生産	4,200	8.2	10
	太陽光エネルギー	2,700,000	5,300	6,500
	食物の摂取エネルギー	20.8	0.041	0.050
日本 （資源エネルギー庁）	一次エネルギー消費（2008）【A】	23.2	1.00	1.18
	（うち化石エネルギー消費（2008）【B】）	19.6	0.84	1.00
	太陽光エネルギー（陸地）	2,100	89	107
	太陽光エネルギー（含200海里水域）	33,000	1,400	1,700
	食物の摂取エネルギー	0.39	0.017	0.02

*1　Hajime Masukawa　㈲科学技術振興機構　さきがけ研究者；神奈川大学　光合成水素生産研究所　客員研究員
*2　Masaharu Kitashima　神奈川大学　総合理学研究所　客員研究員
*3　Hidehiro Sakurai　神奈川大学　光合成水素生産研究所　客員教授
*4　Kazuhito Inoue　神奈川大学　理学部　生物科学科　教授，光合成水素生産研究所　所長

第10章 ラン藻の窒素固定酵素ニトロゲナーゼを利用した大規模な水素生産構想

するためには，海洋面など広大な面積を利用した大規模な水素生産のシステムの構築が必要だと考える[1～3]。

2 ラン藻による水素生産

2.1 ニトロゲナーゼとヒドロゲナーゼ

ラン藻（シアノバクテリア）は，葉緑体を持つ高等植物や真核藻類と同様に水を電子供与体として，酸素発生型の光合成を行う原核生物である。ラン藻の水素生産に利用出来る酵素は，ヒドロゲナーゼまたはニトロゲナーゼであり，後者は一部のものだけが持っている[4]。

ニトロゲナーゼは，空気中の窒素ガスをアンモニアへと固定する酵素で，マメ科植物の根に共生する根粒菌など，一部の原核生物のみが活性を持つ。水を電子供与体として利用出来る光合成生物のうち，ニトロゲナーゼを持つのは，ラン藻の一部に限られ，クロレラ，クラミドモナス，ユーグレナ等の真核光合成生物は持たない。

ニトロゲナーゼによる窒素（N_2）固定反応では，アンモニア生成に伴う必然的な副産物として水素が発生する。

$$N_2 + 8e^- + 8H^+ + 16ATP \rightarrow H_2 + 2NH_3 + 16(ADP + P_i) \qquad \text{(反応式1)}$$

上式では，電子の約3/4が窒素固定（N_2還元）に，残りの約1/4が水素発生（H^+還元）に使われる。窒素ガスが存在しないアルゴン（Ar）気相下などでは，投入された全ての電子が水素生産に向かう。

$$2H^+ + 2e^- + 4ATP \rightarrow H_2 + 4(ADP + P_i) \qquad \text{(反応式2)}$$

反応に必要な電子は，直接的には還元型フェレドキシン（鉄硫黄タンパク質）またはフラボドキシン（フラビン蛋白質）から供給される。ニトロゲナーゼは，上記反応式に示されるように大量のATP（生体内の高エネルギー物質）を消費するので，理論的な最大エネルギー変換効率は低いが（通常のC3型光合成の約60%），ヒドロゲナーゼと異なり酸素存在下でも不可逆的に水素を生産できる点が，大規模生産時の省力化にとっての利点となる（表2）。

ヒドロゲナーゼは，水素の発生または吸収を触媒する酵素で，次の反応を触媒する。

$$2H^+ + 2e^- \leftrightarrow H_2 \qquad \text{(反応式3)}$$

生理的条件下で，上記のように可逆的に反応を触媒できるものは，双方向性（可逆的）ヒドロゲナーゼ（ラン藻のものはNiFe型ヒドロゲナーゼ，緑藻のものはFeFe型ヒドロゲナーゼ）と呼ばれ，水素生産への利用が可能である。その電子供与体は還元型フェレドキシンまたはNADPHである。これに対し，水素の吸収だけを触媒するものは，取込み型ヒドロゲナーゼ（Hup）と呼ばれる。

微細藻類によるエネルギー生産と事業展望

表2 水素生産に利用されるヒドロゲナーゼとニトロゲナーゼ

反応式	長所	短所
ヒドロゲナーゼ $2H^+ + 2e^- \rightleftarrows H_2$	・理論的最大エネルギー変換効率が高い	・可逆反応であり，水素の再吸収（夜間，曇天下）の抑制が必要 ・酵素が酸素感受性であるため，水素生産の時期と酸素発生型光合成の時期とを時間的に分けることが必要
ニトロゲナーゼ N_2存在下 $N_2 + 8e^- + 8H^+ + 16ATP \rightarrow 2NH_3 + H_2 + 16(ADP + P_i)$ Ar気相下 $2H^+ + 2e^- + 4ATP \rightarrow H_2 + 4(ADP + P_i)$	・不可逆反応であり，一方向的に水素発生が起こる（水素吸収が起こらない） ・ラン藻ではニトロゲナーゼを酸素から保護する機能を発達させているので，好気的な培養気相中でも水素生産が可能	・理論的最大エネルギー変換効率が低い

　光合成微生物では，各種光合成細菌，ラン藻，緑藻など多くのものがヒドロゲナーゼを持つ。ニトロゲナーゼと比較して，ヒドロゲナーゼは反応にATPを必要としないので理論的最大エネルギー変換効率が高い。しかし，酸素発生型光合成生物のヒドロゲナーゼを利用して水素生産を行わせる場合は，酵素が正逆両方向の反応を触媒するため（反応式3），夜間や曇天下では水素の再吸収が起こるので，その対策が必要となる。窒素ガスを常にフローさせながら水素を収穫する方法もあるが，低濃度の水素しか得られない。ところが，緑藻クラミドモナスでは，第1段階で通常の光合成を行わせたのち，第2段階で細胞を嫌気的気相下で硫黄欠乏培地に移して光照射を続けると，酸素発生を伴う通常の光合成活性が低下し，次いで，前段階で蓄積した糖質を分解して水素を連続光下で3-5日程度生産出来る。このようにして，酸素発生期から嫌気的水素生産期へと培養条件を変えることで時間的に分離できるので，ヒドロゲナーゼを利用した水素生産研究も盛んにおこなわれている[5]。水素生産における両酵素の長所・短所を表2に示す。ニトロゲナーゼを利用した水素生産は，理論的最大エネルギー変換効率の点ではヒドロゲナーゼ利用系より低いが，遺伝子工学的手法による改良を積み重ね，エネルギー変換効率を高めていけば，その長所（表2）から水素生産の省力化，低コスト化，大規模化の可能性が開けると期待される。

2.2　ヘテロシスト形成型ラン藻のニトロゲナーゼを利用した光生物学的水素生産

　ニトロゲナーゼはヒドロゲナーゼと同様に酸素感受性が高く，酸素発生を伴う光合成に基づく水素生産を行う場合には，いかにして両反応を両立させるかが課題になるが，ラン藻自身が様々な方法でその問題を解決しており，酸素共存下でも水素生産を維持している[4]。*Anabaena*，*Nostoc* 属等のラン藻は，硝酸塩類などの窒素栄養源が欠乏した条件下では，通常の酸素発生型光合成を行う栄養細胞の一部が，約10-20細胞の間隔で異型細胞（ヘテロシスト）へと分化し，

第10章　ラン藻の窒素固定酵素ニトロゲナーゼを利用した大規模な水素生産構想

そこでニトロゲナーゼ反応を行う（図1）。ヘテロシストは窒素固定に特化していて，光化学系Iのみを持ち，酸素発生を行う光化学系IIを持たず，厚い細胞壁に囲まれているために，細胞内の酸素濃度を低く保つことが出来る。ニトロゲナーゼ反応に必要な電子は，隣接する栄養細胞が光合成によって合成した糖質から供給される。ヘテロシスト内で糖質は分解され，光化学系Iの働きによって強力な還元剤である還元型フェレドキシンを生じ，電子伝達系とATP合成酵素の働きによりATPが合成される。このように，栄養細胞とヘテロシストという2種類の細胞の分業（空間的分離）により，糸状体全体としては酸素発生型光合成を行いながら窒素固定と水素生産を行うことが出来る。固定された窒素はグルタミン（Gln）としてヘテロシストから栄養細胞へと送られ，細胞の成長に必要な窒素栄養源として利用される。

なお，この他に，窒素固定能を持つラン藻には，糸状であるが細胞分化を伴わないもの（*Trichodesmium* 属等），単細胞で昼間に光合成をおこない，夜間に呼吸によりATPを合成して窒素固定をおこなうもの（*Chlorococcum* 属等）等がある[4]。

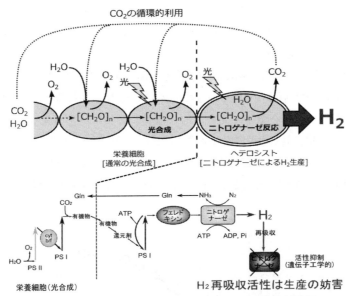

図1　ヘテロシスト形成型ラン藻の水素生産に至る電子及びエネルギー伝達経路
栄養細胞は通常の光合成により，酸素を発生し，有機物を合成する。ヘテロシストは酸素発生をせず，受け取った有機物（糖質）を分解してニトロゲナーゼ反応のための電子供与体とする。電子は光化学系I（PSI）により，フェレドキシンへと渡されて強力な還元力となり，ニトロゲナーゼ反応に使われる。ニトロゲナーゼにより生産された水素は，野生株ではヒドロゲナーゼによって再吸収されるが，後者の活性を遺伝子工学的に除去することにより，酸素存在下でも水素の蓄積が出来る（下図）。全体の反応は，原料はH_2O，産物は水素と酸素で，CO_2は循環的に利用される（上図）。
ADP：アデノシン二リン酸，ATP：アデノシン三リン酸，Cyt b_6/f：シトクロム b_6/f 複合体，Gln：グルタミン，P_i：リン酸，PSII：光化学系II

2.3 取り込み型ヒドロゲナーゼの遺伝子破壊による水素生産性増大

ヘテロシスト形成型ラン藻は，通常ヒドロゲナーゼも持っており，ニトロゲナーゼによって生産された水素は再吸収されてしまう。しかし，ヒドロゲナーゼを遺伝子工学的に不活性化することによって得られる改変株は，酸素存在下でも水素を再吸収しないので，発生した水素の収穫は数週間に一度程度おこなえば十分であり，海洋面上などでの大規模な水素生産の省力化が可能となる。

Nostoc/Anabaena sp. PCC 7120株は，窒素固定ラン藻として初めて全ゲノム塩基配列が明らかにされた株である。この株は，取り込み型（Hup）および双方向性（Hox）の2種類のヒドロゲナーゼ遺伝子を持つ。これら2種類のヒドロゲナーゼ遺伝子を遺伝子工学的に分断破壊したところ，光合成に基づく水素生産活性は，野生株の4-7倍に向上した[6]。次に，窒素固定ラン藻13株について，アセチレン還元法で測定したニトロゲナーゼ活性の比較を行い，活性の高い株として*Nostoc* sp. PCC 7422株を選抜した。この株は，Hox活性がほとんどなく，Hup活性のみが高かったので，後者の遺伝子の塩基配列を明らかにし，それを遺伝子工学的に分断破壊した株（*Nostoc* sp. PCC 7422 ΔHup）を作成した。この改良株は，気相をアルゴン置換した密閉ガラス容器内で，光合成による酸素発生を伴いながら，水素の蓄積が出来（図2），その濃度は培養気相の30％（v/v）にまで達した[7]。

さらに，この改良株は，低濃度の窒素ガスを含む密閉ガラス容器内において，以下のように長期にわたる水素の繰り返し収穫が可能であった。改変株を，窒素栄養源を含む培地（BG11）で，5％二酸化炭素を添加した空気下で光合成的に培養した後に，窒素栄養源を含まない培地（BG11$_0$）に移した。培養気相中の窒素ガス濃度がゼロに近い場合，細胞の活性維持に必要な窒素栄養が確保できないために，水素生産活性は次第に低下していく。逆に，窒素ガス濃度が高い場合には，窒素固定が活発に行われることによって速やかに窒素栄養が充足され，その結果ニト

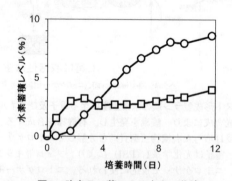

図2　改良ラン藻による水素の蓄積
○：水素，□：酸素，初期気相：95％ Ar＋5％ CO_2。
ヒドロゲナーゼ活性を除去したラン藻改良株（*Nostoc* sp. PCC 7422 ΔHup）は，窒素栄養欠乏培地に移すと，酸素共存下でも水素を長期間にわたり蓄積できる。

第10章 ラン藻の窒素固定酵素ニトロゲナーゼを利用した大規模な水素生産構想

ロゲナーゼ活性が低下するために水素生産の高い活性が持続しない。しかし，窒素ガス濃度1％という条件下では，この変異株は，高い水素生産活性のまま，窒素固定を低レベルながら行うことができるので，活性維持に必要な窒素栄養を合成でき，培地を交換することなく高い水素生産活性を60日間以上持続できた。(Kitashima et al., 論文投稿準備中)。

3　ニトロゲナーゼへの変異導入による水素生産性の向上

3.1　ニトロゲナーゼ活性中心金属クラスター配位子ホモクエン酸の除去

上記のような低濃度の窒素ガス気相中では，ニトロゲナーゼ反応で窒素固定に配分される電子は僅かで，大部分の電子が水素生産に使われる。その結果，反応式1の場合と比べて水素生産活性が上昇すると同時に，窒素栄養が充足されない状態が持続するため，水素生産の高活性が持続するようになる。このように電子配分比率を水素生産に有利に変更する方法は，培養気相の最適化の他に，遺伝子工学的手法でニトロゲナーゼに変異を導入することによってもある程度可能である。以下にその研究例を紹介する。

ニトロゲナーゼは鉄，硫黄，モリブデン（Mo）から成る金属クラスターを触媒部位に持ち，そこで窒素固定および水素発生が起こる。その金属クラスターのMoに，有機酸であるホモクエン酸が配位しており，ホモクエン酸は効率的な窒素固定を行うためには必須である。従属栄養細菌 *Klebsiella* の研究から，ホモクエン酸濃度を低下させれば，上記のような水素生産活性の上昇と持続化の効果が期待されることから，取り込み型ヒドロゲナーゼ破壊株（ΔHup）を親株として，ホモクエン酸合成能力を部分的に欠損（*nifV1*遺伝子破壊）させた変異株を作成した（注：*Nostoc/Anabaena* sp. PCC 7120株はこの遺伝子を2個（*nifV1*と*nifV2*）持つ）。その変異株では，空気下の培養条件で水素生産の高い活性が部分的だが持続するようになり，培養液全体の水素生産性はΔHupの約2倍まで向上した[8]。

3.2　ニトロゲナーゼ活性中心近傍のアミノ酸残基置換

ニトロゲナーゼが窒素固定反応を行う上で，活性中心金属クラスターだけでなく，その近傍にあるアミノ酸残基も重要であることが知られている。ニトロゲナーゼの立体構造[9]を基に，活性中心部位から5Å以内に位置する複数のアミノ酸残基の中から6つの残基を標的として選び，別の残基に置換した変異株を合計49株作成した。そのうちのいくつかは，空気下でもAr気相中と同程度の高い水素生産活性を示し，ΔHup株と比較した場合，クロロフィル当たりの水素生産活性は空気下で3-4倍向上した（図3）。一方，これらの変異株の窒素固定活性は著しく低下しており，反応における電子の大部分が水素生産に向かうように電子配分比率が変更されたと示唆される。その結果，窒素ガス気相中でも水素生産の高活性が長期にわたり持続するようになった[10]。

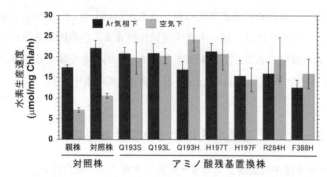

図3 ニトロゲナーゼ活性中心近傍アミノ酸残基置換の水素生産活性
黒棒グラフ：Ar気相下，灰色棒グラフ：空気下。野生型ニトロゲナーゼを持つ対照株の空気下の水素生産活性は，窒素ガスによる阻害のためAr気相下の活性と比べて低下する。一方，いくつかのアミノ酸残基置換株は，空気下でもAr気相下と同程度の水素生産活性を示した。さらに，そのうちのいくつかは，対照株のAr気相下の活性に匹敵する活性を空気下で示す。水素生産活性の測定方法：細胞懸濁液を2-3時間光照射し，その間に生産された水素量をガスクロマトグラフを用いて測定した。

4 更なる水素生産性の向上に向けた改良の必要性

ΔHup株の光から水素へのエネルギー変換効率は，実験室の弱光下では1％以上（太陽光換算，Ar気相で1週間にわたる水素生産）に達する[7]。しかし，同様の変異株で，屋外で報告されている効率の最高値は0.1％（空気＋2％ CO_2 気相，屋外で1日以上にわたる水素生産）[11]に過ぎない。水素生産の実用化に資するラン藻の開発には，ニトロゲナーゼの水素生産性を更に向上させる改良に加えて，光合成系や様々な代謝系の改良が必要である。今後，解決すべき課題として，ニトロゲナーゼが水素発生よりも窒素固定を最大化するように進化してきた結果だと考えられる低い分子活性（代謝回転数6.4/s），強光下での光利用効率の低下（強光阻害），培地中および細胞内の窒素化合物によるニトロゲナーゼ発現・活性の低下などが挙げられる。その他に，ヘテロシスト形成型ラン藻に特徴的な改良として，ヘテロシスト頻度の増加（最適化）やニトロゲナーゼ反応に必要な還元力源（スクロース）の合成およびヘテロシストへの供給の強化なども必要だと考えられる。筆者らの当面の目標は，これらの改良を積み重ねることで，屋外での（光→水素）エネルギー変換効率0.5％の達成を目指し，さらに将来の実用化のためには，1％以上にまで効率を高めることが目標となる。

5 おわりに

日本は，国土面積は狭いが，世界第6位の排他的経済水域を持つので，その水域を，更には外国の水域や公海をエネルギー生産の場として利用することが考えられる。将来的には，ラン藻が

第10章　ラン藻の窒素固定酵素ニトロゲナーゼを利用した大規模な水素生産構想

太陽光をエネルギー変換効率1.2％で水素に変換し，関連工学的技術の進歩により，エネルギー回収率50％で精製された水素が目的港まで運搬できれば，世界の海洋の2％の海域（オーストラリア大陸の85％相当）を利用することにより人類が消費する化石燃料エネルギー（現在レベル）の50％を代替できると試算される。エネルギー変換効率の更なる向上，利用海域の拡大により，更に大きな代替エネルギー源となる可能性を持つ。ラン藻を海上培養し水素を光生物的に大規模生産する技術の実用化には，水素の分離，精製，貯蔵，利用（燃料電池）等の工学的技術の発展や社会的インフラの整備が課題であるが，現在，NEDO，ALCA等により水素関連技術研究の推進が図られており，その成果が期待される。ラン藻のニトロゲナーゼを利用した水素生産は，エネルギー変換効率は低いが，省力化，低コスト化，大規模化に適しているので，再生可能エネルギーの大規模生産につながる有力な候補であると考える。

文　献

1) 櫻井英博，増川一，燃料電池, **6**, 46（2006）
2) H. Sakurai and H. Masukawa, *Mar. Biotechnol.*, **9**, 128（2007）
3) H. Sakurai *et al.*, "Recent Advances in Phototrophic Prokaryotes", p.291, Springer（2010）
4) P. Tamagnini *et al.*, *Microbiol. Mol. Biol. Rev.*, **66**, 1（2002）
5) M. L. Ghirardi *et al.*, *Annu. Rev. Plant Biol.*, **58**, 71（2007）
6) H. Masukawa *et al.*, *Appl. Microbiol. Biotechnol.*, **58**, 618（2002）
7) F. Yoshino *et al.*, *Mar. Biotechnol.*, **9**, 101（2007）
8) H. Masukawa *et al.*, *Appl. Environ. Microbiol.*, **73**, 7562（2007）
9) O. Einsle *et al.*, *Science*, **297**, 1696（2002）
10) H. Masukawa *et al.*, *Appl. Environ. Microbiol.*, **76**, 6741（2010）
11) A. A. Tsygankov *et al.*, *Biotechnol. Bioeng.*, **80**, 777（2002）

第11章　藻類由来光合成機能を利用した
バイオ燃料変換系への展開

天尾　豊*

1　はじめに

　低炭素社会を築き上げていくためのエネルギー源として，再生可能エネルギーの代表である太陽光エネルギーやバイオマスの利用技術は今後ますます重要となってくる。地球環境に目を向けると，2009年国連地球変動サミットで「日本は2020年までに1990年比で25％の温室効果ガスを削減する」と明言されたことから，二酸化炭素も大幅に削減する技術も同時に必要となっている。

　バイオマスは木材廃棄物や草系の非食品系のものとトウモロコシ・サトウキビ等の食品系の2つに大別される。これに加えて食品系バイオマスとの競合が無い藻類バイオマスのエネルギー利用も注目されている。藻類は高等植物と同じように，太陽光エネルギーを利用した酸素発生型光合成を行い，炭化水素系燃料の原料を生産することが可能であり，次世代のバイオ燃料生産への展開が期待されている。これらの状況を鑑みて，藻類を利用した各種バイオ燃料生成技術に関する研究が幅広く進められており，藻類が生育する過程で生産する炭化水素系燃料に注目したものが主流である[1~5]。

　これに対して藻類の酸素発生型光合成を利用した太陽光エネルギー利用・変換技術に関する研究も進められている。高等植物や藻類が行う酸素発生型光合成反応とは，太陽光エネルギーを駆動力として，還元型ニコチンアミドアデニンジヌクレオチドリン酸（NADPH）を生成する還元反応系である光化学系Ⅰ（PSI）と，太陽光エネルギーを用いて水を4電子酸化して酸素発生する酸化反応系である光化学系Ⅱ（PSII）の2つの反応系が連結した酸化還元反応系である。このような光で駆動する酸化還元系を利用し，水素イオンを水素に還元する反応を触媒する酵素ヒドロゲナーゼとの複合化で太陽光エネルギーを利用した水の光分解に基づく水素・酸素生産反応系がその例である[6]。さらにこのような水を電子媒体とした酸化還元系が成り立つことから，光合成機能を利用した水の酸化還元に基づく光電変換デバイスへの展開も期待できる。

　本稿では，藻類由来光合成機能を利用したバイオ燃料変換系について，太陽光エネルギーを用いた水素生産反応系及び葉緑体集積電極の調製と光電変換系への展開について概説する。

＊　Yutaka Amao　大分大学　工学部　准教授；㈱科学技術振興機構　さきがけ研究者

第11章　藻類由来光合成機能を利用したバイオ燃料変換系への展開

2　藻類の光合成機能を利用した太陽光駆動型水素生産反応

　藻類を用いたバイオ水素生産系は2つに大別できる。1つは藻類の酸素発生型光合成機能を用いたものであり，他方は藻類の体内に蓄えられたデンプンの解糖を用いた系である（図1）[6, 7]。本稿では後者の酸素発生型光合成を行う藻類が高等植物と同様に持っている光合成器官PSIとPSIIに着目した系について紹介する。PSIの持つ光還元系に水素生産触媒であるヒドロゲナーゼを接触させることにより，PSIIの酸素発生機能と連動し，太陽光エネルギーを用いた水の光分解反応系が構築できる。1939年に緑藻を用いた水素生産反応がGaffron[8]によって報告されて以来，藻類を用いたバイオ水素生産反応系が報告されてきている[6]。PSIIの酸素発生機能とヒドロゲナーゼとの複合系によるおのおのの反応は以下のようになる。

$2H_2O \rightarrow 4H^+ + O_2 + 4e^-$　　　　　　　　　　　　　　　　（PSIIによる反応）
$2H^+ + 2e^- \rightarrow H_2$　　　　　　　　　　　　　　　　　　　　（ヒドロゲナーゼによる反応）

つまり反応プロセス全体では，以下のような水の水素と酸素への化学量論的な分解が達成できる。

$2H_2O \rightarrow 2H_2 + O_2$

ここでは，藻類の光合成機能の中でもPSIIの酸素発生機能を利用した光駆動型水素生産反応系について紹介する。

　Greenbaumらは，緑藻として*Chlamydomonas*，*Chlorella*，及び*Halochlorococcum*の光合成機能を利用した光エネルギーによる水の酸素と水素とへの分解反応について初めて報告している。中でも*Chlamydomonas*のクローンf-9株を用いることによって，水素と酸素がほぼ化学量論比2：1で生産することを見出しており，さらに光合成反応中心のターンオーバー数は450

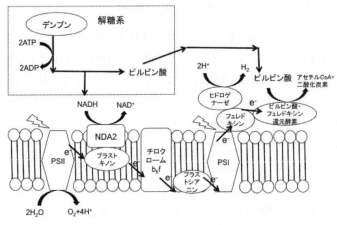

図1　藻類を用いた水素生産反応系路

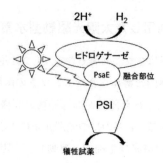

図2 シアノバクテリア由来の光化学系Ⅰ（PSI）とヒドロゲナーゼとの融合体を用いた光水素生産反応

にまで達していると報告している[7]。しかしながらこれらの藻類の持つヒドロゲナーゼは発生した酸素による活性阻害が起こるため，遺伝子工学的手法によって酸素耐性向上も必要とされている。

また伊原らはシアノバクテリア由来のPSIと酸素耐性の高い*Ralstonia eutropha* H16由来のヒドロゲナーゼとを遺伝子工学的手法を用いて融合し，光エネルギーによる水素生産反応系へ展開している（図2）[9]。PSI-ヒドロゲナーゼ複合体（PSI：150 mg chl），ヒドロゲナーゼ（5.1 mg），アスコルビン酸（120 mM），ジチオスレイトール（50 mM），グルコース（5 mM），グルコースオキシダーゼ（4.5 μg）を含むpH＝7.4の溶液を23℃で可視光照射すると水素生産が見られる（200分可視光照射で0.25 μmolの水素生産）。一方PSIとヒドロゲナーゼを融合させず単独でそれぞれ用いた系では，水素発生量が約1/5にまで低下する。

以上のように藻類由来の光合成器官と酸素耐性の高いヒドロゲナーゼとの遺伝子工学的手法により融合させ，より効率的なバイオ水素生産系への展開も進んでいる。

3　葉緑体集積電極の調製と光電変換系の構築

これまで述べてきたように，高等植物・藍藻類の光合成反応は光エネルギーを駆動力として，還元型ニコチンアミドアデニンジヌクレオチドリン酸（NADPH）を生成する還元反応系であるPSIと，水を酸化して酸素を発生するPSIIの2つのタンパク質で構成される反応系が連結した酸化還元反応系である。PSI及びPSIIにはそれぞれP680及びP700と呼ばれる反応中心が存在する。また光エネルギーを捕集しそれぞれの反応中心にエネルギーを伝達する役割を持つ光収穫系タンパク質－色素複合体（LHC）も存在し，PSIに対してLHCI，PSIIに対してLHCIIと呼ばれている。これらのLHCタンパク質は紫外線等も吸収し反応中心タンパク質に対する光保護機能も備えている（図3）[10, 11]。このほかPSIとPSIIを連結する酸化還元タンパク質があり，上記のタンパク質がリン脂質二分膜中に決められた位置に配置され光合成膜を形成している。つまり，光合成膜は光エネルギーを駆動力とし，水分子を電子供与体として利用できる。これらの機能を

第11章　藻類由来光合成機能を利用したバイオ燃料変換系への展開

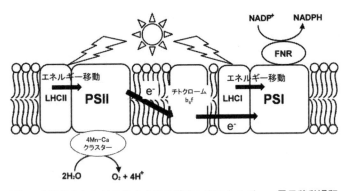

図3　高等植物における光合成膜の構成と光エネルギー・電子移動過程

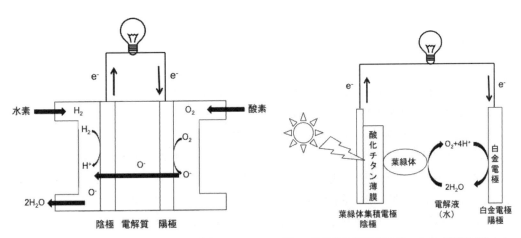

図4　水素燃焼型燃料電池の構成　　図5　葉緑体集積電極を用いた水を電子媒体とした光電変換系

持つ光合成膜は葉緑体中に組織化されている。

　一方，一般的な燃料電池は図4に示すように水の電気分解の逆反応で発電しているものであり，対極は白金電極が用いられ，電極上で酸素を電気化学的に還元して水を得ている。つまり，作用極に光合成機能を付与することにより，可視光を照射することによって水を分解して得られた酸素を対極の白金電極上で水に還元することができれば，光エネルギーと水のみで発電するバイオ燃料電池が構築できることになる。ここでは，緑色植物由来の葉緑体を抽出し，酸化チタン薄膜担持電極上に担持した葉緑体集積電極の調製と，これを用いた図5に示すような光電変換系について紹介する[12〜15]。

　葉緑体集積電極は，ホウレンソウ等の緑色植物から抽出し直接TiO_2薄膜電極に集積化したものを用いることができる。調製方法は以下のとおりである。最初に導電性ガラス（ITO電極）の導電面にTiO_2ペーストを$1 cm^2$に塗布し，電気炉で80℃で30分加熱した後450℃で30分間加熱焼成することによってTiO_2薄膜電極を調製する。次に，調製したTiO_2薄膜電極表面をアミノラ

微細藻類によるエネルギー生産と事業展望

ウリン酸で修飾した後葉緑体調製溶液に浸漬することで電極上に集積化することができる。

葉緑体集積電極を用いた光電変換系は以下のとおりである。調製した葉緑体集積電極を作用極，対極に白金電極，および両極間の電解溶液に重量比10％程度の水を含むテトラブチルアンモニウムヘキサフルオロホスファート—アセトニトリル溶液を用い，光電変換系を構築することができる。電解溶液としてテトラブチルアンモニウムヘキサフルオロホスファート—アセトニトリル溶液を用いるのは，水溶性の電解溶液を使うと，葉緑体が電解溶液側に溶出してしまうためである。

葉緑体集積電極を用いた光電変換系の特性は，光電流作用スペクトル，白色光及びPSIIの極大波長に基づく680 nmの単色光照射時の光電流応答性によって評価することができる。

葉緑体集積電極の光電流作用スペクトルを測定すると，葉緑体をグリセリンで分散した水溶液中の吸収スペクトルとほぼ同じ形状で，660〜700 nmに光電流値の極大がみられることがわかる。このことから，葉緑体中の光合成タンパク質の光増感作用による光電変換系が成り立っていることが示唆される。

次に葉緑体集積電極の光電流応答性について，最初に白色光を照射したときの光電流応答を調べると，電解溶液に重量比10％の水を含むテトラブチルアンモニウムヘキサフルオロホスファート—アセトニトリル溶液を用いた場合では，光照射によって約$10\,\mu \mathrm{Acm}^{-2}$の電流が流れているのに対して電解質溶液に水を含まないテトラブチルアンモニウムヘキサフルオロホスファート—アセトニトリル溶液を用いた場合では，光電流応答は見られない。このことから，葉緑体集積電極を用いた光電変換系では電解質溶液中に水が必要であることが示唆されている。

さらに，葉緑体中に含まれるPSIIの吸収極大である680 nmの単色光を照射した場合でも同様に水を含む電解溶液を用いた場合では，光電流応答が見られるが（約$0.2\,\mu \mathrm{Acm}^{-2}$），水を含まない場合では，光電流応答は見られない。これは，光照射に伴い，葉緑体が水を分解し，酸素を発生し，その酸素が対極の白金電極上で還元され水に戻るサイクルによる光エネルギーと水で作動するバイオ燃料電池が達成できたことを示唆している。

以上のように高等植物由来の葉緑体集積電極を用いた，水を電子媒体とした光電変換系の構築に至っている。しかしながら高等植物は生育速度が遅い上に，もともと大気中の水分子を使った酸素発生型光合成であるため，溶液中での反応に適さず，分離した葉緑体や光合成膜は不安定であり，効率的なデバイス化には限界がある。これに対してクロレラやスピルリナのような藻類は，水圏で効率的に生育しており，増殖速度も速く，魅力ある酸素発生型光合成機能を有しており，高等植物に替わる唯一の生体材料と考えられる。また水の酸化に基づく酸素発生やNADPの光還元に関わるPSIIやPSIは高等植物の光合成膜と同様に組織化されているが，光収穫系タンパク質がフィコビリンを使っているなどの違いもある。今後は高等植物から酸素発生型光合成をする微細藻類の光合成器官の電極デバイスへの組織化へ展開することでより効率的な光で駆動するバイオ燃料電池が誕生するであろう。

第11章　藻類由来光合成機能を利用したバイオ燃料変換系への展開

4　おわりに

　以上本稿では，藻類の持つ酸素発生型光合成機能に着目したバイオ燃料生成技術について紹介した。高等植物の光合成機能を用いた光エネルギー変換システムについて古くから研究がなされてきているが，もともと高等植物は大気中の水分子を使った酸素発生型光合成であるため，分離した光合成器官は溶液中での安定性は悪くなる。これに対して藻類は，水圏で効率的に生育しており，増殖速度も速く，魅力ある酸素発生型光合成機能を有しており，光合成機能を利用したバイオデバイスへの展開には高等植物に替わる唯一の生体材料と考えられる。今後，藻類自体を用いたバイオ燃料生成技術に加えて，本稿で紹介したような，藻類の光合成機能を利用した水の光分解に基づく水素生産や太陽光駆動型水を電子媒体としたバイオ燃料電池も次世代エネルギー創製技術として注目されていくことを期待したい。

文　　献

1) M. Watanabe, *Environmental conservation engineering*, **38**, 160 (2009)
2) 前川孝昭, バイオインダストリー, **27**, 45 (2010)
3) A. Demirbas, *Energy Conversion and Management*, **51**, 2738 (2010)
4) L. Christenson and R. Sims, *Biotechnol. Adv.*, **29**, 686 (2011)
5) C. S. Jones and S. P. Mayfield, *Curr. Opinion, Biotechnol*, in press.
6) S. J. Burgess *et al.*, *Adv. Appl. Microbiol.*, **75**, 71 (2011)
7) E. Greenbaum, R. R. Guillard and W. G. Sunda, *Photochem. Photobiol.*, **37**, 649 (1983)
8) H. Gaffron, *Nature*, **143**, 204 (1939)
9) M. Ihara *et al.*, *Photochem. Photobiol.*, **82**, 676 (2006)
10) 天尾豊, 化学工業, **59**, 7 (2008)
11) Y. Amao, *ChemCatChem*, **3**, 458 (2011)
12) 天尾豊, 高分子, **56**, 211 (2007)
13) Y. Amao and A. Kuroki, *Electrochem.*, **77**, 862 (2009)
14) 天尾豊, 化学工業, **60**, 45 (2009)
15) 天尾豊, 高分子, **60**, 745 (2011)

【第Ⅲ編　培養技術】

第12章　大量培養技術と装置の開発

増田篤稔*

1　はじめに

　微細藻類は，食用やサプリメントおよび未利用物質の用途研究，さらにはバイオマスエネルギー開発まで幅広い分野で利活用されている。

　生態系における一次生産者である微細藻類は，魚介類生産の初期餌料や飼育水管理および貝類生産などにも利用され，大量培養の研究も行われてきた。魚類種苗生産では1930年の梶山らの研究まで遡ることができる[1]。二枚貝種苗生産用餌料に関するLoosanoffら[2]の研究は，餌料培養における人工光・温度管理・二酸化炭素混合通気などの必要性に関する基礎的知見を明らかにしている。1990年代以降，RITE（地球環境産業技術研究機構）やNEDO（新エネルギー・産業技術総合開発機構）のプロジェクトでは，光水素生産や高濃度CO_2利用を目的とした密閉型培養システムの開発が行われてきた。また，水産関連では各地の水産試験場の実例を基に「微小藻類の大量培養技術開発研究」[3]がまとめられ，主要な餌料であるハプト藻類のパブロバ（*Pavlova lutheri*），イソクリシス類（*Isochrysis* sp.），中心目珪藻類のキートセロス類（*Chaetoceros gracilis*, *Chaetoceros calcitrans*），真眼点藻類のナンノクロロプシス（*Nannochloropsis oculata*）に関する培養諸条件の検討や大量培養の試みがなされた。その後も継続して「微小藻類の大量培養技術開発研究報告」[4]がなされ，餌料用微細藻類の大量培養システム開発などの研究も行われた[5,6]。各地の水産試験場では，餌料用微細藻類の大量培養システムが数多く導入され，大規模な二枚貝類種苗生産が可能になった。また，微細藻類由来の色素化合物であるアスタキサンチンの生産販売が活発化し，国内企業で新規参入も出現した。最近では，有用物質の探査に加え，さらなる微細藻類の研究がなされ，エネルギーとしての可能性が検討されている。

　微細藻類に関するそれらの新規分野での産業利用では，大量の原材料物質が必要になり，その培養に関しても大規模かつ安定な生産が求められている。本項は，大規模な培養やその元種培養に応用できる安定な人工光源下での培養装置の設計に関する解説を行う。

---

*　Atsunori Masuda　ヤンマー㈱　経営企画本部　ソリューショニアリング部　推進グループ　主席研究員；高知大学　総合研究センター　客員教授

2 微細藻類培養装置開発に関する基礎的知見

2.1 培養槽における環境制御項目

光合成過程の基本的な反応は，次式で表される。微細藻類は，光から効率よくエネルギーを獲得するため，光捕集色素を主としたアンテナや熱放散の機構を有する。光エネルギーは，光化学系反応中心複合体に伝達されATPとNADPHを合成して，カルビン回路で有機合成が行われ，光合成の反応が進む。光合成における水の分解で発生する酸素は，カルビン回路で二酸化炭素固定反応を触媒するルビスコ（**R**ubis**CO**；**R**ibulose 1,5-**bis**phosphate **c**arboxylase/**o**xygenase）の反応において，二酸化炭素と競合する。

$$H_2O + CO_2 + 8 光量子 \rightarrow O_2 + (CH_2O)_n \tag{1}$$

微細藻類培養の場合では，一般的に培養溶液中で行われるため，水が不足になることはないが，光量子と二酸化炭素の供給が不足になることが多い。また，式の項目には無いが，培養水温や栄養塩も欠かせない項目となる。

培養槽における環境制御項目においては，光・二酸化炭素・酸素・水温・栄養塩などが要素となる。培養装置やシステムの開発では，微細藻類に対し光をどのようにどのくらい照射するか，また，二酸化炭素供給や過度に溶存する酸素をどのように取り除くかなどが検討項目となる。実際の設計に当たっては，対象とする微細藻類の性質を考慮し，静置培養か流動培養かの検討，回分式か流通式かの検討，作業性の確保なども考慮しなければならない。

2.2 光環境

培養に対する光放射環境は，培養液中に光源が有るものと無いものに大別され，それぞれ内照式と外照式と言われている。また，光源は自然光と人工光に分けられる。光放射環境で注意すべき点は，光が当たる培養液表面と培養液内部の光環境が異なることである。培養液内部の時系列的な光環境は，次第に暗くなり補償点以下の光強度となってくる。微細藻類の培養液中での透過光の減衰は，Lambert-Beerの法則で近似できるので[7]，対象とする微細藻類に関し，あらかじめ消散係数などを求めると培養槽の設計に役立つ。また，光—光合成曲線や光強度と増殖速度さらには光環境と利用したい特定物質の関係も重要になってくる。

2.3 溶存ガス環境

培養装置に関連する溶存ガス項目は，二酸化炭素と酸素である。培養時に空気通気による撹拌を行う場合は，通気により二酸化炭素が供給され，過飽和になった酸素が除去されている。培養装置性能で重要なことは，時系列的に変化する微細藻類の要求する二酸化炭素と光合成により培養液中に溶解する酸素量が[8]，通気による二酸化炭素供給と溶存酸素除去が量的に均衡されていることである。これは，二酸化炭素供給能が不足しても，溶存酸素が多くなっても，光合成のス

第12章 大量培養技術と装置の開発

ムーズな反応が阻害されるためである。溶存酸素を除去するのに，窒素ガスの通気や培養器の減圧化を行う場合もある。また，二酸化炭素が培養液から不足すると，培養液はアルカリ側になる場合もあり培養障害を起こすこともある。培養時の撹拌を通気で行わない場合は，培養装置の設計には撹拌用装置とガス供給および除去関連の検討が重要になってくる。

これらのことより対象の微細藻類に対する，培養槽内での通気由来の水流や撹拌によるせん断力などにも考慮しながら溶存ガス項目を検討する必要がある。

3 設計における環境因子の定量方法

多量の微細藻類が必要になるにしたがって，大型かつ増殖を効率良くする培養システムが求められる。筆者が共同開発した室内型培養システムの設計例を示す[9]。

3.1 培養槽外郭周辺の光環境設計計算

微細藻類培養での所要の光放射環境は，光合成有効光量子束密度（以下，photosynthetic photon flux density：PPFDと記す）で表すべきである。しかし，PPDFの単位系は基本的なデータベースがないため，照明分野で用いられる光束・照度を基本にして，設計計算を行うと良い。

培養槽には，200ℓアルテミアふ化槽（SBF-200，アース，東京）を用いた。所要のPPFDは，培養槽表面で約$300\,\mu \mathrm{mol\,m^{-2}\,s^{-1}}$として，PPFDへの換算係数を用いて照度に換算すると約21000 lxになる。試験を考慮し30％増の27000 lxを目標設計値として，周囲を取り囲む配置とした光源で照射する方法を用いた。設計計算に際しては，有効な照明エリアを高さ方向450 mm，半径330 mmの円筒形と近似して計算した。円筒形として近似した培養槽の側面の表面積Sは，

$$S = 2 \times \pi \times 0.33\,\mathrm{m} \times 0.45\,\mathrm{m} = 0.93\,\mathrm{m}^2 \tag{2}$$

ここで，側面の水槽表面の平均照度をE lxとすると光束法による照度計算式から，

$$E = F \cdot N \cdot U \cdot \eta \cdot M \cdot \tau_1 \cdot \tau_2 / S \tag{3}$$

従って所要のランプ本数Nは，

$$N = S \cdot E / F \cdot U \cdot \eta \cdot M \cdot \tau_1 \cdot \tau_2 \tag{4}$$

F：ランプ光束（lm），N：ランプ本数，H：器具効率，U：固有照明率，M：保守率，S：光を受ける面積（m²），τ_1：冷却用アクリルの透過率，τ_2：培養槽アクリルの透過率

となる。さらに，$E = 27000$ lx，$F = 4500$ lm，$U = 0.34$[注1]，$\eta = 0.55$[注2]，$M = 0.70$，$S = 0.93$（m²）を上式に代入する。使用ランプの光束Fは，カタログ値より4500 lmで，保守率Mは器具の汚れ，ランプ光束の低下を見込んで0.70と設定した。

微細藻類によるエネルギー生産と事業展望

数値を上式に代入して所要のランプ本数Nは,

$$N = 27000 \times 0.93 / 4500 \times 0.56 \times 0.55 \times 0.70 \times 0.85 \times 0.85 = 35.8 \text{本} \tag{5}$$

実際の設計に際しては,器具配設空間の寸法と照度確保に余裕を持たせるために4灯用器具を9台設置(ランプ本数36本)することとした。したがって,計算式から予測される平均照度は,27150 lx(=27000×36/35.8)となった。

培養槽周辺への照射器具の配設図面を図1に示す。

200 l アルテミアふ化槽を用いた培養槽の150 l 水深を0cmとし,上方向を正として1点と水面および水面下5点の測定を行い合計7点とし,測定間隔は,6cmとした。また,水平方向は,照明器具No. 7からNo. 2の方向に水槽内壁面をaとして,7cmピッチに11点として実測した(図2)。設計照度に対応する照明器具全点灯時での初期平均照度は,測定線上の鉛直方向a列で41800 lx を得た。初期平均照度に保守率0.70を乗ずると29280 lx となり,目標照度27000 lx に対して,計算で得られた蛍光灯の本数より,27150 lx と計算されたのに対し,実測値は108%の光量となった。(3)式を用いた平均照度の算出に用いた,ランプ光束 F,器具効率 η,固有照明率 U の数値は何れも実際とは数%の差異を伴うものであるため,それら差異の積み重ねからして,設計目標平均照度と実測平均照度との差異は許容できる範囲内であると考えられる。

設計照度より8%高くなったのは,照明器具自体が反射板となり,相互反射が生じたためと考えられる。なお,目標とする所要の設計照度を充分上回る実測値を得たことから,実験装置とし

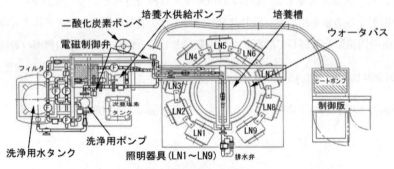

図1 試験装置レイアウト
試験装置は,培養槽・制御盤・機械類の3つのユニットより構成。

注1) 蛍光灯の発光面の大きさを長さ3.4m,幅0.56m,被照面(水槽の円柱面に相当)の大きさを長さ3.4m,幅を0.45m,光源と被照面の距離を0.21m,配光をBZ5と近似した場合の固有照明率(U)は0.56となる。

注2) 片口金形3波長域発光形55W蛍光ランプ4灯(下面開放型)の既存器具の器具効率は0.74(実測値),試験器具に使用する1mm透明アクリルの透過率は0.93(カタログ値),ランプ交換を後部からするため反射板をランプ後部の白色平板で代用することによる器具効率低下を0.80(仮定値)とすると,試作器具の予測器具効率(η)は0.55(=0.74×0.93×0.80)となる。

第12章　大量培養技術と装置の開発

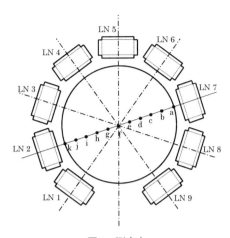

図2　測定点
光放射環境の設計に対する実機での測定点

て充分なPPFD性能を持たせることができたと言える。このことより，本計算方法は，培養槽の外輪周辺の光環境を求めるのに有効と考えられる。

3.2　培養槽内の光環境計測と培養器形状
3.2.1　光透過測定装置と結果

　一般的な分光光度計では，その最大測定光路長が100 mm程度であるため透過光のPPFD値がゼロになる距離を特定できない。測定装置を図3に示す。光透過測定装置は，全長300 mmの円筒形パイプ（内径100 mm）部分と高さ150 mmの台座部分で構成し，上部に入射光集光レンズの支持台と下部に光量子計（LI-192SA，Li-Cor社，USA）を取り付けた。入射光集光レンズ台は移動可能な構造とし，有効最大光路長は，250 mmを確保した[7]。培養液中の透過光の測定は，各微細藻類別に微細藻類が入っていない培養液ならびにある特定濃度の微細藻類が存在する供試培養濃度液を円筒形パイプ部分に充填し，入射光集光レンズ部と受光面までの距離（以下，液厚と記す）を3段階の液圧に調節設定した際のPPFDを光量子計で検出する方法で行った。培養濃度液の細胞数測定結果を表1に，各微細藻類の液厚および希釈割合におけるPPFD測定値の測定結果を表2に示す。

3.2.2　解析

　測定結果の表2より各種微細藻類について，横軸に微細藻類の細胞濃度を，縦軸にある特定濃度の微細藻類が存在する供試培養液のPPFD(E_i)と培養液のみの場合のPPFD(E_0)の比（以下，相対PPFD比という）の対数をとり，液厚をパラメータとして濃度消散係数を求めた。この結果より餌料生産における実用的な培養濃度1×10^7 cells ml^{-1}，液厚約24 cmまでの範囲で，培養液中の相対PPFD対数値と微細藻類培養濃度との間には負の相関関係が認められ，ある特定の液厚さでの微細藻類の培養濃度の変化に伴うPPFD減衰は直線で近似できる。このことより，Beer

微細藻類によるエネルギー生産と事業展望

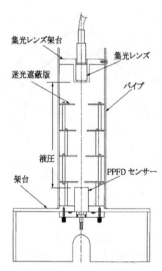

図3　培養液中における光減衰測定装置
測定装置は，パイプと架台で構成され集光レンズとPPFDセンサーを有している。

表1　元培養濃度に対する希釈率と細胞濃度

元培養濃度と希釈率	密度（$\times 10^5$ cells ml^{-1}）			
	C. gracilis	C. calcitrans	P. lutheri	N. oculata
1	120.0	150.0	100.0	115.0
1/2	62.0	51.8	50.2	65.0
1/5	24.3	20.8	19.5	21.5
1/10	11.8	10.2	10.0	13.0
1/20	6.1	5.1	4.8	5.5

表2　種別培養における異なる希釈率密度と液圧でのPPFD

Unit ; μ mol^{-2} S^{-1}

種	C. gracilis			C. calcitrans			P. lutheri			N. oculata		
液圧 (cm)	13.7	18.7	23.7	13.7	18.7	23.7	13.7	18.7	23.7	13.7	18.7	23.7
希釈率												
1	0.2	0.0	0.0	2.2	0.2	0.1	0.1	0.1	0.1	30.1	6.1	1.4
1/2	3.8	0.4	0.1	19.4	3.4	0.6	1.7	0.1	0.0	87.1	26.4	8.6
1/5	40.1	9.0	2.4	94.2	30.3	9.3	26.9	5.2	1.1	189.9	84.3	40.5
1/10	113.6	39.2	14.5	173.3	75.0	35.7	87.3	27.8	9.5	251.1	128.1	73.4
1/20	194.1	82.3	42.4	240.2	125.0	67.6	130.4	66.2	31.8	288.2	159.2	97.2
培養液のみのPPFD	319.9	200.7	128.0	319.9	200.7	128.0	319.9	200.7	128.0	379.1	218.2	145.8

第12章　大量培養技術と装置の開発

の法則が成立する。

$$\log(E_i/E_0) = -Kc \cdot C \tag{6}$$

Kc：液厚をパラメータとする濃度消散係数，C：濃度（cells ml^{-1}）

次に，測定結果の表2より同様に各種微細藻類について，横軸に液厚を，縦軸に相対PPFDの対数をとり細胞濃度をパラメータとする液厚消散係数を求めた。培養液中の相対PPFD対数値と液厚との間には負の相関関係が認められ，ある特定細胞濃度での微細藻類の液厚の変化に伴うPPFD減衰は直線で近似できることが示唆された。このことより，Lambertの法則が成立する。

$$\log(E_i/E_0) = -K_d \cdot D \tag{7}$$

K_d：細胞濃度をパラメータとする液厚消散係数，D：液厚（cm）

これらのことより，液厚をパラメータとする濃度消散係数（K_c）と細胞濃度をパラメータとする液厚消散係数（K_d）は，おのおの一次式で近似できることが判明し，培養槽の設計では，Lambert-Beerの法則が適用できる。

$$\log(E_i/E_0) = -K \cdot C \cdot D \tag{8}$$

K：藻類固有の消散係数，C：濃度（cells ml^{-1}），D：液厚（cm）

藻類固有の消散係数Kは，表3および表4より求めることができる。横軸に濃度または液厚をとり，縦軸に$K_c \cdot K_d$をとり一次式の傾きの値が藻類固有の消散係数Kとなる。この方法にて，C. gracilis, C. calcitrans, P. lutheri, N. oculataについて検討を行った結果の藻類固有の消散係数Kを表5に示す。

表3　各プランクトンにおける液圧に対する濃度消散係数

液圧 (cm)	C. gracilis		C. calcitrans		P. lutheri		N. oculata	
	濃度消散係数	決定係数	濃度消散係数	決定係数	濃度消散係数	決定係数	濃度消散係数	決定係数
13.7	-0.279	0.978	-0.214	0.990	-0.379	0.925	-0.115	0.970
18.7	-0.464	0.969	-0.352	0.989	-0.668	0.963	-0.189	0.981
23.7	-0.553	0.928	-0.464	0.981	-0.782	0.897	-0.253	0.984

表4　各プランクトンにおける液圧に対する液圧消散係数

希釈率	C. gracilis		C. calcitrans		P. lutheri		N. oculata	
	液圧消散係数	決定係数	液圧消散係数	決定係数	液圧消散係数	決定係数	液圧消散係数	決定係数
1/20	-0.020	0.907	-0.011	0.918	-0.026	0.944	-0.008	0.840
1/10	-0.038	0.943	-0.023	0.946	-0.046	0.964	-0.013	0.992
1/5	-0.052	0.993	-0.045	0.931	-0.085	0.980	-0.023	0.982
1/2	-0.140	0.965	-0.095	0.982	-0.161	0.924	-0.050	0.974

表5 各プランクトンにおける Lambert-Beer の藻類固有消散係数

	C. gracilis	C. calcitrans	P. lutheri	N. oculata
固有消散係数	−0.023	−0.019	−0.033	−0.010

3.2.3 考察

藻類固有の消散係数 K を用い培養槽内の光環境の減衰計算を行うと,培養槽内への入射光のPPFDは,細胞培養濃度の上昇とともに培養液中で急速に減衰する。このため培養終了時まで好適な光環境を維持するには,培養液体積当りの受光面積比率をできるだけ高くする必要があり,培養槽の両側面からの光照射が有効で,また幅の薄い培養槽形状が要求される。しかしながら,培養槽内部の洗浄や培養液冷却用装置の設置の必要性,さらには容量の大型化等から,実用上,培養槽の薄型化には限界がある。実際に液厚を薄くとることを意図した薄型平板パネル型,多分岐チューブ型,蛇腹チューブ型,スパイラルチューブ型等の培養槽も考案されているが[10],500〜1000 ℓ の大容量培養槽としては培養微細藻類の単位容量当りの設備コストが高くなり,実用上,難がある。

このため,培養槽の実用設計に際しては,培養槽内に明部(L)と暗部(D)が生じることを前提とした培養槽設計を行う必要がある。実培養での培養槽内部のPPFD減衰によるL/Dエリアは,各種類による微細藻類特有の成長増殖パターンの影響を受ける。成長増殖パターンの違いによるPPFD減衰や,バブリング等の手段を用いて微細藻類のL部とD部との循環を図ることなどを考慮した培養槽への入射光量制御を行い,効率の良い培養の検討が必要である。さらに,連続光やフリッカー光または培養槽由来の明暗周期と細胞の生理状態および代謝産物と貯蔵についての研究も将来課題として必要である。

4 実用プラントにおける飼料用微細藻類培養システム開発

開発事例として二枚貝類の種苗生産施設の飼料用培養システムを示す。微細藻類細胞密度および液量は,8.0×10^6 cells ml^{-1} と 2000 ℓ/day の計画で,培養種は中心目珪藻類のキートセロス類(C. gracilis, C. calcitrans)である。

4.1 培養槽条件と設計と性能

実際での施設運用を考慮し,管理と経済性・操作と作業性・省エネルギーとスペースなどを考慮し,費用面を起点に培養システムの検討を行った。小規模プラントで培養装置用に独自開発できない主要要素は,人工照明装置に使用する発光器具になる。そこで,発光効率の良い32型Hfインバータ点灯方式3波長域発光形蛍光ランプを用いることにして,各要素の検討を行い培養槽の大きさを決定した。光放射の設計計算は3.2項に準じ行った。仕様の概要のフロー図(図4)と培養槽外形図(図5)および培養性能(図6)を以下に示す。

第12章　大量培養技術と装置の開発

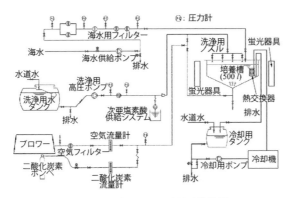

図4　実用プラント用試験培養装置
培養部と機械部より構成され，培養液供給や自動洗浄，培養状況に合わせ蛍光灯の点灯本数や二酸化炭素の供給量を可変で設定できるようにした。

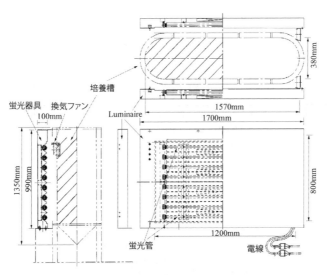

図5　培養槽概略図
培養槽と照明器具の位置関係と大きさを示す。

実際には，使用するプランクトンの価値や培養時の総合的なエネルギーも考慮しなくてはいけないが，光環境を設定するのに，3.1項での設計した200ℓ培養器と比較すると表6のようになり，100ℓ当たりの使用電力量を，85.6％減少させた。

4.2　実用プラントシステム

実使用を想定した培養システムは，実証プラントで自動化の検討を加え，カキ種苗生産施設の餌料培養システムとして運用されている（図7）[11]。その後の生物的な培養技術の開発により餌料用プランクトンの最大生産量は，$8.0 \times 10^6 \text{cells ml}^{-1}$，4000ℓ/dayとなっている。

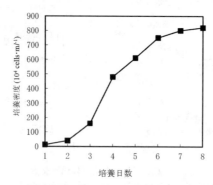

図6 実用プラント用試験培養装置培養結果

水温20度における C. gracilis の培養。初期濃度は，1.2×10^5 cells ml^{-1} に設定して段階的に光強度を上げた。培養6日目に目標の 8.0×10^6 cells ml^{-1} 濃度に到達し，7日目には，8.2×10^6 cells ml^{-1} 濃度となった。

表6 培養システムの光放射環境設定に関する消費電力比較

培養槽種類	培養槽壁面照度	使用電気量	単位数量当たりの使用電気量
200 l タイプ	29280 lx	1980 W	9.9 W 100 l^{-1}
500 l タイプ	24916 lx	720 W	1.4 W 100 l^{-1}

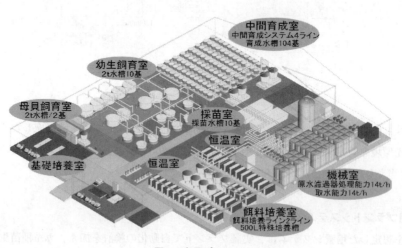

図7 実用プラント

第12章 大量培養技術と装置の開発

文　献

1) 梶山英二ほか, 水産研究誌, **25**（2）, 35-40（1930）
2) L. V. Loosanoff *et al.*, Advances inmarine biology.（ed. by Russell, F. S.）, Academic press, Londonand New York, pp. 26-81（1963）
3) 木村正純編, 微小藻類の大量培養技術開発研究, p.252, 養殖研究所（1994）
4) 田村勝編, 微小藻類の大量培養技術開発研究, p.260, 養殖研究所（1996）
5) 梅田至ほか, エバラ時報, **176**, 32-39（1997）
6) 増田篤稔ほか, 平成9年度日本水産学会秋期大会講演要旨, 86（1997）
7) 増田篤稔ほか, *Eco-Engineering.*, **18**（1）, 3-8（2005）
8) 増田篤稔ほか, 農業環境工学関連学会2009年合同大会, A3c（2009）
9) 増田篤稔ほか, *Eco-Engineering.*, **17**（4）, 215-222（2005）
10) 渡辺良朋ほか, 農芸化学誌, **72**（4）, 523-527（1998）
11) 増田篤稔ほか, *Eco-Engineering.*, **18**（3）, 131-138（2005）

第13章　バイオ原料・燃料用オイル生産微細藻類の屋外培養条件の考え方と実証研究

松本光史＊

1　はじめに

　微細藻類は太陽光とCO_2と無機塩を利用して生育することができ，様々な有用物質を生み出すことができる。その一つがバイオ原料・燃料へ変換できるオイルである。しかし，オイルを生産するには大量に且つ安定的に生産する培養技術が必要となる。微細藻類を大量に培養する方法は，ポンドやレースウェイといった開放型で培養する方法や，パネルやチューブ，プラスチックバックなどのバイオリアクターを用いる，基本的に2つの方式が採用されている。

　微細藻類の培養方法の選択については，用いる藻種の培養特性（環境変化耐性，雑菌汚染耐性，培養条件など）と生産物の価格により選択されており，現在，微細藻類で事業として成立している藻種はクロレラ，スピルリナをはじめ7種類程度しかない。しかも全て高付加価値物質生産への利用であり，低価格物質であるバイオ原料・燃料用オイル生産に用いられている微細藻類は現在のところ出てきていない。

　そこで本稿では，オイル生産に必要な培養方法の概念とオイル生産に必要な微細藻類に具備すべき能力について考察する。また，筆者が見出した海洋珪藻*Fistulifera* sp. JPCC DA0580株（以下，ソラリス株）のバイオ原料・燃料用オイル生産の可能性について解説する。

2　バイオ原料・燃料生産用微細藻類の屋外培養条件の考え方

2.1　屋外培養時に必要な微細藻類の能力

　バイオ原料・燃料用オイル生産に用いる微細藻類は高いオイル生産能力はもちろんのこと，必然的に具備すべき能力があると考えている。表1にその保有すべき能力の一部を記載した。記載項目の全てを具備すべき必要はないと思うが（各項目は必要条件であるけれども十分条件ではない），筆者が最も重要であると考えている能力が屋外で培養可能かどうかという点である。もう少し具体的にお話すると，自然環境変化（水温，気温，降水など）に適応し，他の雑菌汚染を克服し，且つ太陽光を利用しながら生育できる"強さ＝タフ"を有しているかということである。また，微細藻類を用いたバイオ原料・燃料用オイル生産では，屋内培養という選択肢は生産物の

＊　Mitsufumi Matsumoto　電源開発㈱　若松研究所　バイオ研究室　主任研究員；東京農工大学　非常勤講師

第13章　バイオ原料・燃料用オイル生産微細藻類の屋外培養条件の考え方と実証研究

表1　オイル産生微細藻類が保有すべき能力

内容（関連するプロセス）
1. 速い生育（培養）
2. 高いオイル含有量（抽出）
3. 高い光合成活性（培養）
4. 強光，温度耐性（培養）
5. 塩濃度適用性（培養）
6. せん断応力耐性（培養）
7. 付着性有無（培養）
8. 酸素耐性（培養）
9. 重く，大きい細胞（回収）
10. 細胞壁が弱い（抽出）
11. オイル組成（精製）
12. 雑菌汚染耐性（培養）

藻種選択時の微細藻類、コスト、エネルギー生産の3要素の関係性イメージ（微細藻類 品種／コスト／原料・燃料生産／クロレラ、スピルリナ、ヘマトコッカス等／非常に少ないと考えられる）

価格，コストなどを考えれば技術的に可能であっても事業と言う側面から見ればほぼ採択されないだろう。そうなると実質的には，屋外で安定的に培養できる藻種を利用することが現実的となる。しかし藻種の選定には，表1に示すように培養コストが低く，原料・燃料生産にも活用できる藻種の獲得は，かなりの努力が必要であることが予想できる。

2.2　培養装置（オープン系，クローズド系培養装置）

微細藻類を安定的に大量生産する方法は，ポンドやレースウェイなどのオープン系，チューブやプラスチックバック，パネル型バイオリアクターなどのクローズド系の基本的に2つの培養方法がある（2つしかないという判断もできる）。微細藻類の培養方法については，素材や培養システムの改良などは進んでいるものの，微細藻類を大量培養し始めた1900年代と基本概念は殆ど変わっていない。技術的な進歩は無いとは考えていないが，かといって革新的な培養技術の向上は生み出されていないと言って良いと思う。また，上述した培養方法は，基本的に陸上を実施箇所としている。近年では，海洋の有効利用に注目が集まってきていることから，今後は海洋を利用した微細藻類の培養システムの検討が進むと考えられる。

図1に微細藻類からのバイオ原料・燃料用オイル生産のプロセスフローを記載した。図1でもわかるように各プロセスの最適化は重要なことであるが，安定的にコストパフォーマンスが成立するように微細藻類を生産する技術（大量培養技術）が無ければ，一連のバリューチェーンを成立させることができないと理解できる。つまり，藻種の選定と共に，安定的に生産できる大量培養技術が重要となる。

2.3　培養規模イメージと現状の培養技術レベル

さて前項では，微細藻類を用いたバイオ原料・燃料用オイル生産では安定的に屋外で培養できる藻種の選定と，大量培養が重要技術であると論じた。では，現状の培養技術レベル及びバイオ

微細藻類によるエネルギー生産と事業展望

原料・燃料用オイル生産の培養規模イメージはどうなるだろうか。それらの関係性のイメージを図2に示した。図2では，縦軸に生産物価格，横軸に培養規模を示した。尚，横軸は対数表記である。微細藻類を扱ったことのある方々にはなんとなく理解されるように，微細藻類が生産する生産物価格によって，その生産に見合う培養規模が指数関数的に増加する。つまり，高付加価値物質のような生産物は，小規模生産で対応可能であるが，バイオ原料・燃料用オイル生産クラスでは，数十万～百万ha規模の培養面積が必要となってしまう。現状，クロレラやスピルリナなどの生産（培養）では数十haで対応しているが，～万haクラスでの培養規模は未だかつて誰も経験していない規模である。

一方で，培養コストの議論の中で微細藻類の付加価値物質でコスト低減を図ることにより，バイオ原料・燃料用オイル生産ビジネスを成立させられるといった議論がある。これについては，図2を見れば"議論が破綻する"していることが理解できるだろう。つまり，培養規模が大きくなればそれだけ供給量が増えるため，付加価値物質が付加価値でなくなってしまうからである。

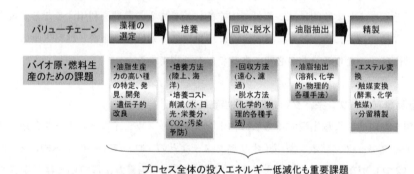

図1　微細藻類によるバイオ原料・燃料生産プロセスと技術的課題

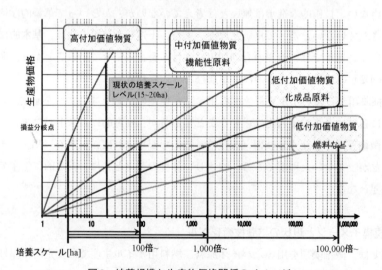

図2　培養規模と生産物価格関係のイメージ

第13章 バイオ原料・燃料用オイル生産微細藻類の屋外培養条件の考え方と実証研究

また,培養規模を数十haから万haレベルへいきなりステップアップすることは,ビジネスモデルとして当然リスクが高くなる。

このように微細藻類によるバイオ原料・燃料用オイル生産を実現のものとするには,高付加価値物質,中付加価値物質,低付加価値物質など広くオイルの用途開発しながら,培養規模を上げ,運転・管理などの大型化に向けたシステム開発,経験・ノウハウを得ていく必要がある。

3 高オイル産生微細藻類ソラリス株の可能性

3.1 ソラリス株の獲得

前項でお話した課題を鑑み,筆者は,J-POWERで保有する微生物コレクション(J-POWER Culture Collection)からバイオ原料・燃料用オイル生産に適用できる海洋微細藻類の検索を行った。その結果,奄美大島のマングローブ林から分離したソラリス株(珪藻)を新たに見出した(図3)[1]。筆者は,すでに大量のオイルを産生する海洋緑藻 *Senedesums rubesence* JPCC GA0024株[2] を取得していたが,ソラリス株は *S. rubesence* JPCC GA0024株に比べて,生育速度,オイル含有量がさらに高かった。本株は,f/2培地を用いた場合1週間で生育が定常に達し,オイル蓄積量は1週間培養の乾燥藻体当たりに対して40〜60wt%に達する。さらに微細藻類にオイルを蓄積させるには,一旦生育させた後,栄養塩である窒素成分を抜いた培地でインキュベーションを行う2段階の培養を必要としているが,本株は,"生育させながら"オイルを蓄積することができる特徴を有していた(図4)。このことは,他の微細藻類が必要とする飢餓状態を必要としないことから培養期間の短縮ができ,且つ,他の微細藻類と同等量以上のオイル生産を達成することができる優秀な海洋微細藻類であった。

また,中性脂質を構成する脂肪酸組成を調べたところ,構成脂肪酸の9割以上がC16の炭素数を有する脂肪酸(C16:0パルミチン酸,C16:1パルミトレイン酸)で占められ,クロレラ株よりも極めて均一な脂肪酸メチルエステルが得られることが確認された(表2)。微細藻類の脂肪酸組成は,生育条件により大きく変動することが既に知られているが,ソラリス株は,総脂肪酸量

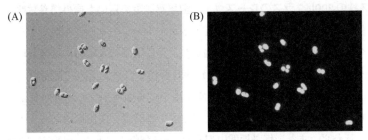

図3 新たに大量にオイルを産生する微細藻類として
見出されたJPCC DA 0580株
(A) 光学観察下,(B) 蛍光観察下(油滴が白色部位)

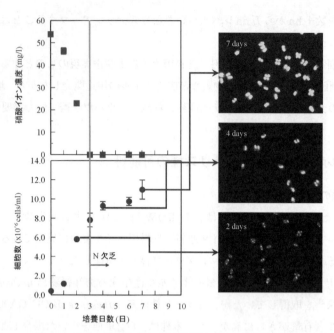

図4 ソラリス株の生育とN源消費及びオイル蓄積の関係

表2 ソラリス株のオイル中の脂肪酸組成

	C14:0	C16:0	C16:1	C18:0	C18:1	C18:2	C18:3	C20:5	合計
ソラリス株	3.1	38.6	51.6	0.0	2.4	0.0	n.d.	4.3	100
Chlorella sp.（参考値）	0.0	26	2.0	6.0	32	18	16	0.0	100

変化はあるものの，どの生育条件においても脂肪酸組成の9割以上がC16系の脂肪酸で構成されていた。

また本株は，科学技術振興機構の戦略的創造研究推進事業（以下，CREST）の「海洋微細藻類の高層化培養によるバイオディーゼル生産」の検討株となっている。

3.2 ソラリス株の200Lクラスのレースウェイ型培養装置を用いた屋外培養試験

高いオイル生産性，均質なオイル組成を有するオイルを産生することができるソラリス株をバイオ原・燃料へ応用する際には，前章で議論したように屋外で安定的に生産（培養）できるかが重要である。そこで，北九州市にあるJ-POWER若松総合事業所内に培養温室（130m²）を設置し，200Lクラスのレースウェイ型培養装置を用いて実環境下での屋外培養試験を行った（図5）。屋外での培養試験では，実用化を見据えてすべての装置，使用培地など，すべての操作について滅菌操作は行わず，また，培養期間中の水温，pH調整も行わない形で培養試験を実施した。

レースウェイ型培養装置を用いた培養試験は，平成23年4月から10月末まで実施した。培養期間は，各培養試験で概ね7日から10日間で行った。その結果，H23年度4月から10月末まで

第13章　バイオ原料・燃料用オイル生産微細藻類の屋外培養条件の考え方と実証研究

図5　屋外培養試験室とレースウェイ型培養装置

表3　レースウェイ培養装置を用いた屋外培養試験結果

培養回数 （時期）	藻体濃度 （g/L Dry）	オイル含有量 （%）	藻体生産性 （g/m²/day）	藻体生産性 （g/L/day）	エネルギー 変換効率*（%）
RUN06（7日間） （平成23年4月18～25日）	0.24	12.4	5.1	0.03	1.50
RUN08（7日間） （平成23年6月6日～12日）	0.20	5.6	5.0	0.03	1.43
RUN09（7日間） （平成23年6月13～20日）	0.19	5.4	5.1	0.03	2.72
RUN10（8日間） （平成23年6月21～29日）	0.19	12.0	4.4	0.03	1.24
RUN11（10日間） （平成23年7月4～14日）	0.51	10.4	7.3	0.05	1.78
RUN12（7日間） （平成23年7月20～27日）	0.36	14.5	6.2	0.04	1.56

＊エネルギー変換効率＝（生み出された藻体の持つエネルギー[J]/太陽の入射エネルギー[J]）×100

の7カ月間において安定的に屋外で培養が可能であることが確認できた（表3）。また，各培養期間で，藻体収量については，平均0.3g（乾物）/Lが得られた。さらに，ソラリス株の藻体が培養装置などの壁面，底面などへ付着する現象は各培養試験・期間を通じて見られなかった。また，9月からは培養液の1部を次の培養へ利用した反復回分培養についても，レースウェイ型培養装置で1カ月間の連続培養が可能であることも確認された（表4）。さらに，8月などは，水温が36℃以上になる状況下でも安定的に培養が行えることが確認された。しかしながら，各培養試験で得られた藻体に含まれるオイル含有量は，5～25wt％と大きく変動し，実験室内で得られるような高いオイル含有量を有する藻体は得られなかった。屋外であることによる環境変化など，実験室条件と大きく条件が異なることも一因であるが，主な要因は，培養期間中に栄養塩のN源が完全に消費されておらず，オイル蓄積条件に至っていないことであった。よって今後は，藻体

表4 レースウェイ培養装置を用いた屋外での反復回分培養試験結果

培養回数 (時期)	藻体濃度 (g/L Dry)	オイル含有量 (%)	藻体生産性 (g/m²/day)	藻体生産性 (g/L/day)	エネルギー 変換効率*(%)
RUN01 (6日間) (平成23年9月20～26日)	0.32	8.0	6.5	0.05	1.91
RUN02 (7日間) (平成23年9月26日～3日)	0.37	13.6	6.1	0.05	2.22
RUN03 (7日間) (平成23年10月3～10日)	0.35	16.9	5.3	0.05	1.34
RUN04 (7日間) (平成23年10月10～17日)	0.36	20.1	5.6	0.05	1.82
RUN05 (7日間) (平成23年10月17～24日)	0.27	25.1	4.5	0.04	1.60
RUN06 (7日間) (平成23年10月24～31日)	0.16	10.3	2.9	0.02	0.9

*エネルギー変換効率＝(生み出された藻体の持つエネルギー [J] /太陽の入射エネルギー [J])×100

表5 オイル産生微細藻類が有するべき能力とソラリス株の能力比較

内容（関連するプロセス）	ソラリス株
1. 速い生育（培養）	クロレラ株並み
2. 高いオイル含有量（抽出）	～60 wt%
3. 高い光合成活性（培養）	エネルギー変換効率で1%以上
4. 強光，温度耐性（培養）	強光，高水温耐性保有
5. 塩濃度適用性（培養）	淡水，海水の両方で培養可
6. せん断応力耐性（培養）	物理的強度保有
7. 付着性有無（培養）	付着性無し（洗浄が容易）
8. 酸素耐性（培養）	未調査
9. 重く，大きい細胞（回収）	自己凝集能，自然沈降
10. 細胞壁が弱い（抽出）	容易に破砕
11. オイル組成（精製）	シンプル（C16の脂肪酸が90%以上）
12. 雑菌汚染耐性（培養）	屋外培養可能

　生産性，培養期間，添加する栄養塩量などの条件を検討し，少なくとも1週間程度の培養期間で，1g/L乾燥藻体，30～40 wt%程度のオイル含有量を持つ藻体が得られる培養条件を確立する予定である。

　今回の7カ月の屋外培養試験では，屋外培養の安定性，高水温・強光耐性，広い塩濃度適用性，コンタミネーション耐性など，ソラリス株が持つ有益な特徴を明らかにすることができた。表1に示した各能力についてもソラリス株は，そのほとんどの項目をクリアしていた（表5）。培養装置，使用培地なども滅菌することなく1カ月間，安定的に連続培養できるソラリス株は，バイオ原料・燃料生産用微細藻類として有望株の1つとして大いに期待できると考えている。

第13章　バイオ原料・燃料用オイル生産微細藻類の屋外培養条件の考え方と実証研究

4　将来展望

　微細藻類を用いたバイオ燃料ブームは今に始まったことではない。1970年代のオイルショックには代替燃料生産（*Botryococcus* sp.が中心）として期待され，多くの努力が費やされてきた。しかし，燃料生産量やコスト，原油価格の低下により立ち消えとなった。昨今の微細藻類ブームも当時と同じ社会状況から出発していると感じる。微細藻類は，非常に有望なバイオマス源といえるが，数年でエネルギー・原料分野で実用化されるといったレベルではない。

　米国では，多くのベンチャー企業が広大な敷地と豊富な太陽エネルギー利用し，積極的に微細藻類のバイオ原料・燃料生産技術開発（大量培養技術）に取り組んでいる。しかし，気候も国土面積も異なる日本では，そのまま米国の培養技術を導入できるかというと無理であろう。この為，筆者は日本の気候にあった独自の大量培養技術を含めたバイオ原料・燃料用オイル生産プロセスを構築すべきであると考えている。ソラリス株は，200Lの容積規模であるが屋外で安定的に培養できることが確認できた。しかし，培養液水温が低下する冬季などは培養が行えないとった課題も明らかになっている。年間を通じて安定的にソラリス株を培養するには，冬季の培養液加温に必要な熱源などの確保が必要となる。ソラリス株の培養に必要な最低温度は15℃以上あればよく，低品位の熱源で十分であることから，排熱などの利用を考えたシステムや地中熱などの自然エネルギーの活用も考えないといけない。

5　まとめ

　微細藻類が持つ能力は多彩である。バイオ原料・燃料へ転換できるオイルを生み出す能力もその1つである。しかし，この能力を我々が上手く活用するには，"安定的に生産（培養）"する技術が必要である。図1に示したように微細藻類からのバイオ原料・燃料用オイル生産では，藻種の選定とともに培養技術が重要であることを示した。微細藻類のクロレラやスピルリナ，ドナリエラが実用化されていることは，これらの微細藻類が特殊環境に生育（タフ）できる特徴を有していることもあるが，"市場が求める要求量"を安定的に供給するための大量培養が出来るからこそ実用化されていると言ってもよいだろう。一方で，バイオ原料・燃料用オイル生産では，市場が求める要求量を安定的に供給するにあたっては，図2に示したイメージ図のように培養のスケール観が全くといっていいほど違ってくる。敷地の確保はもちろんのこと，数十haで行っている現状の大量培養技術・ノウハウが，万ha規模で適用できるか検討しなくてはならない。

　一方で，微細藻類から燃料（エネルギー）を生産する時，そのエネルギーの位置づけを明確にしておく必要もあるだろう。エネルギーとして"質（低価格，高エネルギー密度）"の良い原油，石炭のような物質はともかく，バイオ燃料はエネルギーを生み出す基（バイオマス）を，"エネルギーを投入して生産"して行かなければならない。原油のような集約的に存在し，質の良いエネルギーを代替するとなったら，相当困難な道のりが待ち構えていることは容易に想像できる。

微細藻類によるエネルギー生産と事業展望

　微細藻類を用いた燃料：エネルギー生産において筆者が考える最も大きい課題の1つが，エネルギー収支EPR（Energy Profit Ratio：Input energy／Output energy≧1）である[3,4]。付加価値物質や原料などの物質生産などは，主に経済的な収支を考えれば良いが，エネルギー生産では，どれだけエネルギーを生み出せるかが重要となる。これまでの微細藻類によるエネルギー生産議論の中では，欠落していた重要な論点である。今後は当事者としてもしっかりと議論していこうと考えている。

　これまで述べてきたように微細藻類を用いたバイオ原料・燃料用オイル生産の実用化までには，まだまだ技術的にも経済的にも高い壁が立ちはだかっているが，筆者自身は悲観していない。筆者が保有しているソラリス株は，バイオ原料・燃料用オイル生産微細藻類としてスクリーニングされた珪藻で屋外で安定的に培養可能な藻種は世界的に見て，このソラリス株しかないだろう。今後は，ソラリス株を活用した日本独自のバイオ原料・燃料用オイル生産プロセスを構築すべく，引き続き研究開発を継続していきたいと考えている。

文　　献

1) M. Matsumoto *et al.*, *Appl. Biochem. Biotechnol.*, **161**, 483（2010）
2) T. Matsunaga *et al.*, *Biotechnology Letter*, **31**, 1367（2009）
3) 小俣達夫他, 光合成研究, **20**, 65（2010）
4) A. Isa, S. Fujimoto, S. Hirata, T. Minowa, *J. Jn. Petroleum Institute*, **54**, 395（2011）

第14章　商業的屋内培養システムの開発と産業応用

佐藤　朗[*1]，一井京之助[*2]

1　はじめに

　二輪車・船舶など小型エンジンを動力源とする製品や自動車用エンジンを製造・販売しているヤマハ発動機㈱では，地球温暖化対策への取り組みとして，京都議定書が締結された1997年頃より微細藻類の大量培養による光合成利用CO_2固定技術の開発研究を行ってきた。その技術を基盤として，まず，貝類・甲殻類の水産養殖に必須な微細藻類キートセラス カルシトランスの高密度大量培養に成功し，2002年から販売を開始した。続いて，サプリメント原料として付加価値の高いアスタキサンチンを高度に蓄積する微細藻類ヘマトコッカスの大量培養技術開発に着手した。その結果，屋内人工光照射によって高生産安定性と高衛生性を実現したヤマハフォトバイオリアクター（PBR）を開発し，それを核とする商業的屋内培養システムを実用化，ライフサイエンス事業として2006年10月よりアスタキサンチンオイルの製造販売を行ってきた（2010年12月に事業撤退）[1, 2]。現在では，ラボレベルから数百ℓスケールまでの培養設備を微細藻類培養棟に集約し，バイオ燃料等に関する研究を行っている。

　本稿では，まず，当社におけるPBRの開発研究について紹介させて頂く。続いて，幾つかの微細藻類株についての事業スケールでの培養試験事例，当社の藻体製造工程における生産性試算や原価構成などについて述べる。最後に，当社の知見・経験に基づき，商業的微細藻類大量培養において必須な視点・留意点についてまとめてみたい。

2　ヤマハ発動機におけるPBR開発

　屋外PBRの開発に着手する際，微細藻類の光合成によるCO_2固定効率を向上させるために，我々はflashing light effectに着目した。これは，或る面積当たりの日射をより多く利用するための手段として1930年代に既に提唱されているもので，攪拌などによって，高密度培養液中の細胞に対して明期と暗期が短い周期で頻繁に与えられる状態のことを言う。そこで我々は，ドーム型，パラボラ型，パイプ型，ダイヤモンド型など種々の形状のリアクタを製作して屋外太陽光にて微細藻類を培養し，二輪車や船舶の開発において培った計算流体力学を応用して，リアクタ

[*1]　Akira Satoh　ヤマハ発動機㈱　技術本部研究開発統括部BT推進グループ　主査・グループリーダー
[*2]　Kyonosuke Ichii　ヤマハ発動機㈱　技術本部研究開発統括部BT推進グループ　主事

の形状と攪拌動態および藻類の生育について研究を行った。その結果，パイプ型が受光性と藻体生産性の点で最も優れており，設置単位面積（m^2）当たり1日当たりの乾燥藻体生産量（g）として20.5（*Chlorococcum littorale*）および37.3 $g/m^2/d$（*Chaetoceros calcitrans*）という生産性を示した。パイプ型の培養容積は約200ℓまで上げることができたが，強度上の問題からこれ以上の大型化は困難であった。また，リアクタの分解洗浄・滅菌・組立てに手間がかかるものであった。これらの理由から，パイプ型リアクタは小スケールでの水産飼料用微細藻類のオンサイト生産などには適しているものの，より大規模な市場をターゲットとした商業的大量培養には実用性不十分と判断された。

続いて我々は，アスタキサンチンの製造販売事業のため微細藻類ヘマトコッカスの商業的大量培養システムの開発に着手した。ここでは，光利用効率に優れたフラットパネル型PBRを基本設計として開発を行った。当初我々は太陽光での屋外培養を行っていたが，微生物の混入によって細胞が死滅する問題がしばしば発生した。また，ヘマトコッカス藻の生育とアスタキサンチンの蓄積は日照条件と環境温度に大きく影響されるため，藻体生産性とアスタキサンチン生産性は天候の影響を著しく受け，事業的な安定製造供給には程遠いものであった。そこで，安定且つ衛生的な藻体製造システム確立のため次第に屋内人工光下での培養技術開発に移り，ヤマハ高効率PBRを核とした屋内培養システム「アスタキサンチン原料製造工場」の稼働に至った。当社におけるPBR開発や製造工場のさらに詳しい内容については文献3）を参照頂きたい。

3　商業規模での屋内培養試験事例

微細藻類が生産する有用物質として，γ-リノレン酸，アラキドン酸（ARA），エイコサペンタエン酸（EPA），ドコサヘキサエン酸（DHA）といった機能性オイルがある。ここで，EPA生産を目的として当社が行った真正眼点藻*Nannochloropsis oculata* ST-4の培養試験について紹介したい。1ℓ規模のラボスケールにおいて培養温度，通気CO_2濃度，光強度，培地組成などについて至適条件を検討した後，当社のPBRを用いて事業スケールでの培養試験を行った（図1）。50ℓの培養規模では2週間の培養期間で細胞濃度は約12 g dry weight liter^{-1}に達し，平均生育速度は0.82 g dry weight liter^{-1} day^{-1}であった。500ℓ規模にスケールアップすると15日間の培養で細胞濃度は約9 g dry weight liter^{-1}，平均生育速度は0.57 g dry weight liter^{-1} day^{-1}であり，50ℓ規模に比べて約3割程度の低下が認められた。*Nannochloropsis*の屋内／屋外培養試験について報告している幾つかの文献のうち，実用的な範囲の形状・培養容積で試験を行っているケースでの生育速度は0.025～0.36 g dry weight liter^{-1} day^{-1}であり，当社の培養試験では最終スケール（500ℓ）においてもそれら文献値の1.6倍以上の増殖性能であった。本研究で用いた*N. oculata* ST-4のオイル含量は窒素十分条件下で約23％であったのに対し，窒素欠乏条件下に移行させることで約42％に増大した。しかしながら，総脂肪酸に占めるEPAの割合は前者で21.6％であったのに対し，後者では5.3％に低下した。即ち，細胞当たりのEPA含量は窒

第14章　商業的屋内培養システムの開発と産業応用

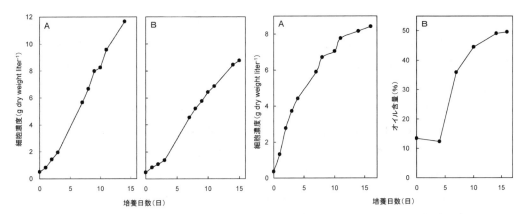

図1　ヤマハフォトバイオリアクターを用いた *N. oculata* ST-4の50(A)および500(B)リッター培養試験における細胞濃度の経日変化
培養条件：改変271培地，3% CO_2，25℃，両面より蛍光灯連続照射（リアクタ中央部で片面500 μmol photons m^{-2} s^{-1}）。

図2　ヤマハフォトバイオリアクターを用いた *Fistulifera* sp. JPCC DA0580の50リッター培養試験における細胞濃度(A)およびオイル含量(B)の経日変化
培養条件：改変271培地，1% CO_2，25℃，両面より蛍光灯連続照射（リアクタ中央部で片面500 μmol photons m^{-2} s^{-1}）。オイル含量は乾燥藻体単位重量当たりの粗オイル（ヘキサン抽出画分）重量の割合（%）。

素十分条件下では約5%，窒素欠乏条件下では約2%であり，いずれの場合においてもEPA生産性は低く商業化には不十分であった。

次に，バイオディーゼル燃料への利用を将来目標とした当社の取り組みとして，高オイル産生海洋性ケイ藻 *Fistulifera* sp. JPCC DA0580の大量培養について紹介させて頂く。上記同様1ℓ程度のラボスケールにて培養諸条件の至適化検討を行った後，50ℓスケールのヤマハPBRを用いて本株を培養した。その結果，図2に示すように，培養初期4日間（培地中の窒素が残存している期間）での生育速度は約1 g dry weight liter^{-1} day^{-1}，培養日数16日間で8.4 g dry weight liter^{-1}の細胞濃度に達し，オイル含量は最終的に約50%まで増加した。上述の *Nannochloropsis* もバイオディーゼル利用の候補株に挙げられているが，それに比べて本 *Fistulifera* sp. JPCC DA0580株は増殖が速く，オイル含量も高いことが50ℓ規模の培養において確認された。現在，最終培養工程である500ℓスケールでの成育・オイル蓄積について検討を行っている。

4　生産性の試算および原価構成

商業的大量培養においては，小スケールから段階的に培養容積を上げていく培養工程が一般的である。当社においても，100mℓ程度の種培養から始まり，1ℓ，10ℓ，50ℓおよび500ℓ（1台）の中間培養を経て，十数台の500ℓ最終培養へと至る。この時の藻体の最大年間生産量（P_{max}）は，最終工程の500ℓ培養におけるリアクタ1台当たりの藻体収量（M），リアクタ台数

（N）およびその培養を年間最大何回行うことができるか（年間最大回転数，C_{max}）によって決まり，$P_{max}=M \times N \times C_{max}$ で求められる。C_{max}については詳述しないが，最終工程1回の培養日数（D），N，リアクタ最大保有数（N_{max}）および休日数によって決まる。この計算は屋内人工光での培養など培養再現性が極めて高い生産技術である場合にのみ可能で，天候や微生物混入などに影響される屋外太陽光下での培養には当てはまらない。回収・抽出等によるロスを考慮しなければ，P_{max} と目的有用物質の含量（％）との積が目的物質の最大年間生産量である。

ここで，図2に示した50 ℓ での培養結果が500 ℓ で再現されると仮定した時，N＝12台，N_{max}＝96台の場合の年間生産量は表1のようになる。D＝10日の場合の年間オイル生産量5トンを当社工場の生産面積約1500m^2を用いて換算すると，年間オイル生産量は約3.3 kt/km^2となる。ここでの生産面積とは，工場建物面積から居室やトイレ・ボイラー室等ユーティリティー部分を除いた床面積である。もし当社の屋内型培養システムを高層化（ビル化）することができれば，敷地面積を拡大せずに生産面積を上げることが可能で，わが国のような狭い国土での生産拡大を考える場合には魅力的な点ではないだろうか。

表1 *Fistulifera* sp. JPCC DA0580の50 ℓ 培養試験結果（図2）に基づく乾燥藻体およびオイルの年間生産性評価

培養日数	藻体収量（kg）／リアクタ*1	オイル含量（％）	リアクタ台数	年間回転数	年間藻体生産量（t）	年間オイル生産量（t）
10	3.6	44	12	265	11.4	5.0
16	4.2	50	12	171	8.6	4.3

*1 細胞濃度（g dry weight liter^{-1}）×培養容積（500 ℓ）

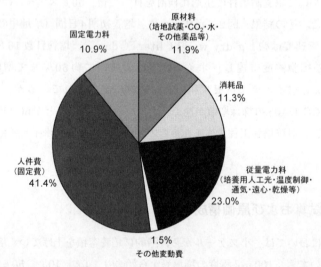

図3 ヤマハ屋内培養システムを用いた乾燥藻体製造における原価構成例
主な前提条件：生育速度1.3 g dry weight liter^{-1} day^{-1}，通気CO_2濃度1％，光照射16時間明/8時間暗，25℃，BG-11培地，D＝8，N＝12，N_{max}＝96。

第14章　商業的屋内培養システムの開発と産業応用

　さて，藻体製造の原価構成要素は変動費と固定費に大別される。変動費は培養規模と回数に依って変わる要素であり，例えば当社の場合，培地等試薬代・水道代・CO_2ガス代・消耗品代・従量電気代（培養用人工光，コンプレッサー，遠心回収，乾燥）などが含まれる。他方，固定費は生産に依存せず発生する費用であり，人件費（正社員）・減価償却費・電気代（基本料金分）などがある。生産がある時だけ雇う派遣・パートなどの人件費を変動費とするやり方もある。ここで，当社の培養システムを用いてある前提条件下で乾燥藻体を年間フル生産した場合，原価償却費とその他固定費を除く原価構成割合は概ね図3のようになる。割合が最も大きいものは人件費で約40％を占め，次いで変動電力料が約1/4を占める。本システムの最大の利点である「藻体製造（培養）安定性」を損なうこと無く変動電力料を如何に下げていくかが，コストダウンの一つのポイントになろう。

5　おわりに

　最後に，当社の経験・知見に基づいた，商業的微細藻類培養技術の開発における留意点・今後の展望について以下に述べたい。

　商業的生産が成り立つ，すなわち実用化に至るためには，培養技術は次の3点を満たす必要がある。すなわち，**①藻体（および有用物質）の量と品質の両方において安定製造供給を担保できる技術であること**。例えば，バイオ燃料などのコモディティはその供給が滞るようなことはあってはならず，微細藻類由来物質を原料とするならば，その量と品質の両方に対して厳しい製造供給安定性が求められることは明白である。次に，**②市場規模に見合う藻体量を生産（あるいは生産拡大）できる技術であること**。例えば，オンサイトでの少量生産や，季節限定生産で足る程度の量を製造する培養技術を基にいくら開発を行っても，その培養技術が生産拡大に対応できなければ莫大な燃料市場向けにおいては実用化し得ない。安定した燃料供給の一部を担い得るだけのリアリティのある量の藻バイオマスを，どこでどのようにして造るのか？"量に対する規模感"と"立地条件（屋外なら気象条件も）"をしっかりと考慮し，実現性のある生産拡大ストラテジーを持った技術開発を行う必要がある。最後に，**③安定製造供給と生産規模を満たした上で，競争力のあるコストでの製造が可能な技術であることは言うまでも無い**。

　図4に，微細藻類によるバイオエネルギー生産実用化に至るまでの概念図を示した。屋外オープンポンドは培養コストは比較的安いが，微生物のコンタミネーションの問題から培養可能な株は現在僅か数株であり，且つ，天候・気象条件の問題から年間を通じての培養（製造）安定性は極めて低い。他方，屋内培養システムは，既に株・立地条件を問わず安定製造供給を担保できるレベルに到達しているが，コストが高いことが問題である。前者をバイオ燃料製造技術として実用化するには，微生物混入と天候の影響の問題を解決し，製造供給安定性を付与する方向へのブレイクスルーが必要で，自国内での実用化は困難であろう。後者の場合には，培養関連周辺技術分野（起電・光源・材料など）での技術革新がさらに進み，不断なる培養技術の改良・生産性の

微細藻類によるエネルギー生産と事業展望

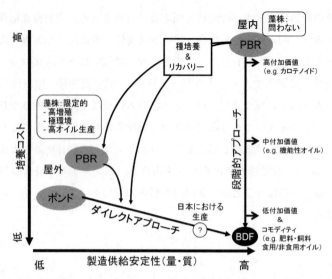

図4 微細藻類によるバイオエネルギー生産技術実用化へのアプローチ

向上・コストダウンがなされていく必要がある。その過程において，高付加価値から中～低付加価値そしてコモディティへと，微細藻類由来有用物質を段階的に商業化・雇用を創出することができれば，短・中期的に研究投資アウトプットが得られつつ，長期的なエネルギー利用の実用化を目指した堅実なアプローチとなり得るのではないだろうか。

謝辞

本稿の執筆にあたり，ヤマハ発動機株式会社における微細藻類研究およびライフサイエンス事業に携わられた全ての関係者方々に感謝の意を表する。本稿の内容の一部はJST-CREST「二酸化炭素排出抑制に資する革新的技術の創出」研究領域（2010年度）の助成により行われた。

文　　献

1) 佐藤朗ほか，粉体と工業, **40** (1), 21 (2008)
2) 佐々木大介ほか，食品機械装置, **45** (4), 66 (2008)
3) A. Satoh *et al.*, "Biotechnology in Functional Foods and Nutraceuticals", p.313, CRC Press (2010)

第15章 海洋深層水を利用した微細藻デュナリエラの大量培養システムの開発

島村智子[*1]，受田浩之[*2]，竹中裕行[*3]

1 はじめに

　高知県室戸市では，1989年に科学技術庁（現 文部科学省）によって海洋深層水の取水管が敷設されたと同時に，高知県によって海洋深層水研究所が開設され，日本初の海洋深層水の取水が開始された。その後，海洋深層水の物理的，化学的特性の解明が行われるとともに，ミネラルウォーターの製造や各種食品製造への利用が進み大きな産業へと発展してきた。海洋深層水は，深海，すなわち陸棚外縁部以深にある海水の総称で，富栄養性，清浄性，低温性，熟成性といった特徴を持つ。水深320m，および344m（高知県海洋深層水研究所の場合）から取水される室戸の海洋深層水は，水温約9.0℃，塩分濃度約3.4％で，植物の成長に必要な窒素，リン，ケイ酸などの無機栄養塩類を表層水よりも多く含む海水であることが示されている[1]。海洋深層水産業の中で最も大きな市場を占めるのが脱塩深層水であり，海洋深層水を逆浸透膜で脱塩することにより製造される。この脱塩の過程において，塩分濃度5-6％の濃縮海洋深層水が副産物として多量に生じるが，この濃縮海洋深層水の有効な利活用方法が見つかっておらず，現在はその大半がそのまま海に戻されている。従って，海洋深層水の新規活用方法はもとより，濃縮海洋深層水の新たな利活用方法の提案は，海洋深層水産業の更なる発展を図る上で重要な課題となっている。

　一方，耐塩性の微細藻デュナリエラ（*Dunaliella salina*）は10％以上の塩分濃度環境においても生育することが可能であり，抗酸化活性やプロビタミンAとしての作用を示すβ-カロテンを細胞内に大量に蓄積（乾燥重量の14％程度）するという特徴を有している。また，高塩濃度環境下においては，浸透圧調整のために藻体内に大量のグリセロールを蓄積（乾燥重量の50％程度）することも知られている。グリセロールは保水性に優れており，化粧品素材として利用されている。また，藻体内に含まれるその他の微量成分の機能性に関する研究も進んでおり，今後の需要の増加が見込まれる[2]。

　筆者らは，海洋深層水と円筒型フォトバイオリアクターを組み合わせた*D. salina*培養システムを考案した。また，濃縮海洋深層水の更なる高塩分化を目的とし，ポリテトラフルオロエチレン（PTFE）膜を用いた膜蒸留法の開発を行うとともに，本装置で製造した濃縮高塩分化海洋深

[*1] Tomoko Shimamura　高知大学　教育研究部　総合科学系　生命環境医学部門　准教授
[*2] Hiroyuki Ukeda　高知大学　教育研究部　総合科学系　生命環境医学部門　教授
[*3] Hiroyuki Takenaka　マイクロアルジェコーポレーション㈱　MAC総合研究所　所長

層水の D. salina 培養への応用を行った[3]。これらの取り組みについて以下に詳しく述べる。

2 海洋深層水と円筒型フォトバイオリアクターを用いた培養システム

現在，D. salina の培養は深さ20-30cmのオープンポンドや水路で高濃度塩水を用いて行われている。これらには，パドル様の撹拌設備を備えているものと風や対流といった自然による循環を利用しているものの2種類が存在する。いずれの場合も，イスラエル，アメリカ，オーストラリアなどの高濃度塩水の調達が容易である天然塩湖等の近隣の広大な土地において，機能性食品素材の供給を目的として商業的な大規模培養が行われている。しかし，日本国内では高濃度塩水の入手が困難であることや広大な土地の確保が容易ではないことから，D. salina の産業的培養の実現には至っていない。

一方で，開放系のオープンポンド方式では，培養環境を制御することはできず，風雨や季節変動による日照量や温度変化の影響を受けやすい。また，異物の混入を避けることも困難である。さらに，D. salina はその増殖と β-カロテンの生成に光を必要とするため，水深をこれ以上に上げることは困難であり，オープンポンド方式を採用する限り広大な土地を必要とすることは避けられない[4]。D. salina の培養システムとしては，閉鎖系のチューブタイプ[5]，ヘリックスチューブタイプ[6]，2層式タイプ[7] のフォトバイオリアクター等が過去に提案されている。閉鎖系の培養システムでは，様々な環境因子を自在に制御できると同時に，異物混入のリスクも低減できるため，概してオープンポンドや水路における培養よりも高い藻体生産性を示す傾向にある。しかし，培養コストや培養規模の拡大といった点では問題点を克服できず，商業規模での実用にまでは達していないのが現状である。

このような背景のもと，筆者らは，高濃度塩水の入手が困難な日本での D. salina の産業的培養の実現を目的とし，D. salina の培養に対して海洋深層水と円筒型フォトバイオリアクターを組み合わせた培養システムを提案した。以下に詳細を記す。

2.1 円筒型フォトバイオリアクター

円筒型フォトバイオリアクターの概略を図1に示した。アクリル樹脂製リアクター（高さ2m×直径15cm：日プラ製）は最大5本まで連結して高さ10mにまで伸長できる強度を持つように設計した（写真1：リアクターを2本連結し培養を開始した際の写真）。本リアクターは透明である上，直径が15cmであることから，D. salina の増殖と β-カロテン生成に必要な日光をリアクターのどの箇所においても効果的に取り入れることが可能な設計となっている。リアクターは屋外に設置し，培養中は空気をエアーポンプから流量計を通じて通気（700mL/分）し，これにより培養槽内の循環を行う設計とした。また，1日に1回，5分間の CO_2 ガスの通気を行った。

第15章 海洋深層水を利用した微細藻デュナリエラの大量培養システムの開発

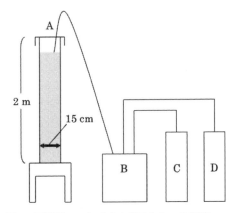

図1 円筒型フォトバイオリアクターの概略
A：アクリル樹脂製フォトバイオリアクター，
B：流量計，C：エアーポンプ，D：CO_2ポンプ

写真1 円筒型フォトバイオリアクターによるD. salinaの培養風景（リアクター2本を連結した場合）

2.2 *D. salina*藻体と培養液組成

*D. salina*はグレートソルトレイク（アメリカ，ユタ州）で採取したMAC01SL株（マイクロアルジェコーポレーション保有株）を使用した。

培養液には，高知県海洋深層水研究所から分与された海洋深層水（塩分濃度3.6％），または濃縮海洋深層水（塩分濃度5.0％）を使用し，最終的な塩分濃度が11〜12％となるように不足分はNaClを添加した。また，培養液1Lあたり各種栄養塩を下記の濃度で含むように調製した（$NaHCO_3$　420 mg，KNO_3　76 mg，KH_2PO_4　27 mg，$EDTA2Na \cdot 2H_2O$　2.2 mg，$(NH_4)_6Mo_7O_{24} \cdot 4H_2O$　1.2 mg，$MnCl_3 \cdot 4H_2O$　0.6 mg，$FeCl_3 \cdot 6H_2O$　0.4 mg，$CaCl_2 \cdot 2H_2O$　0.2 mg，$CoCl_2 \cdot 6H_2O$　0.2 mg，$ZnCl_2$　0.1 mg）。

*D. salina*は，25℃，5000-8000 lux，明暗サイクル14 L，10 Dに設定した人工気象器内で静置培養を行い，十分な細胞数が得られた後に上記の円筒型フォトバイオリアクターへ移し，本格的な培養実験を実施した。

2.3 海洋深層水と円筒型フォトバイオリアクターを利用した*D. salina*の培養

塩分濃度3.6％の海洋深層水，または塩分濃度5.0％の濃縮海洋深層水を培養液に使用し，円筒型フォトバイオリアクターでの*D. salina*培養を行ったところ，通常の*D. salina*の増殖と同様，誘導期，対数増殖期が認められ，その後，培養開始から10-14日程度で定常期を迎えた（図2）。*D. salina*藻体の色は培養開始時は緑であったが，対数増殖期後半から，β-カロテンに由来する橙色，ないし赤色を呈するようになった。最終的に*D. salina*は培養開始時と比較して最大5.6倍にまで増殖した。回収藻体のβ-カロテン含量（乾燥藻体当たり：塩分差引後）は，塩分濃度3.6％の海洋深層水を培養液とした場合で5.86％，塩分濃度5.0％の濃縮海洋深層水を使用した場合で3.98％であった。いずれの場合も，市場取引基準の3.5％を超えていた。なお，図2に示

微細藻類によるエネルギー生産と事業展望

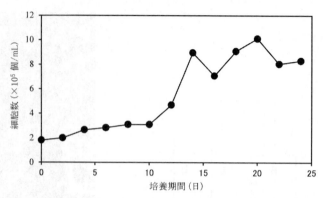

図2　海洋深層水（塩分濃度3.6％）を培養液として利用した場合の円筒型フォトバイオリアクターにおける D. salina の増殖曲線

した増殖曲線は12月-1月にかけてのものである。本円筒型フォトバイオリアクターでの培養は，水温が40℃を超える夏季以外のシーズンにおいて可能であった。

一般的なオープンポンドでの藻体生産性は0.1-0.5g乾燥重/Lであると報告されている[4]のに対して，本円筒型フォトバイオリアクターでの藻体生産性は最大で0.225g乾燥重/Lであった。また，β-カロテンの生産性（乾燥藻体当たり：塩分含む）においては，開放系のオープンタンクで3％，屋外に設置した閉鎖系のチューブタイプのリアクター（90m×内径2.4cm：ポリメタクリル酸メチル樹脂製）では5-6％と報告されている[8]。それに対して，本円筒型フォトバイオリアクターでのβ-カロテンの生産性は6.0％であった。

以上のことから，円筒型フォトバイオリアクターと海洋深層水を組み合わせた培養システムにおいて，D. salina は順調に生育するとともに，得られた藻体の品質は市場取引基準を満たすことが判明した。また，藻体，およびβ-カロテンの生産性においても，従来のオープンポンド方式，ならびに新たに提案された閉鎖系の培養システムと比較して遜色ないことが示された。

培養液への海洋深層水，あるいは濃縮海洋深層水の利用は，外部からのNaClの添加量を削減することができ，直接的に培養コストの削減に貢献する。また，特別な温度制御装置や撹拌装置を必要としない円筒型フォトバイオリアクターは新規導入が容易である。今後，本リアクターの集積化について光の照射の面から最適化することで，産業的な培養が可能になるものと期待される。

3　濃縮海洋深層水の膜蒸留法による高塩分化と D. salina 培養への応用[3]

前項において海洋深層水，ならびに濃縮海洋深層水が D. salina の培養に利用可能であることが示されたが，依然として外部からのNaClの添加が必要であった。更なる培養コストの削減を図るためには，この外部からのNaClの添加をより削減，または無くす必要があると考えられ

第15章　海洋深層水を利用した微細藻デュナリエラの大量培養システムの開発

た。

そこで筆者らは，脱塩深層水の製造中に大量に生じる濃縮海洋深層水の濃縮高塩分化を目的として，PTFE膜を用いた膜蒸留法（直接接触法）の開発を行い，本法により製造した濃縮高塩分化海洋深層水の*D. salina*培養への応用を検討した。

3.1　膜蒸留法による濃縮海洋深層水の高塩分化

膜蒸留装置の概略を図3に示した。膜蒸留法とは，水蒸気をはじめ気体は透過するが，液体は透過しない多孔質膜を用い，蒸気圧を駆動力として利用する分離技術である[9, 10]。

本法では，スターラーと温度計を備えた円筒形ガラス容器を疎水性多孔質PTFE膜（膜直径5.0 cm，有効膜直径4.0 cm，有効膜面積12.6 cm^2，孔径0.8 μm，空隙率76 %，厚さ75 μm，アドバンテック東洋製）により隔て，高温側ガラスセル（容積220 mL）に濃縮海洋深層水（塩分濃度5.2 %）を，低温側のガラスセルに水を入れた。ガラスセルは二重構造とし，外側の層に恒温水（高温側：36 ℃，低温側：15 ℃）を循環させ，さらにスターラーで撹拌（800 rpm）することによって，それぞれのセルの温度を一定に保った。なお，この温度設定は，将来的に低温側に平均水温9.0 ℃の海洋深層水，高温側に太陽光による加熱を利用することを想定したものである。実際に，濃縮海洋深層水2 Lを本膜蒸留装置で連続的に濃縮したところ，12.3 %の濃縮高塩分化海洋深層水0.844 Lが得られ，最終的に2.37倍の濃縮が可能であった。この際の透過流束（flux）は平均0.4 t/day/m^{2}であった。このことから，膜蒸留法は濃縮海洋深層水の高塩分化の手法として有効であることが示された。

前述の通り，本稼働条件は，冷却源としての海洋深層水の利用，ならびに温源としての太陽光の利用を想定したものであり，将来的には，エネルギーコストをほとんどかけることなく濃縮高塩分化海洋深層水を製造することができると考えられた。

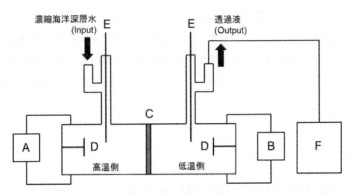

図3　膜蒸留装置の概略
A：高温側循環型恒温装置，B：冷温側循環型恒温装置，C：PTFE膜，
D：スターラー，E：温度計，F：タンク

微細藻類によるエネルギー生産と事業展望

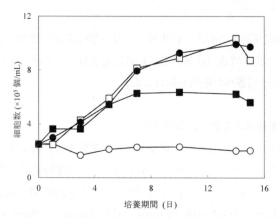

図4　濃縮高塩分化海洋深層水を培養液とした場合の D. salina の増殖曲線
○：栄養塩無添加，■：45.6 mg/L KNO₃，16.2 mg/L KH₂PO₄，
□：76.0 mg/L KNO₃，27.0 mg/L KH₂PO₄，●：106.4 mg/L KNO₃，37.8 mg/L KH₂PO₄

3.2　濃縮高塩分化海洋深層水による D. salina の培養

　膜蒸留装置を用いて製造した濃縮高塩分化海洋深層水（塩分濃度12.3％）が D. salina の培養に利用可能であるかを調べた（図4）。その結果，濃縮高塩分化海洋深層水のみでの培養では D. salina の増殖は認められなかった。これは栄養塩の不足が原因であると考えられたため，窒素（KNO₃）とリン（KH₂PO₄）の添加濃度を変えて培養を行った。その結果，D. salina の増殖が認められるようになり，同時に，β-カロテンの生成も認められた。また，D. salina の増殖は，KNO₃ 76.0 mg/L，KH₂PO₄ 27.0 mg/L 以上の濃度で頭打ちとなった。このことから，濃縮高塩分化海洋深層水の D. salina 培養への利用は可能であるが，そのためには窒素とリンの強化が必要であることが判明した。また，ビタミン類や微量金属元素等10種類以上の栄養塩を含む Provasoli-enriched seawater 培地[11]と Ben-Amotz らによって提案された人工培地[12]（ともに塩分濃度は12.0％）による培養との比較を行ったところ，窒素・リン強化濃縮高塩分化海洋深層水培地で認められた最大細胞濃度は，上記2種類の既存培地と同程度であった。

　窒素・リン強化濃縮高塩分化海洋深層水培地は，従来の培地と異なり，外部からの NaCl の添加を必要としない上，その他のビタミン類や微量金属元素の添加も行う必要がない。従って，培養コストを飛躍的に低下させることができ，D. salina の大量培養への展開を促進可能であると考えられた。

4　おわりに

　以上の取り組みは，海洋深層水，ならびに濃縮海洋深層水の新たな利活用方法を提案しただけでなく，有用食品素材と位置付けられる D. salina の日本国内での産業的培養の実現への道を拓くものであると考える。

第15章　海洋深層水を利用した微細藻デュナリエラの大量培養システムの開発

文　　献

1) 山崎義文, ビタミン, **80**, 71 (2006)
2) A. H. Tafreshi and M. Shariati, *J. Appl. Microbiol.*, **107**, 14 (2009)
3) 島村智子他, 食科工, **55**, 619 (2008)
4) M. A. Borowitzka, *J. Biotechnol.*, **70**, 313 (1999)
5) M. García-González et al., *J. Biotechnol.*, **115**, 81 (2005)
6) Y.-H. Zhu and J.-G. Jiang, *Eur. J. Res. Technol.*, **227**, 935 (2008)
7) M. A. Hejazi et al., *Biotechnol. Bioeng.*, **79**, 29 (2002)
8) A. Prieto et al., *J. Biotechnol.*, **151**, 180 (2011)
9) 田村真紀夫, 膜処理技術大系　上巻, p.37, フジ・テクノシステム (1991)
10) 酒井清孝, 分離科学ハンドブック, p.123, 共立出版 (1993)
11) P. I. Gómez et al., *Biol. Res.*, **36**, 185 (2003)
12) A. Ben-Amotz et al., *Plant Physiol.*, **36**, 1286 (1988)

第16章　シアノファクトリの開発

小嶋勝博[*1]，早出広司[*2]

1　はじめに

　光合成により独立栄養細胞としてバイオ燃料関連化合物の生産が行えるシアノバクテリア（藍藻）は，未利用資源であり，かつ主な食糧資源ではないことから，次世代のバイオ燃料生産の要として期待されてきた。特に海洋シアノバクテリアは，その多用性に加え，海洋水を培養に用いることができるという経済的な利点からも実用的見地が高く，その応用が期待されてきた。このような期待のもと，シアノバクテリアを用いる様々なバイオ燃料を含めたバイオ燃料関連化合物に関する多くの研究成果が蓄積されてきた。

　しかし，その一方で，シアノバクテリアを含めた藻類のバイオ燃料の生産においては，藻体の培養における藻体密度，藻体を回収する方法とそのためのエネルギー，大量に利用する水の再利用，さらには藻体からバイオ燃料関連化合物回収プロセス，さらにシアノバクテリアの増殖・生産のフェーズの制御や機能制御などを考慮したバイオプロセスを開発することが求められている。これらのことを勘案し，早くから藻類を用いるバイオ燃料生産に注目してきた欧米を含め，従来技術の延長上では実用化までの道のりは険しい。

　一方で，生命科学に関する支援技術はゲノムプロジェクトの推進をきっかけとしてめざましい進歩を遂げている。次世代シークエンサの登場により，またたく間に目的とする生物のゲノム解読が進められるようになり，オリゴヌクレオチド合成の低価格化と遺伝子合成技術の進展は，低コストで数週間のうちに数kbpの遺伝子を全合成することを可能とした。また，従来の分子生物学的手法に基づく組み換え生物を用いるバイオプロセス設計にかわり，合成生物学の考え方を取り入れたシステムバイオロジーに基づくバイオプロセス設計が現実味を帯びてきた。特に規格化された分子生物学の素材をもとに，エンジニアリングとして物質生産のための合成オペロンやそのためのホスト株開発を通して新しいバイオプロセスの実現に期待が高まっている。

　さらに，ゲノム情報および蛋白質構造・機能情報の充実とともにシミュレーションツールの発達および前述の合成遺伝子技術の台頭によって，生命分子検索・開発を遺伝子情報をもとに効率よく推進できるようになってきている。このことから，ゲノム情報をもとに新しい分子認識素子

[*1] Katsuhiro Kojima　東京農工大学　大学院工学府　産業技術専攻　特任准教授；㈳科学技術振興機構，CREST

[*2] Koji Sode　東京農工大学　大学院工学研究院　生命機能科学部門　教授；㈳科学技術振興機構，CREST

第16章 シアノファクトリの開発

や情報変換素子のデザイン・開発が可能となっている。あわせて，核酸化合物の構造を活用したアプタマー技術・リボレギュレータ技術の台頭などにより新しい遺伝子制御系についても研究が盛んに行われている。

また，新しい溶媒としてイオン液体が注目されている。イオン液体とは，イオンのみから構成される低融点の有機塩である。イオン液体は，高い熱安定性や化学的安定性，不揮発性，不燃性など，通常の有機溶媒と比較してきわめて特徴的な性質を持つ。さらに，極性などの物性のチューニングが比較的容易であることにより，目的に応じた溶媒を作製できる。バイオ燃料の産生工程の中で，最もエネルギーを要する回収・抽出・精製プロセスに，効率的なイオン液体抽出を用いることによるシステム全体の劇的な低エネルギー化が期待できる。

そこで我々は，海洋シアノバクテリアの有する優れたバイオ燃料関連化合物生産能力に注目し，バイオ燃料関連化合物の生合成ならびにバイオプロセスを人工的に高度に制御し，かつ藻体からの当該化合物の回収プロセスまで一貫してデザインした「シアノファクトリ」を開発することを目的として研究を行っている。

本総説では，シアノファクトリを構成する3つの要素，すなわち，バイオプロセスを人工的に高度に制御することを目的とした合成情報伝達系としての二成分制御系，遺伝子発現を制御するリボレギュレータ，バイオ燃料関連化合物生産技術におけるダウンストリームの要素技術としてイオン液体について概説し，さらにこれらを統合したシアノファクトリについて概説するとともにその展望を述べる。

2　合成情報伝達系としての二成分制御系とその応用

細菌や酵母などの微生物からカビ，高等植物に至るまで，多くの生物が「二成分制御系」(two-component regulation system)と呼ばれるセンサーシステムを備えている[1~7]。この二成分制御系は，生物が光，熱，酸素，ストレス，栄養など，めまぐるしく変化する外部刺激を鋭敏に感知し，その変化に適応して生存していくために発達してきたものである。

二成分制御系は，「ヒスチジンキナーゼ」(HK)と「レスポンスレギュレータ」(RR)と呼ばれる2種類の蛋白質から構成されている。HKは一般に，外部刺激を感じ取るセンサードメインとリン酸化反応を行う触媒ドメインからなる。HKは，センサードメインで外部刺激を感じ取ると，触媒ドメインがATPを使って，HK中の特定のヒスチジン残基をリン酸化する。RRは，さらにそのリン酸基をHKから受取り，外部刺激に適応できるような蛋白質の発現や活性の調節を行う（図1）。すなわち，二成分制御系は，外部刺激をリン酸化という生体シグナルに変換する役割を担っている。

これまでに，様々な生物から数多くのHKが発見されているが，感知すべき外部刺激が多種多様であるために，それらのセンサードメインは多様性に富んでいる。しかし一方で，触媒ドメインやRRの相同性は高く，外部刺激からリン酸化に至る生体シグナル変換の機構は普遍的である。

微細藻類によるエネルギー生産と事業展望

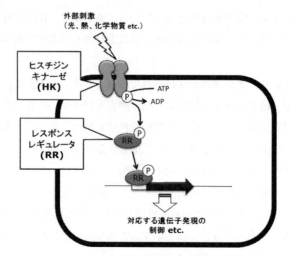

図1 二成分制御系
HKは、センサードメインで外部刺激を感じ取るとHK中の特定のヒスチジン残基をリン酸化する。RRは、さらにそのリン酸基をHKから受取り、対応する蛋白質の発現や活性の調節を行う。

このことはすなわち、HKのセンサードメインを適切なものに入れ替えたキメラ蛋白質を作成、発現させることにより、特定の刺激によって遺伝子の発現などをコントロールすることが可能になることを意味する。

例えばMöglichら[8]は、*Bacillus subtilis*由来青色光センサー蛋白質であるYtvAのセンサードメイン（Light-oxygen-voltage sensorドメイン；LOVドメイン）と*Bradyrhizobium japonicum*由来酸素センサー蛋白質FixLの触媒ドメインとを組み合わせたキメラ蛋白質を構築している。大腸菌内で組換え発現されたキメラ蛋白質は、青色光照射の有無によって触媒ドメインの構造が変化することが観察された。また、これに伴ってFixLの基質であるレスポンスレギュレータFixJがキメラ蛋白質の触媒ドメインによってリン酸化され、標的遺伝子の発現が制御されることが示された。

このように、二成分制御系を構成するHKのセンサードメインが可換であることから、キメラ蛋白質をはじめとして、これまでの二成分制御系を構成する蛋白質ならびにゲノム情報に基づき見出される新規なセンサー蛋白質等の構造情報を元に、新規な情報伝達系を適切に設計することで、任意の刺激に応じて特定の遺伝子の発現をコントロールし、ひいてはバクテリアの挙動を外部から制御することも可能になることが期待される。

3 リボスイッチ・リボレギュレータとその応用

RNA分子は、DNAに保存された遺伝情報をもとに蛋白質をつくるときの伝令役の分子

(mRNA) として広く知られている。しかし，近年の大規模遺伝子解析技術の発達と，それによるRNA分子の網羅的解析により，蛋白質へ翻訳されずに機能するRNA，いわゆるノンコーディングRNA（ncRNA）が生物界に広く存在しており，細胞内で様々な機能を担っていることが明らかとなってきた[9,10]。

これらのncRNAのうち，特に，低分子化合物の結合によって自身の構造を変え，そのncRNAが連結した配列上に存在する遺伝子の発現を制御するものは「リボスイッチ」と呼ばれる[11~15]。リボスイッチはmRNA分子の一部分であり，低分子化合物と直接結合するアプタマー機能と，発現制御機能を持つ。低分子化合物がリボスイッチに結合すると，リボスイッチの構造が変化し発現制御機能を発揮する。様々な発現制御の様式があるが，例えば，リボスイッチはヘアピン構造の形成により転写を終結させたり，リボソームの結合を阻害するようなフォールディングを取り翻訳を阻害するといった方法で遺伝子発現を抑制する。また，中にはアカパンカビのTPPリボスイッチのように，逆に遺伝子発現を促進するものもある[16]。

リボスイッチと類似の概念として「リボレギュレータ」がある[17,18]。リボレギュレータは，その配列と相補的なDNA配列またはRNA配列と塩基対を形成することで発現制御機能を発揮する。Collinsら[19]は標的遺伝子の上流に，mRNAの5'-非翻訳領域でステムループ構造を形成するようなシス抑制配列（cis-repressed RNA, crRNA）を挿入し，同時に，シス抑制配列と相補的な低分子のRNA（trans-activating RNA, taRNA）がプロモータの誘導下で転写されるシステムを構築した。このシステムにおいては，通常時，標的遺伝子はcrRNAが形成するステムループ構造によってリボソームの結合が阻害され，発現（翻訳）が抑制される。しかし，外部からのシグナルによってtaRNAの転写が誘導されると，taRNAはcrRNAに特異的に結合し，ステムループ構造を変化させて標的遺伝子の発現（翻訳）を活性化する。最近は様々な形のリボレギュレータが報告されており，その概念は広がってきており，現在は，リボスイッチはリボレギュレータの概念に内包されると考えても良い。

これらのRNAを利用した遺伝子の発現制御，特にリボレギュレータの場合は，発現制御系の設計が容易であるという利点がある。また，上記のようなリボレギュレータによる発現制御系の場合，生体内では短いRNAは不安定なので，シグナルが消失すると速やかに標的蛋白質の発現が元通り抑制されるという特徴があり，厳密な発現制御が必要な場面に適しているといえる。

4 イオン液体とその応用

イオンのみからなる物質は「塩」と呼ばれるが，NaClなどの無機塩はイオン間の静電相互作用が非常に強いために，800℃以上に加熱しないと液体にならない。しかし無機イオンの代わりに大きい有機イオンを用いてイオン間の相互作用を弱めると，比較的低い温度でも液体状態の「塩」ができる。このような，イオンのみから構成される低融点（100℃以下）の有機塩を「イオン液体」という[20]。なかには室温以下で液体であるイオン液体も多数報告されている。

微細藻類によるエネルギー生産と事業展望

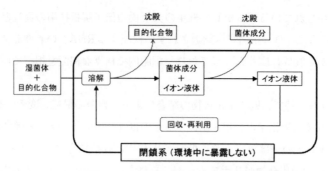

図2 イオン液体による化合物回収の概念図

目的化合物を含んだ菌体をイオン液体で溶解し、少量の溶媒添加やイオン液体の相変化などを利用して目的化合物や菌体を沈殿物として取り出す。残ったイオン液体は回収し再利用する。これにより、溶解以降のステップをほぼクローズドな系で行うことができる。

イオン液体は、従来の分子性液体（有機溶媒）と比較して、高い熱安定性や化学的安定性を持ち、熱分解するまで揮発、燃焼しないなど「グリーン」な特質を持つ。すなわち、複数のイオン間に働く静電的相互作用により蒸気圧が無視できるほど低いことから"Green solvents"と呼ばれている。さらに、極性などの物性のチューニングが比較的容易であることにより、目的に応じた溶媒を作製できる。"Designer solvents"とも呼ばれ、構成イオン種のデザインにより、合目的に多種多様のイオン液体を作製できるところが最大の魅力である。従来の揮発性有機溶媒（いわゆるVOC）を用いた抽出プロセスをイオン液体に変更するだけでも、揮発しないという性質に基づく「環境を汚染しない」、「リサイクルに適する」という特長によるメリットが享受できる。加えて、従来の有機溶媒では不可能であり、イオン液体だからこその研究成果も多く報告されるようになってきた[21]。その一つの例として、合目的的に開発されたイオン液体を用いて、草本系のバイオマスからセルロースを低エネルギー（室温）で直接抽出することが可能になったという報告がある[22]。以上のことを勘案すると、適切にデザインされたイオン液体を用いることで廃液を極力出さないクローズドな目的化合物の回収、および水をほとんど必要とせず、廃液を伴わないダウンストリームプロセスがデザインできる（図2）。

このように、イオン液体を抽出溶媒とする新しいプロセス工学の開発は既に始まっており、バイオ燃料の産生工程の中で、最もエネルギーを要する回収・抽出・精製プロセスに、効率的なイオン液体抽出を用いることによるシステム全体の劇的な低エネルギー化が期待できる。

5　シアノファクトリ

ここまでに概説してきた二成分制御系、リボレギュレータ、イオン液体といった要素技術を組み合わせ、海洋シアノバクテリアに対して応用することで、我々は、バイオ燃料関連化合物の生合成ならびにバイオプロセスを人工的に高度に制御し、かつ藻体からの当該化合物の回収プロセ

第16章　シアノファクトリの開発

スまで一貫してデザインした「シアノファクトリ」の開発を目指している。

シアノファクトリは①合成生物学のコンセプトに基づき，増殖・生産・凝集・溶解が外部刺激（光・浸透圧）によって制御できる合成情報伝達系が組み込まれた海洋合成シアノバクテリアホスト，②バイオ燃料関連化合物を海洋シアノバクテリアホスト内にて生産するためのバイオ燃料生産合成オペロン，③バイオ燃料関連化合物生産用の合成オペロンが導入された海洋合成シアノバクテリアホスト藻体から目的バイオ燃料関連化合物を効率的に抽出するためにデザインされたイオン液体，およびイオン液体を用いる抽出プロセスから構成されるバイオ燃料関連化合物生産のためのバイオシステムである（図3）。

海洋合成シアノバクテリアホストは緑色，青色の2つの波長の光刺激によって高度に生体機能が制御可能な合成情報伝達系が組み込まれた海洋シアノバクテリアホスト株をさす。海洋合成シアノバクテリアホストには，一定の波長（緑色，青色）の光刺激をセンシングし，これに基づき特定の遺伝子発現を制御する光センサー・ヒスチジンキナーゼおよび・レスポンスレギュレー

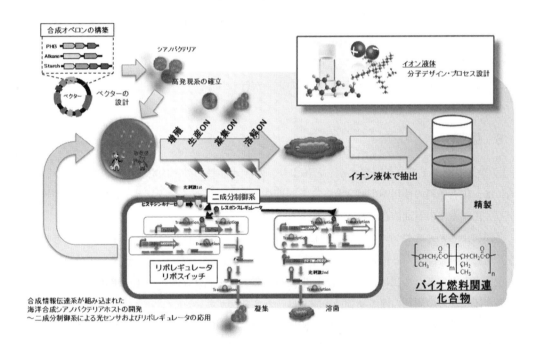

図3　シアノファクトリ概念図

バイオ燃料関連化合物生産合成オペロンが導入された海洋合成シアノバクテリアを培養し，緑色光刺激によりバイオ燃料関連化合物生産のフェーズへと誘導し，バイオ燃料関連化合物を最大濃度まで蓄積した海洋合成シアノバクテリア藻体を調製する。ここで1回目の青色光刺激によりシアノバクテリアの凝集を促し，藻体を濃縮する。さらに2回目の青色光刺激により藻体を溶菌させ，バイオ燃料関連化合物を放出させる。ここへ，予めデザイン・最適化されたバイオ燃料関連化合物抽出用のイオン液体を加え，藻体成分から効率的にバイオ燃料関連化合物を抽出する。バイオ燃料関連化合物を高濃度に含んだイオン液体は，最適化されている分離操作により分離回収されることで，目的生産物の回収とイオン液体の再生が行われる。

タ,さらにその結果転写される合成リボレギュレータ・リボスイッチから構成される合成情報伝達系をそのゲノム上に配している。このリボレギュレータを応用した光刺激の回数を数える遺伝子カウンタにより,増殖・生産・凝集・溶解に必要な蛋白質およびオペロンの翻訳開始領域を制御することで高度なバイオプロセス制御を実現する。さらに海洋シアノバクテリアゲノム解析を通してPHB,スターチ,およびアルカンといったバイオ燃料関連化合物を生合成するために必要な遺伝子群を効率的に発現するための合成オペロンを開発する。このようにして開発したバイオ燃料関連化合物生産用オペロンを海洋合成シアノバクテリアホストに導入する。

まず,恒常的な赤色光培養によって,バイオ燃料関連化合物生産合成オペロンが導入された海洋合成シアノバクテリアを最大細胞培養濃度まで増殖させる。この状態で緑色光刺激によりバイオ燃料関連化合物生産のフェーズへと誘導する。一定期間この状態で培養することで,バイオ燃料関連化合物を最大濃度まで蓄積した海洋合成シアノバクテリア藻体が調製される。ここで一回目の青色光刺激によりシアノバクテリアの凝集を促し,藻体を濃縮する。この状態へ二回目の青色光刺激により藻体の溶菌を促し,細胞内に蓄積しているバイオ燃料関連化合物を放出する。ここへ,予めデザイン・最適化されたバイオ燃料関連化合物抽出用のイオン液体により,藻体成分から効率的にバイオ燃料関連化合物を抽出する。バイオ燃料関連化合物を高濃度に含んだイオン液体は,さらに最適化されている分離操作によりバイオ燃料化合物とイオン液体に分離回収されることで,目的生産物の回収とイオン液体の再生が行われる。

6 展望

「シアノファクトリ」を開発することにより,バイオ燃料の効率的な生産が可能になり,将来的には,化石燃料の使用が削減されることが期待される。また,化成品等の新規製造技術等へ繋がり,化学産業の石油依存度を大きく変える可能性がある。

藻類によるバイオ燃料の生産は,平成20年度に閣議決定された海洋基本計画の中でも,中核をなす基盤技術開発だと位置づけられているが,まだ実用化のフェーズに到達していない。この生産効率を上げるためには,生産物の回収過程の省力化・省エネルギー化が重要となるが,このような観点からの藻類の機能制御技術開発はこれまで例がない。

物質生産系の制御において,生産物の回収プロセスの簡略化及び省エネルギー化は最重要項目の一つでありながら,藻類の物質生産においてはほとんど注目されてこなかった。本研究では,この点に着目し,藻類の生物としての機能改変から,イオン液体による生産物の抽出までの一連の流れの制御を目的とした「シアノファクトリ」の開発により,燃料生産,化成品原料生産の大幅な効率化が期待される。したがって現在精力的に行われている,生産能力の向上に関する研究と組み合わせることにより,本技術は,藻類によるバイオ燃料の生産効率を飛躍的に向上させる,画期的な基盤技術になることが期待される。

第16章　シアノファクトリの開発

文　　献

1) JB. Stock, AJ. Ninfa, AM. Stock, *Microbiol. Rev.*, **53** (4), 450-490 (1989)
2) JS. Parkinson, EC. Kofoid, *Annu. Rev. Genet.*, 26, 71-112 (1992)
3) JS. Parkinson, *Cell*, **73** (5), 857-871 (1993)
4) IM. Ota, A. Varshavsky, *Science*, **22**, 566-569 (1993)
5) WF. Loomis, G. Shaulsky, N. Wang, *J. Cell Sci.*, **110**, 1141-1145 (1997)
6) C. Chang *et al., Science*, **22**, 539-544 (1993)
7) T. Kakimoto, *Science*, **8**, 982-985 (1996)
8) A. Möglich, RA. Ayers, K. Moffat, *J. Mol. Biol.*, **385**, 1433-1444 (2009)
9) GF. Joyce, *Nature*, **418**, 214-221 (2002)
10) SR. Eddy, *Nat. Rev. Genet.*, **2**, 919-929 (2001)
11) A. Nahvi *et al., Chem. Biol.*, **9** (9), 1043-1049 (2002)
12) AS. Mironov *et al., Cell*, **111** (5), 747-756 (2002)
13) W. Winkler *et al., Nature*, **419**, 952-956 (2002)
14) WC. Winkler *et al., Proc. Natl. Acad. Sci. USA*, **99** (25), 15908-15913 (2002)
15) E. Nudler, AS. Mironov, *Trends Biochem. Sci.*, **29** (1), 11-17 (2004)
16) MT. Cheah *et al., Nature*, **447**, 497-500 (2007)
17) N. Delihas, *Mol. Microbiol.*, **15**, 411-414 (1995)
18) SR. Eddy, *Curr. Opin. Genet. Dev.*, **9** (6), 695-699 (1999)
19) FJ. Isaacs *et al., Nat. Biotechnol.*, **22** (7), 841-847 (2004)
20) "Electrochemical Aspect of Ionic Liquids", Ed. by H. Ohno, Wiley Interscience, New York (2005)
21) NV. Plechkova, KR. Seddon, *Chem. Soc. Rev.*, **37**, 123-150 (2008)
22) H. Ohno, Y. Fukaya, *Chemistry Letters*, **38** (1), 2-7 (2009)

【第Ⅳ編　エネルギー生産技術】

第17章　バイオリファイナリーの微細藻類への展開

蓮沼誠久[*1], 近藤昭彦[*2]

1　はじめに

　藻類，特に微細藻類を利用したバイオ燃料の生産に対する関心が急速に高まっている[1,2]。微細藻類の生育に必要なものは，光，水，CO_2とわずかな量のミネラルだけであり，細胞分裂で増殖する個体の倍加速度は，陸生生物と比べてはるかに速いため，同じ量のバイオマスを得るために必要な生産面積が陸生のバイオマスよりも少なくて済む。また，陸生バイオマスの場合はどうしても耕地面積の限界や利用できる水資源の枯渇が大きな問題となるのに対し，水生，特に海洋バイオマスを利用できれば，水資源や耕作における食糧との競合が避けられることから理想的である。さらに，通年の収穫が可能な藻類からのバイオエネルギー生産は安定的なエネルギー供給を可能にすることが期待できる。アメリカエネルギー省（DOE）は1996年に，20年以上にわたって藻類からの燃料生産を支援することを決定し，実用化を視野に入れた実証研究の試みを開始している。また，DOEはアメリカ農務省（USDA）と19の統合型バイオリファイナリープロジェクトを選定し，パイロット規模，実証規模および商業規模の施設の建設，促進に5億6,400万ドルを拠出すると発表したが，その中で，池で藻類を養殖する統合型の藻類バイオリファイナリーを実証する計画を発表し，ジェット燃料やディーゼルなどを代替するグリーン燃料を生産することを予定している。我が国でも，ここ2，3年で微細藻類によるバイオ燃料生産の可能性に対する関心が急速に高まっており，将来的なバイオマス資源としての期待がかかっている。そこで，本章では微細藻類によるバイオリファイナリー研究の現状と課題について紹介したい。

2　バイオリファイナリー，微細藻利用への新展開

　バイオリファイナリーとは，再生可能資源であるバイオマスを原料として，液体燃料や汎用化学品，ポリマー原料（ビルディングブロック）などを微生物によるバイオプロセスを用いて発酵生産することで多様な化学製品を供給するコンセプトである（図1）。化石資源への依存の脱却，エネルギーセキュリティの確保だけでなく，低炭素社会の構築に向けてもバイオリファイナリーの確立は重要であり，その普及が急がれる。
　さらに近年は，バイオリファイナリー研究の中でも，微細藻類を利用したバイオプロセスの開

[*1]　Tomohisa Hasunuma　神戸大学　自然科学系先端融合研究環　重点研究部　講師
[*2]　Akihiko Kondo　神戸大学大学院　工学研究科　応用化学専攻　教授

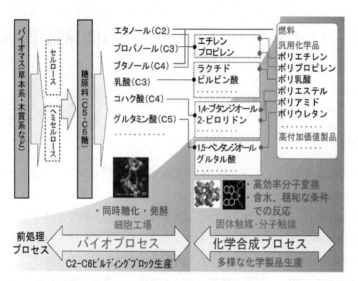

図1　バイオリファイナリーの概念図

発に注目が集まっている。その理由は，従属微生物の発酵プロセスには原料としての糖質の供給が必須であり，非食用のリグノセルロース系バイオマスを初発原料とする場合は，セルロースの糖化工程がボトルネックの一つになっているのに対し，微細藻類は光エネルギーを利用してCO_2を直接油脂や炭水化物，有用物質に変換することができるからである。さらに，微細藻の利用は，増殖に必要な糖質の供給が不要であるだけでなく，光合成によるCO_2削減効果があるため，バイオ由来の化学品供給においては究極のバイオマス資源になる可能性を秘めている。そこで，微細藻の培養条件（光，温度，栄養条件，CO_2濃度，栄養源濃度など）を制御することにより，微細藻の細胞内代謝を変動させ，目的物質の生産能力を活性化する研究が精力的に進められている[3]。一方で，遺伝子組換え技術を用いた代謝改変も進められ，エタノールやイソブタノールを生産することに成功した例も報告されている[4〜6]。

　微細藻類を利用したバイオプロセス開発に関する論文報告は2011年現在，ここ2，3年で急速に増加している。図2には微細藻利用の概略図を示すが，微細藻はこれまでも，環境浄化に利用される他，その高い栄養価から，栄養補助食品，家畜や水産養殖の飼料として，また農業肥料として用いられてきた。さらに，高い細胞増殖能力と培養細胞としての扱い易さから，色素化合物や高度不飽和脂肪酸などの高付加価値物質や有用タンパク質など幅広いプロダクトの生産にも用いられてきた[1,3]（表1）。これが近年，水素ガスの他にバイオディーゼル燃料（BDF），バイオエタノールなどエネルギー生産へのポテンシャルが再評価されて注目が集まり，研究開発の加速につながっている。

第17章 バイオリファイナリーの微細藻類への展開

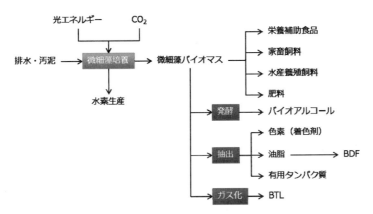

図2 微細藻利用のフローダイアグラム

表1 微細藻により生産される主な化学製品

プロダクト	微細藻	価格（USD）
β-Carotene	*Dunaliella*	300-3000/kg
Astaxanthin	*Haematococcus*	10,000/kg
Phycoerythrin	Red Algae, Cyanobacteria	15/mg
Polyunsaturated fatty acid	*Crypthecodinium*, *Schizochytium*	60/g
Pharmaceutical proteins	*Chlamydomonas*	N/A
Dietary supplements	*Spirulina, Chlorella, Chlamycomonas*	50/kg
Aquaculture feed	*Tetraselmis, Nannochloropsis, Isochrysis, Nitzchia*	70/L
Biofuels	*Botryococcus, Chlamydomonas, Chlorella, Dunaliella, Neochloris*	N/A

Rosenberg *et al.*（2008）（文献1）より引用

3 微細藻を利用した物質生産

微細藻によるBDF生産に関しては，様々な微細藻類で原料となる油脂生産量の評価が行われ，緑藻*Neochloris oleabundans*や真正眼点藻*Nannochloropsis oculata*では約130 mg/L/dayの生産量が報告されている[7]。中でも，緑藻*Botryococcus braunii*は重油相当（炭素鎖数30以上）の直鎖状炭化水素をはじめとする種々のオイルを乾燥重量の70％近く生産するため有望である[7,8]。さらに，近年，油脂やテルペノイドなどのオイルを蓄積する新たな微細藻も発見され，オイル生産は微細藻による燃料生産の主流であると言える[9]。

一方で，微細藻類にデンプンやグリコーゲンなどの多糖類を生産させるための研究開発も行われている。グリコーゲンは，グルコースが$\alpha 1 \rightarrow 4$結合した糖鎖（α-1,4-グルカン）に，グルコースがおよそ3単位おきに$\alpha 1 \rightarrow 6$グリコシド結合を介してグルコース平均重合度12～18の分枝が出た網状構造形成している。これはラン藻の最も主要な光合成産物であり，ラン藻のエネルギー源として細胞内に貯蔵される。バイオリファイナリーの観点からみた場合，コーンやキャッサ

バ等のデンプンがバイオ燃料・バイオベース化学品のフィードストックとして利用されているように，微細藻にα-グルカンを作らせることは，目的プロダクトを生産するための起点となると考えられる[10]。また，微細藻にとってα-グルカンの生合成は増殖と拮抗しないことが期待されるため，微細藻オイル生産における最大の問題の一つである増殖の遅延を引き起こさない点でも有効である。

そこで筆者らは，ラン藻を用いたバイオエタノール生産プロセスの開発を目指し，① *Spirulina* (*Arthrospira*) *platensis* からのグリコーゲン生産増強と② *S. platensis* 由来グリコーゲンからのエタノール変換に取り組んでいる。*S. platensis* は，細胞増殖が旺盛であり，アミノ酸含有量が高いために栄養補助食品として商業生産されているほか，色素成分（フィコビリン）は着色剤として利用されているため，大量培養技術が確立されており，グリコーゲン生産用の細胞工場として有望である。そこで，グリコーゲン生産性を最大化するための独立栄養培養条件の検討を行った。具体的には，$50\,\mu mol\ photons\ m^{-2}\ s^{-1}$光条件下，SOT培地中で培養した*S. platensis* を $700\,\mu mol\ photons\ m^{-2}\ s^{-1}$光強度下に移し，SOT培地中の硝酸濃度を3mMにすることにより，培養3.5日後のグリコーゲン生産量を細胞重量の65％以上に到達させることに成功した。この際のグリコーゲン生産量は1.03g/lであった（藍川ら，論文投稿中）。これは従来の微細藻によるグリコーゲン・デンプン生産に関して，最も優れた結果である。次に，*S. platensis* 由来グリコーゲンをエタノールに変換するために，出芽酵母 *Saccharomyces cerevisiae* にグリコーゲン分解能を付与した。具体的には，遺伝子工学的手法により *Streptococcus bovis* 由来α-アミラーゼを菌体外に分泌し，*Rhizopus oryzae* 由来グルコアミラーゼを細胞表層に発現する遺伝子組換え酵母を作出した[11]。その結果，市販酵素製剤を添加することなく，スピルリナ・グリコーゲンから直接エタノールを生産することに成功した（図3）。一方で野生型酵母はグリコーゲンからエタノールを生産することができない。これらの結果は，酵母が菌体外に発現したα-アミラーゼおよびグルコアミラーゼがグリコーゲンを細胞外でグルコースまで分解し，遊離

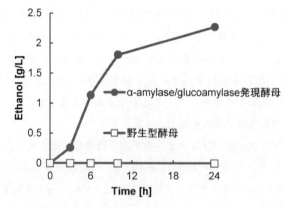

図3　酵母による20g/Lスピルリナ（グリコーゲン含有率56％）からのエタノール生産性の比較

第17章 バイオリファイナリーの微細藻類への展開

したグルコースが酵母細胞内に取り込まれてエタノールに変換していることを意味している。このようなバイオマス加水分解酵素の添加を必要としないバイオエタノール生産プロセスの開発は，微生物による酵素製造プロセスを省略するため，バイオマスからエタノール回収までのトータルプロセスのダウンサイジングを実現し，ひいては設備投資の圧縮や投入材料費の低減を可能にすることから，微細藻利用プロセスの実用化と普及を拡げる極めて有用な技術であるといえる。

一方，微細藻を利用して効率的な物質生産を行うためには，まだ課題が残されている。たとえば，化学工学的観点からは，微細藻の大規模培養，高密度大量培養方法や効率的な分離・回収方法の確立が必要であり，目的プロダクトの抽出方法の最適化も求められる。また，生物工学的観点からは，光変換効率や細胞増殖速度の向上，物質代謝フローの最適化による目的プロダクトの生産能力の向上も必要である。我々はこの課題を解決する研究手法としてシステムバイオロジー解析が強力なツールと成り得ると考えている。

4 微細藻エンジニアリングのためのキーテクノロジー
―システムバイオロジー解析―

近年，ヒトの健康や医療への応用を目的として哺乳類を中心にマルチオミクス解析が精力的に進められている。マルチオミクス解析はDNA塩基配列の網羅的解析（ゲノミクス），転写産物の網羅的解析（トランスクリプトミクス），タンパク質の網羅的解析（プロテオミクス），代謝物の網羅的解析（メタボロミクス）等からなり，網羅的観測により生物のフェノタイプに特徴的なバイオマーカーの探索に有効であるとされている。微細藻類のバイオリファイナリー研究においては，代謝系遺伝子の発現量やタンパク質（酵素），代謝物の細胞内蓄積量を網羅的に解析するマルチオミクス技術を活用することにより，微細藻に目的生産物（代謝物）の生産能力を活性化させるための鍵因子の探索が可能になると期待されている。

システムバイオロジーという用語は，元来，細胞の代謝状態を数学的手法でモデリングすること[11]を目指して生み出されたが，近年はその意味が拡大され，多数の生体分子間の相互作用を総体的に調べ，生物をシステムとして理解するための研究領域として捉えられるようになってきた。つまり，遺伝子発現やタンパク質・代謝物の蓄積など，大量の生物情報を統合することがシステムバイオロジーの概念となりつつある。ゲノム情報の実行の過程を知り，生体分子の機能を解析するためには，経時的な代謝の変動すなわち動的情報の取得ももちろん重要であるが，生体分子の蓄積量や種類を解析するツールとしてのオミクスが，生物システムの理解に果たす役割は大きいと考えられる。

微細藻類のゲノミクスは1996年のラン藻 *Synechocystis* sp. PCC 6803のゲノム配列決定（生物種の中で4番目）[12]を皮切りに，代表的なモデル種のゲノムが次々と決定された。その後，2007年に淡水性真核光合成微生物のモデルとして緑藻 *Chlamydomonas reinhardtii* の全ゲノム

配列が決定され[13]，さらに2010年には食用として商業生産されているラン藻 S. platensis NIES-39の全塩基配列が決定された[14]。トランスクリプトミクスやプロテオミクス，メタボロミクスの手法を用いた藻類研究の実施例は動物や高等植物，酵母等と比べると格段に少ないのが現状であるが，ゲノム配列が明らかになった微細藻については，培養時系列の発現変動やストレス応答など，ある実験条件で発現が有意に増減する遺伝子群が選抜されつつあり[15, 16]，プロテオミクスについては，タンパク質の発現量の光応答や酸化ストレス応答が解析され，環境の変化に応じて発現量を変化させるタンパク質の同定が進められている[17]。一方で，微細藻のメタボロミクスに関する報告はそれほど多くは無い。メタボロミクスの大きな特徴は，その一般性である。代謝経路は，多くの場合，種間で互換性を有するため，ゲノム情報が利用できない藻類にも適用可能な点で有用である。これまでの微細藻オミクス解析はモデル微細藻を対象とした研究が主体であったが，バイオリファイナリー化の観点からは，増殖能や物質生産能力の高い商業生産株を対象とすることも重要であり，メタボロミクスをツールとした解析は極めて有効である。実際に，筆者らはキャピラリー電気泳動質量分析と高速液体クロマトグラフィー質量分析を用いて S. platensis 抽出物から解糖系，カルビン回路，TCA回路，アミノ酸生合成経路，光合成色素などを網羅した100種の代謝物の定量に成功しており，また外的環境を変化させることでグリコーゲンや中間代謝物蓄積量の著しい変化を観測できている。

　細胞機能を人間の望ましい方向へ改変させるためには，遺伝子発現，代謝物濃度，代謝フラックス分布などの情報を統合的に解析する，つまり細胞をシステムとして理解する視点が求められている。そこで，我々はシステムバイオロジー解析に基づいた合理的な代謝改変戦略を立案し，これを実用微細藻に適用することにより海水環境下で高性能（高増殖能，高光合成能，高デンプン生産能，高耐塩性能）を示す，微細藻・セルファクトリーを創製することを目指している（図4）。

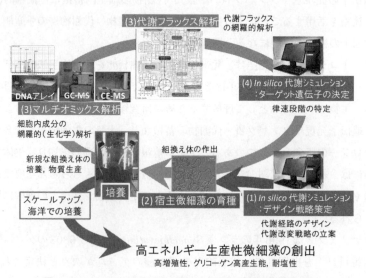

図4　システムバイオロジー解析に立脚した微細藻育種戦略

5 おわりに

微細藻類は，高等植物と比べても個体倍化速度が速いため，炭素同化能力が高いだけでなく，二酸化炭素から直接バイオ燃料やバイオベース化学品を供給することができるため，その有効利用には大きな期待がかけられている。しかしながら，微細藻を利用したバイオリファイナリーを構築するためには多くのブレークスルーを必要とすることは確かである。特に，物質生産能を向上させるための合理的な手段を見出すためには，細胞生理学的な理解をさらに深める必要がある。バイオリファイナリーの観点から見れば，微生物の細胞はプロダクトを生産する一種の工場であり，効率的に物質を生産するためには，代謝パスウェイを戦略的にコントロールすることが重要である。しかしながら，微細藻の代謝制御機構に関する理解はまだまだ不足しており，さらなる研究の進展が必要である。システムバイオロジー解析が整備されつつある今日において，一番の近道は微細藻の代謝システムを理解し，合理的な育種戦略を見出すことであろう。太陽光をエネルギー源とする究極のバイオリファイナリーを実現するために，微細藻の代謝システム研究の発展に期待したい。

文 献

1) J. Rosenberg et al., *Curr. Opin. Biotechnol.*, **19**, 430 (2008)
2) J. Sheehan et al., *Nature*, **27**, 1128 (2009)
3) J. A. V. Costa and M. G. de Morais, *Bioresour. Technol.*, **102**, 2 (2011)
4) M. Deng and J. R. Coleman, *Appl. Environ. Microbiol.*, **65**, 523 (1999)
5) S. Atsumi et al., *Nat. Biotechnol.*, **27**, 1177 (2009)
6) A. Hirano et al., *Energy*, **22**, 137 (1997)
7) C. Y. Chen et al., *Bioresour. Technol.*, **102**, 71 (2011)
8) 藏野憲秀ら，デンソーテクニカルレビュー，**14**, p.59 (2009)
9) 渡邉信編集：新しいエネルギー 藻類バイオマス，みみずく舎 (2010)
10) R. P. John et al., *Bioresour. Technol.*, **102**, 186-193 (2011)
11) R. Yamada et al., *Appl. Microbiol. Biotechnol.*, **85**, 1491 (2010)
12) J. S. Edwards et al., *Nat. Biotechnol.*, **19**, 125-130 (2001)
13) T. Mizuno et al., *DNA Res.*, **3**, 407 (1996)
14) S. S. Merchant et al., *Science*, **318**, 245 (2007)
15) T. Fujiwara et al., *DNA Res.*, **17**, 485 (2010)
16) N. Murata et al., *J. Exp. Bot.*, **57**, 235 (2006)
17) A. Singh et al., *BMC Syst. Biol.*, **4**, 105 (2010)

第18章　微細藻類からのバイオエタノール生産

石井孝定*

1　はじめに

　自動車等の燃料として用いられているガソリンに代わるカーボンニュートラル燃料としてバイオエタノールが注目され，一部実用化されるに至っている。わが国では，バイオエタノールとガソリン製造の副産物として生産される「イソブテン」を合成して作られるバイオガソリン・エチルターシャリーブチルエーテル（ETBE）を配合したバイオガソリンと，3％のバイオエタノールをガソリンに混合するE3バイオガソリンの実用化計画が進んでいる。海外では主に，ガソリンにバイオエタノールを混合する方式がとられており，10％混合したE10や，ブラジル等では100％バイオエタノールも用いられている。しかし，現在のガソリン消費量は，主に自動車用途として膨大であり，全ての量を穀物や木質で補うのは不可能である。また他のバイオ燃料同様，安価な石油と同等の価格で市場に供給するのは難しいのが現状である。エネルギー事情の詳細は，資源エネルギー庁，㈶日本エネルギー経済研究所，㈶エネルギー総合工学研究所，㈱新エネルギー産業技術総合開発機構（NEDO）などのホームページや刊行物を御参照いただきたい。
　藻類起源のバイオエタノールは，サトウキビやトウモロコシ等の糖質をバイオマスとする第一世代，木質のセルロースを起源とする第二世代に次ぐ，第三世代として期待されている[1]。現在のエネルギー事情から，枯渇する恐れが無く，安定供給が見込まれる再生可能エネルギー源として，藻類起源のバイオマスを利用したバイオ燃料の研究開発が注目されているが，藻類が生産する炭化水素や脂肪酸を起源とするバイオディーゼル，ジェット燃料に関する検討が多く，バイオエタノール開発に関する項目は少ない。これは，エタノールの燃焼によって得られるエネルギーが，石油等の炭化水素に比べて低いことが原因である。
　細胞内にデンプンを蓄積する海産の微細緑藻を，暗所，嫌気条件下におくことで，藻類細胞内でエタノール生産を行なわせる試みが成されている[2,3]。しかしながら，培養液中に希薄濃度に存在するエタノールの回収，また蒸留によるエタノール濃縮が難しいと考えられ，実用化には至っていない。
　一般的な藻類起源のバイオエタノール生産においては，藻類を培養し，バイオマスとしてのデンプン等糖質の生産と，その回収工程以降は，通常行われているアルコール醱酵，蒸留と同じ工程を辿ることになる[4]。そこで本稿では，バイオエタノール生産における微細藻類の培養とバイオマス回収，水分を多量に含む残渣処理に関して述べることにする。

　　＊　Takasada Ishii　大阪府立大学　21世紀科学研究機構　エコロジー研究所　特別教授

第18章　微細藻類からのバイオエタノール生産

2　藻類の培養

　一般的な藻類の培養法，培地組成，生長・増殖の解析法に関しては優れた成書があるので，こちらを御参照いただきたい[5〜7]。クロレラ，スピルリナ，ドナリエラ等の微細藻類では，健康食品用途として実際に工業生産が行われているが[8, 9]，これら微細藻類の多くは二酸化炭素と光照射による独立栄養（autotroph）条件下の生育以外に，暗所従属栄養（heterotroph）条件下で通常の微生物同様に生育可能であり，この両方を並行して培養する混合栄養（mixotroph）において，バイオマスの効率良い生産が可能である[10〜12]。微細藻類起源のバイオマスは，穀物や樹木等，陸上植物に比較して単位面積当たりの生産性が高く，デンプン等の糖質バイオマス生産に関しても同じである。

　同種の単細胞微細藻類であっても，藻類株の系統や培養法によってデンプン生産量に大きな差違が認められる。クロレラでは，デンプン生産量が乾燥藻体の50％近くに及ぶものも知られており，培地中のチッ素，リン酸，硫黄量の制限や，真核生物のタンパク質合成を阻害するシクロヘキシミドの添加，適切な光量によって，細胞分裂を抑制し，効果的にデンプン含有率を高くできることが報告されている[13]。細胞分裂を抑制するとバイオマス生産が効果的に行われるが，藻類細胞の増殖が悪くなることから，微妙な調整が必要である。

　細胞内に多量の澱粉粒を蓄積し，細胞外に全デンプン生産量の50％を超える澱粉粒を放出するクロレラ株も知られており，光独立栄養と従属栄養の両方を並行して行う混合栄養による培養法で，増殖速度ならびに最高到達点（増殖上限）が格段に上がることがわかっている[14〜16]。また，ウイルスに感染したクロレラが，ヒアルロン酸やキチンを細胞外に放出する報告が成され，実用化が進められており[17〜19]，有能な藻類株に特定種の微生物やウイルスを加えることによって，細胞外に澱粉粒を放出する特性の付与を可能にするものであり，今後の展開が望まれる。

　微細藻類培養の一例として，Bold'sの基本培地[20]に各種炭素源を添加して培養した場合の，増殖の差違を図1に示す。用いた単細胞緑藻・クロレラ株は，デンプン生産性が特に優れているものではないが，デンプン生産能の高い藻類株は，特定の企業や団体，または個人が権利を有している場合が多く，一般には使い難い。有能な微細藻類株の確保は，バイオエタノール生産においても重要課題であることは否めない。

　温度と光量を一定に保ち（30℃，300 μmol·m^{-2}·s^{-1}）各試験区を設定，炭素源が大気中の二酸化炭素だけの，明所・大気通気試験区（図1，逆三角印-点線）では，生長・増殖は極めて緩慢であるが，炭素源として炭酸水素ナトリウム（NaHCO$_3$）を加えた試験区（図1，三角印-実線）では格段に向上することが認められた。有機物としてグルコースを添加し，遮光した暗黒条件下における従属栄養条件（図1，丸印-短破線）では，前述の炭酸水素ナトリウム添加による試験区を，やや上回り，光照射条件下でグルコースを添加した混合栄養条件（図1，四角印-破線）では，さらなる好結果が得られた。なお，この混合栄養条件の試験区における結果は，炭素源として酢酸と酢酸ナトリウムを，培養液が中性を維持するように調整して添加した場合にお

微細藻類によるエネルギー生産と事業展望

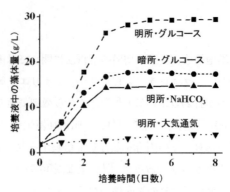

図1　クロレラの増殖曲線

培養時間（日数・横軸）と（培地1Lあたりの藻体乾燥重量/g・縦軸）。逆三角印・点線は大気通気による光独立栄養，三角印・実線はNaHCO₃添加による光独立栄養，丸印・短破線はグルコース添加による従属栄養，四角印・破線はグルコース添加と光照射による混合栄養での培養。

いても同様であった。

　この図からは，混合栄養条件下の培養が格段に優れているように見えるが，実際の暗所・従属栄養による大量培養の工程では，藻類が消費した炭素源を随時添加することで，高密度に藻体を増殖させることが可能であり，藻体乾燥重量で60 g/L以上の量を収穫することも可能である。また，大気通気による光独立栄養の場合においても，培養装置内の二酸化炭素濃度を3～4倍に調整することにより，格段に増殖の改善が認められる。この場合，pHが低いと二酸化炭素の溶解量が少なくなるが，pHが高いと微細藻類の増殖が悪くなるので，pHの調整が不可欠である。海藻の培養に広く用いられているES培地[21]のように，緩衝剤としてトリス塩を添加し，例えばpH8～8.5に調整（藻類株によって至適pHは異なる），これを維持管理するのは難しいことではない。このように，微細藻類の培養は，用いる藻類株と培養装置の特性を最大限に活かすことで大きな改善が可能であるが，有機物を添加する培養では，雑菌による汚染が懸念される。野外池における微細藻類の培養では，酸性に弱い微生物種も多いことから，夜間は酢酸を添加してpHを下げることで，雑菌の増殖を抑えるとともに，藻類には有機炭素源を供給，従属栄養による培養を行ない，昼間はNaHCO₃を添加することで，効率良い光独立栄養による培養を行なうことも可能である。バイオエタノール生産では，バイオマスとしてのデンプンが非常に微生物汚染を受け易く，培地ならび培養装置の滅菌を施さない藻類培養は困難である。しかし，燃料生産工程においては，価格面から滅菌処理を行うことは難しく，また，エネルギー収支が低いものになる。

　光照射に関しては，一般に微細藻類は，連続的な光照射（24時間明条件）培養を行っても障害を起こさない場合が多く，連続的な光照射によって増殖が良くなり，培養装置の占有時間を短くすることが可能であり，バイオリアクター等の施設を利用する場合，大きな経費削減が可能である。ただし，広範囲の野外池における培養では，照明器具の設置ならびに維持管理費が大きくなる可能性が高い。また，細胞分裂周期を同調させた方が，増殖が良くなることが指摘されてい

第18章 微細藻類からのバイオエタノール生産

るので，その際は明暗の調整が必要になる[22, 23]。

3 バイオマス（デンプン）の生産

　前項におけるクロレラ混合栄養培養の際に生産されたデンプン量（デンプン生産総量）ならびに，そのうちの一部で細胞外に放出されたデンプン量（細胞外放出デンプン）を図2に示す（乾燥重量）。8日間の培養で，デンプン生産総量の1/4程度のデンプン粒の放出が見られた。デンプンの生産は，培養開始から3日後（対数増殖期終了時点）までに行なわれるが，細胞外への放出量は，それ以降も増加傾向を示した。クロレラ，クラミドモナス等，単細胞緑藻のデンプン粒は，粒径が1μm程度で球状のストロマデンプン粒と，カップ型形状のピレノイドデンプン粒が存在し，これが，二酸化炭素濃度が低くなると後者の量が多くなることが報告されている[24]。この場合のデンプン粒も，走査電子顕微鏡による観察から，ほとんどが粒径1μm程度のストロマデンプン粒であり，極微量のピレノイドデンプン粒が存在することがわかっており，混合栄養培養で，炭素源が豊富に存在したことに由来する可能性が高い。デンプン粒の放出は，以下に記すように行なわれていると予想される。

　18S rRNAの遺伝子解析による分類によってクロレラの分類も大きく変わったが，一般にクロレラと呼ばれている単細胞緑藻は，細胞の直径が2〜15μm程度，増殖（細胞分裂）する際，親細胞が細胞壁内で2，4，または8分裂して形成する自生胞子（嬢細胞）による無性生殖のみが知られており，有性生殖は確認されていない[25]。クロレラの増殖に伴った細胞分裂では，直径15μmの最大限にまで大きくなったクロレラ細胞でさえ，8分裂した場合は，その直径は大きくとも7μm程度にとどまり，その中に存在する細胞内器官である葉緑体やピレノイドは，さらに小さいサイズになるのは明白である。粒径1μm程度のストロマデンプン粒，これよりも大きな

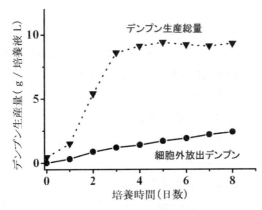

図2　クロレラの培養時間
横軸は培養時間（日数），縦軸はデンプン生産量（g/培地L）。逆三角印・点線は生産されたデンプン総量，丸印・実線は細胞外に放出されたデンプン量

ものも存在するピレノイドデンプン粒を，親細胞が8分裂した場合は保持できなくなり，細胞外に放出することになる。そこで，クロレラを連続的に培養し，細胞外に放出されたデンプン粒だけを分離回収すれば，デンプンの連続生産が可能になり，大きな経費削減ができることは確実である。

混合栄養により，このクロレラを3日間培養した場合，培養液量の3％の藻体（乾燥重量）を生産することが可能で，デンプン含量は細胞乾燥重量の30％程度であり，培養器の面積から算出した机上の計算では，単位面積当たりの年間デンプン生産量は，陸上植物に比較して遙かに高いのが特徴である。

このデンプン粒を放出する特性は，光独立栄養条件下，暗所従属栄養条件下のどちらの培養においても確認され，生活廃水，工業廃水等の有機，無機廃液を栄養源として微細藻類を培養し，連続的にデンプン粒を得ることも将来的には可能になる。

余談ながら，この粒径1μm程度で粒度分布が揃っているクロレラのデンプン粒は，その構造ならびにアミロース-アミロペクチン比率が米の澱粉粒に酷似していることがわかっているが，現状では微細澱粉粒の利用は開発されていない[26, 27]。

4　バイオマス（デンプン）の回収と残渣処理の問題

藻類起源のバイオエタノール，特に微細藻類が生産するデンプン利用上における最大の問題は回収である。陸上植物のようなデンプン貯蔵器官（果実，芋，種子等）が存在せず，水中に生息する微細藻類からデンプンを回収するのは容易ではない。水中に希薄濃度で分散して存在するデンプン粒を脱水して用いるか，もしくは希薄なバイオエタノールを蒸留により濃縮するかを選択しなければならないが，どちらにしても膨大な経費とエネルギー（燃料）が必要になり，燃料製造に見合った経費，エネルギー収支で回収する方法は知られていない。

自然沈降による分離は長時間を要し，混入微生物によってデンプンが汚染，消費される恐れが多分にあり，また，遠心分離による方法は光熱費，設備費が高くなり，バイオ燃料製造においては利用できない。藻類起源のデンプン分離回収方法に関しては詳細が公開されておらず，現状では採算がとれるバイオマス回収工程は行われていない可能性が極めて高い。

連続的に藻類を培養し，細胞外に放出されたデンプン粒だけを回収して，エタノールの醗酵生産を行なうには，培養条件を管理し，藻類細胞の大きさを細胞径10μm以上に調整して，1μm以下の粒径で浮遊するデンプン粒と沈降分離し易くすることが好ましい。図3は，連続した微細藻類の培養とデンプン回収システムの一例を提案したものである。維持管理費を低く抑えられるレースウエイ型培養池には，昼間の太陽光発電により蓄電池に蓄えられた電気で夜間照明を行い，連続的な培養とデンプン生産を行なう。培養液は超音波分散によって，藻類細胞とデンプン粒を均一に分散した後，水流沈降分離槽に送られる。ここでは，多段に設置された邪魔板によって複雑な水流になり，上段から流出するデンプン粒を回収し，槽底に沈殿する藻類細胞は培養池に戻

第18章　微細藻類からのバイオエタノール生産

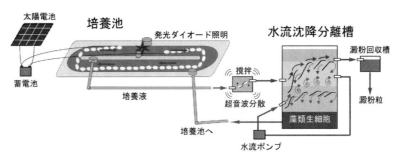

図3　連続した微細藻類の培養とデンプン回収システムの提案

す。また中段の排水口からは，分離できていない液体が排出されるが，これは水流ポンプを用いて再度，槽内に入れる。邪魔板の配置と流速・流量を調整することで藻類細胞とデンプン粒の沈降分離が成し遂げられる仕組みである。なお，この場合の問題点は微生物による汚染であり，さらなる検討が必要である。

これとは別に，微細藻類培養終了後に，硫酸バンド（硫酸アルミニウム），ポリ塩化アルミニウム（PAC），ポリ硫酸鉄（PFS）等の添加によって，藻類細胞とデンプン粒を分離せずに，全量を凝集沈殿させて上液を除去することでデンプン濃度を高くし，アルコール醗酵に供することも可能である。微細藻類の細胞はマイナスにチャージされていることから，陽イオンのポリマーも凝集剤として有効である[28]。この場合の問題点は，藻類の連続培養ができなくなり，デンプンを利用した後の，死滅した藻類細胞が膨大な量の残渣になることである。

藻類バイオマスとしてデンプンを取り除いた後の，藻類残渣の処理には幾つかの問題点がある。水分が多量に含まれる藻類残渣は，これを容易に燃焼させるのは難しく，焼却処理には膨大なエネルギーを必要とする。多量の水分は，移動（輸送・運搬）経費ならびに移動により消費されるエネルギー量を大きくし，バイオエタノール製造におけるエネルギー収支が低くなるのは確実であることから，残渣処理は生産拠点・現地で行なわなければならないのは明白である。残渣処理の一例としては，メタン醗酵によって，バイオ燃料・メタンガスを得た後，その残渣を堆肥として利用する方法などが考えられ，今後の検討課題である。

5　おわりに

現在，石油（液体燃料）以外では飛行が難しい航空機用途としてバイオジェット燃料が望まれ，藻類起源のバイオ燃料は実用化に向けた検討が成されている。しかし，吸水し易いエタノールは氷結の恐れがあり，加えて燃焼エネルギーも低いことから，航空機燃料として用いるのは難しい。最近になって，天然ガスや電気をエネルギー源として走る自動車が身近になりつつあり，藻類起源のバイオエタノールは的外れの感が否めない。加えて，陸上植物起源とは異なり，デンプン粒の分離・回収と残渣処理等々未解決の問題が山積している藻類起源のバイオエタノールでは，何

らかのブレークスルーが無い限り，実現は不可能であるとの見方もある。

　しかし将来的には，枯渇する石油に代わるバイオ燃料を生産できる生物は，遠い地球の過去において石油を生産した藻類以外には考えられず，「藻類起源のバイオ燃料」がバイオ燃料の主流を成すことは想像に難くない。「藻類起源のバイオエタノール」に関しても，連続培養による，連続的なデンプン生産と回収が成し遂げられれば，大きな展開，飛躍が期待される。

文　　献

1) J. P. Rojan *et al., Bioresource Technology,* **102**, 186-193（2011）
2) A. Hirano *et al., Energy,* **22**, 137-142（1997）
3) Y. Ueno *et al., J. Fermentation and Bioengineering,* **86**, 38-43（1998）
4) 大聖泰弘ほか編，バイオエタノール最前線，pp 114-182，工業調査会（2004）
5) 田宮博ほか編，藻類実験法，南江堂（1965）
6) 千原光雄ほか編，藻類研究法，共立出版（1979）
7) R. A. Andersen, ed., Algal Culturing Techniques, Elsevier Academic Press（2005）
8) 高田英雄，クロレラ-その本性と応用，pp 79-96，阿字万字館（1977）
9) H. Rismani-Yazdi *et al., BMC Genomics,* **12**, 148-165（2011）
10) S. Sunja *et al., J.Microbiol. Biotechnol.,* **21**, 1073-1080（2011）
11) G. Tolga *et al., ibid,* **20**, 1276-1282（2010）
12) E. F. Genoveva *et al., Protist,* **161**, 621-641（2010）
13) I. Brányikova *et al., Biotechnology and Bioengineering,* **108**, 766-776（2010）
14) I. Tanabe *et al.,* 鹿児島大学農学部紀要，**32**, 79-86（1982）
15) 大垣昌弘ほか，特許公報：特開2010-088334
16) T. Kobayashi *et al., Agric. Biol. Chem.,* **38**（5），941-946（1974）
17) T. Yamada *et al., J. Bioscience and Bioengineering,* **99**, 521-528（2005）
18) 山田 隆，特許公報：特開2004-283095
19) 山田 隆，特許公報：特開2004-283096
20) R. A. Andersen, ed., Algal Culturing Techniques, p 437, Elsevier Academic Press（2005）
21) *ibid*, p 501
22) 千原光雄ほか編，藻類研究法，pp 241-257，共立出版（1979）
23) 渡辺信編，藻類バイオマス，pp 103-106，みみずく舎（2010）
24) A. Izumo *et al., Plant Science,* **180**, 238-245（2011）
25) 渡辺信編，藻類バイオマス，pp 150-151，みみずく舎（2010）
26) A. Izumo *et al., Plant Science,* **172**, 1138-1147（2007）
27) T. Sawada *et al., Plant Cell Physiol.,* **50**（6），1062-74（2009）
28) 渡辺信編，藻類バイオマス，pp 184-188，みみずく舎（2010）

第19章 海藻バイオマスからのバイオ燃料生産への環境メタゲノムの応用

モリ　テツシ*

1 はじめに

　1760年代に端を発する産業革命以降，先進国を中心に化石燃料の使用が飛躍的に増大し，それに伴い大気中への二酸化炭素の排出が増加の一途をたどった。IPCC（Intergovernmental Panel on Climate Change）の第4次評価報告書（2007）によれば，大気中の二酸化炭素は温室効果ガスとして働き，大気中の二酸化炭素の増加は地球規模での気温の上昇，すなわち地球温暖化の主因となっている。同報告書では，地球温暖化は気温や水温を変化させ，海水面上昇，降水量の変化やそのパターン変化を引き起こし，洪水や旱魃，猛暑やハリケーンなどの激しい異常気象を増加・増強させる可能性がある。また，生物種の大規模な絶滅を引き起こす可能性も指摘されている。

　地球規模で起こる地球温暖化に対処するには，各国が協力して二酸化炭素の排出削減に努めることが必要であり，国連連合では1997年に京都議定書を採択し，地球温暖化の原因となる温室効果ガスの一種である二酸化炭素（CO_2），メタン（CH_4），亜酸化窒素（N_2O），ハイドロフルオロカーボン類（HFCs），パーフルオロカーボン類（PFCs），六フッ化硫黄（SF_6）について，先進国における削減率を1990年を基準として各国別に定め，2008年から2012年までの期間中に，先進国全体の温室効果ガス6種の合計排出量を1990年に比べて少なくとも5％削減することを目的と定めた。これにより，日本は二酸化炭素の排出量を1990年比6％削減することが求められたが，2006年の二酸化炭素排出量は基準年の16.7％増であり，目標値を達成するのは困難な状態となっている[1]。日本が京都議定書の目標値を達成するには，カーボンニュートラルな化石燃料に代わる代替エネルギーを開発する必要がある。

2 カーボンニュートラルなエネルギーの必要性

　二酸化炭素の排出に加え，化石燃料は埋蔵量が限られており，持続可能なエネルギー資源ではないことが問題となる。各国の経済発展に伴い，化石燃料が大量消費されることで，化石燃料の枯渇が懸念されるようになってきた。実際，現在確認されている化石燃料およびウランの埋蔵量から考えられる可採年数は，石油が42年，天然ガスが60年，石炭が133年，ウランが100年と

---

　*　Tetsushi Mori　早稲田大学　理工学術院　国際教育センター，先端生命医科学センター

微細藻類によるエネルギー生産と事業展望

図1　カーボンニュートラルサイクル

なっている（BP統計2009（石油，天然ガス，石炭：2008），OECD/NEA-IAEA Uranium 2007）。これにより，各国が持続可能な経済活動を続けていくには，化石燃料に代わる持続可能な代替エネルギーの開発が求められている。

　カーボンニュートラルでかつ持続可能な代替エネルギーとしては，バイオ燃料が注目されている[2]。バイオ燃料とは，バイオマスから得られたエタノールやメタンといった燃料であり，バイオマスとは生物が太陽光をエネルギーとして，合成によって生成した有機物であり，生命と太陽光がある限り持続的に再生可能な資源である。また，バイオマスを燃焼すること等により放出される二酸化炭素は，生物の生長過程で光合成により大気中から吸収した二酸化炭素であることから，バイオマスから得られたバイオ燃料は，カーボンニュートラルな特長を有している（図1）。

　しかしながら，バイオマスから有効的にバイオ燃料を得るためには複雑な抽出法や製造コスト等といった課題が挙げられる。そこで，より簡易かつ有効にバイオ燃料を製造するプロセスが提唱されている。その中でバイオマス変換酵素は重要な位置を占めており，より活性が高く安定な酵素が求められている。しかしながら，必ずしも多様なバイオマス原料に対応した高活性酵素の取得は容易ではなく，環境微生物から有望な酵素遺伝子の取得が進められている。ここでは，環境微生物からの変換酵素遺伝子の取得技術を紹介，解説する。

3　ハイスループットスクリーニング技術を用いた環境微生物メタゲノムからの有用遺伝子の獲得

　土壌や海洋といった環境は有用微生物の宝庫であり，医薬や化学工業をはじめとする様々な産業に環境由来の酵素の利用は不可欠である[3]。しかし，環境から直接単離培養可能な微生物種は全体のわずか1％にも満たず，約99％の環境微生物は難培養である。そこで難培養微生物も含めたより広範な微生物種を解析の対象とするためにメタゲノム解析を利用したアプローチが広く用いられている。まず土壌や海水等の環境サンプル中からDNAを直接抽出し，クローニングベ

第19章　海藻バイオマスからのバイオ燃料生産への環境メタゲノムの応用

クターに導入してライブラリーを作り，ライブラリー化した環境ゲノムを大腸菌に発現させ系統解析やスクリーニングを行う手法である（図2）[4]。このような環境メタゲノムから活性ベースやシークエンスベースのスクリーニングによって多様な酵素遺伝子の取得が可能となる。竹山らは，このように海綿および珊瑚の共在バクテリアのメタゲノムライブラリーから有用遺伝子または新機能遺伝子の探索を行っており，新機能を持つGDSLエステラーゼ[5]および新規なカドミウム濃縮遺伝子[6]の獲得に成功している。

　メタゲノム解析から得られたゲノム情報量は膨大であり，一般的なスクリーニング法であるプレートアッセイでは目的の遺伝子を単離する際に大量のプレートを使用し，多大な時間と労力を必要とする（表1）[7〜12]。そのためメタゲノムスクリーニングには手法の高速化が求められている。こうした問題を解決するためにParkらはプローブをスポットしたマイクロアレイを用いて，海洋土壌メタゲノムのフォスミドライブラリーからのターゲット遺伝子のスクリーニングをハイスループットに行った[13]。またUchiyamaらは96穴プレートでターゲット酵素の生成物に応答するセンサー細胞をメタゲノムクローンと共に培養し，センサー細胞の蛍光をプレートリーダーを用いて検出することで96個のクローンを一挙に解析できる活性スクリーニング系を構築した[14]。しかしながらマイクロアレイやプレートリーダーを用いた手法では一度に解析できるクローンがプレートの穴数に依存しているためスクリーニングの飛躍的な高速化は見込めない。そこで一度に大量のサンプルを処理する有効な手法としてフローサイトメトリーが挙げられる。

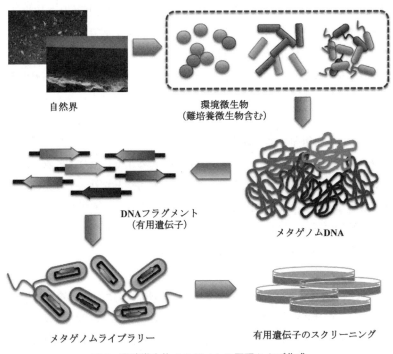

図2　環境微生物メタゲノムの原理および作成

微細藻類によるエネルギー生産と事業展望

表1 プレートアッセイを用いた環境メタゲノムからの酵素スクリーニング

Environment	Target gene	No. of positives/ No. of screened clones	Assay technique	Reference
Soil	Xylanase	1/24,000	Agar plate	(Hu et al., 2008)
Compost soil sediment	Protease	4/389,000	Agar plate	(Waschkowitz et al., 2009)
Deep sea sediment	Lipase	1/8,823	Agar plate	(Jeon et al., 2009)
Surface sea water	Esterase	4/20,000	Agar plate	(Chu et al., 2008)
Compost	Amylase	3/40,000	Agar plate	(Mayumi et al., 2008)
Cow rumen	Mannanase	1/50,000	Agar plate	(Palackal et al., 2007)

フローサイトメトリーに用いられている装置，フローサイトメーターは毎秒約10^4個の胞を解析することが可能であり，変異ライブラリーを初めとする様々な活性スクリーニングの高速化に応用されてきた。Liuらは分解されると大腸菌内にとどまる蛍光基質を用いて，フローサイトメーターによるキナーゼの変異ライブラリーのスクリーニングを行った[15]。また蛍光産物を酵母表面に留めることでフローサイトメーターの利用を可能にする酵母表面ディスプレイ技術もハイスループットなスクリーニングの手法として有用である。Chenらは二つの基質間の結合形成反応を触媒する酵素の変異ライブラリーを作製し，そのスクリーニングに酵母表面ディスプレイを応用し高速スクリーニング法を確立した[16]。Uchiyamaらはメタゲノムスクリーニングにフローサイトメーターを適用しており，ターゲットの基質が標的遺伝子オペロンの発現を誘導する現象を利用した，SIGEXシステムとよばれるGFPレポーターアッセイ系を構築した[17]。

一方，フローサイトメーターを用いた活性ベーススクリーニングではドロップレットを用いた手法が報告されている。Mastrobattistaらはwater/oilエマルジョンおよびダブルエマルジョンにより微小ドロップを作製し，ドロップ内にて*in vitro*でのβ-ガラクトシダーゼの発現および活性スクリーニングが可能であることを示した[18]。さらにドロップ技術はライブラリーの活性スクリーニングにも応用されており，Kojimaらはβ-ガラクトシダーゼの変異ライブラリーを用いてドロップ内に1クローンを包埋および培養後，活性スクリーニングを行った[19]。近年ではエマルジョンドロップの作製にマイクロ流路デバイスが用いられるようになり，これによってサイズのコントロールおよび大きさの統一されたドロップの生産が可能となり，より正確に一菌体をドロップ内に包埋できるようになった。Agrestiらはマイクロ流路デバイスを用いてエマルジョンドロップを作製し，酵母にディスプレイしたホースラディッシュペルオキシダーゼの変異ライブラリースクリーニングをハイスループットに行った[20]（図3）。

このように，フローサイトメトリーやマイクロ流体デバイス等といったハイスループット技術の利用により環境微生物メタゲノムからの新規および有用遺伝子の高速発見や探索が期待できる。また，近年では，高速化のみならず，次のステップ，いわゆる，単一細胞レベルでの解析および技術の開発も求められている[21]。しかしながら，現在の単一細胞解析の分野では，ほとんどの技術が動物細胞に向けて開発されており，数マイクロサイズの微生物を対象にした研究はスタ

第19章　海藻バイオマスからのバイオ燃料生産への環境メタゲノムの応用

A. フローサイトメーターも用いたメタゲノムからの酵素スクリーニング法

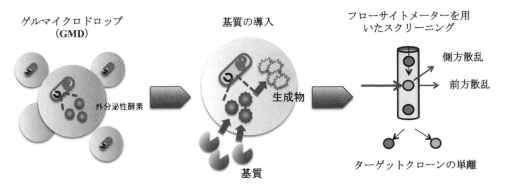

B. マイクロ流体デバイスを用いたメタゲノムからの酵素スクリーニング法

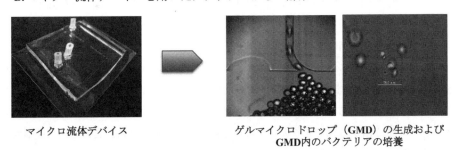

図3　環境微生物メタゲノムからのハイスループットスクリーニング法

ートしたばかりである。我々も，フローサイトメーターやマイクロ流体デバイスを用いて微生物を単一細胞レベルで解析する技術開発を行っている[22]。これらの技術は，環境微生物メタゲノム解析分野でも利用可能であると考えている。

4　バイオエネルギーの生産に向けた環境微生物メタゲノムの可能性

バイオ燃料を製造するバイオマス資源にはいろいろな種類がある。大きく分けるとトウモロコシやサトウキビといったデンプンを中心とした貯蔵糖系バイオマス，麦わら，稲わらおよび廃材といったセルロース系およびリグノセルロース系バイオマス，そして，海藻や微藻類といった藻類バイオマスの3つに分けられる[23]。貯蔵糖系バイオマスはバイオ燃料への変換が容易であるが，食料と競合するという欠点があり，セルロース系およびリグノセルロース系バイオマスは，食料と競合しないが，バイオ燃料への変換は難しく，また，国土の狭い日本においては，十分量のバイオマスを得ることは困難である。それに対し，周りを海に囲まれ，世界で6番目という広大な排他的経済水域を有している日本においては，藻類バイオマスは完全に自給できるバイオマスであり，また，藻類の養殖場が漁場と大きく重なるようなことがなければ，食料と競合することもないので，藻類バイオマスは日本においては大きなポテンシャルをもったバイオマスといえる

微細藻類によるエネルギー生産と事業展望

図4　日本における海藻バイオマスの重要性

（図4）。藻類バイオマスの優位な点として，藻類は成長が早く，収穫量が多いことがあげられる[24]。例えば，*Laminaria japonica*（マコンブ）の生産量は陸上で最も生産性の高い植物であるサトウキビに比べ6.5倍である。また，藻類は，水溶液中の窒素やリンなどを高効率に吸収する環境浄化作用がある。その特徴から海藻はヨーロッパで排水処理に用いられており，日本やイスラエルでは，養殖層の排出口でバイオフィルターとして用いられている。

このように藻類バイオマスは，ほかのバイオマスに比べ多くの利点を有しているが，藻類バイオマス利用における問題点は，他のバイオマスに比べ，バイオ燃料への変換が難しいことである[23]。海藻は多様な多糖から構成されており，海藻をエタノールに変換するためには，それらの多糖をエタノール生産菌が資化できる大きさにまで糖化する必要がある。この処理は硫酸などの酸を使い加水分解する方法と酵素を用いる方法があるが，環境への負荷と後の精製プロセスを考えると酵素を用いるほうが望ましい。しかし，海藻を構成する多糖を分解する酵素の研究はあまり行われておらず，実証的な事例が少ないのが現状である[25]。また，海藻を構成する多糖は，直接エタノールに変換されにくい。グルコースが重合したデンプン，セルロースまたはラミナリンや糖アルコールの一種であるマンニトールを炭素源としたエタノール発酵の研究はあるが，マンヌロン酸とグルロン酸が重合したアルギン酸や様々な側鎖を持ったガラクトースの重合したポルフィランやフコースの重合したフコイダンなどは酵母などのエタノール生産菌は利用できないため，変換酵素遺伝子の付与などの遺伝子改変が必要となる。

そこで，近年，海藻バイオマスをより有効に利用するために，多糖の分解酵素や微生物の探索等が行われてきている。例えば，Hehemannらはバクテロイデス門に属する海洋細菌*Zobellia galactanivorans*由来のポリフィラナーゼ類で，アマノリ属*Porphyra*の紅藻が持つ硫酸化多糖類ポリフィランに作用する物の性質を初めて明らかにした[26]。同様に，Collenらはウルバ属の緑藻の細胞壁から，*Persicivirga ulvanivorans*細菌から，硫酸化多糖類ウルバンを分解可能な2種類新規なウルバンリアーゼを報告した[27]。また，海藻を主食とする海藻無脊椎動物，*Batillus cornutus*（サザエ）の腸内に共在するバチラスやスタフィロコッカスに属する微生物からも，多糖を分解可能な酵素アミラーゼ，セルラーゼ，アルギン酸リアーゼ，ラミナリナーゼ等が発見された[28]。しかしながら，これらの分解酵素は単離培養株から獲得したのがほとんどであり，時間と労力が必要であるばかりでなく，環境中に存在する1％以下の微生物しか利用しないことにな

第19章　海藻バイオマスからのバイオ燃料生産への環境メタゲノムの応用

る。

　より多様な変換酵素遺伝子を取得するためには，環境微生物のメタゲノムを活用することが非常に有効である。上記ですでに紹介したように，環境微生物のメタゲノムを利用することで，多様な海藻分解酵素を獲得できるだけではなく，難培養微生物からも新規および高活性な酵素を取得する可能性が広がる。我々は，現在，バイオ燃料の生産に有効な酵素遺伝子を環境微生物のメタゲノムから発見するために，無脊椎動物を用いたバイオエンリッチメント手法を実践し，効率的な遺伝子探索を試みている。また，大型藻類付着微生物などを遺伝子分離源としても活用している。今後，その成果を報告できることを大いに期待している。

5　おわりに

　本章では，化石燃料に代わるバイオエネルギー生産における環境微生物メタゲノム活用の重要性・有用性およびメタゲノム解析に向けたハイスループット技術の開発を紹介した。特に，陸からのバイオマス資源が限られている日本においては，海洋資源としての海藻バイオマスからのバイオ燃料生産が必要であり，そこには海洋微生物のメタゲノムを用いた研究が不可欠であり，今後の発展が期待できる。

文　　献

1) N. Matsumoto, D. Sano and M. Elder, *Applied Energy*, **86**, S69（2009）
2) バイオマス・ニッポン総合戦略，農林水産省, http://www.maff.go.jp/j/biomass/pdf/h18_senryaku.pdf（2006）
3) 岡村好子, 竹山春子, 松永是, シーエムシー出版, 81（2009）
4) 竹山春子, 岡村好子, シーエムシー出版, 108（2010）
5) Y. Okamura et al., *Mar. Biotechnol.*(NY), **12**, 395（2010）
6) 岡村好子, 竹山春子, シーエムシー出版, 247（2009）
7) Y. Hu, G. Zhang, A. Li, J. Chen and L. Ma, *Applied microbiology and biotechnology*, **80**, 823（2008）
8) T. Waschkowitz, S. Rockstroh and R. Daniel, *Appl. Environ. Microbiol.*, **75**, 2506（2009）
9) J. H. Jeon et al., *Applied microbiology and biotechnology*, **81**, 865（2009）
10) X. Chu, H. He, C. Guo and B. Sun, *Applied microbiology and biotechnology*, **80**, 615（2008）
11) D. Mayumi et al., *Applied microbiology and biotechnology*, **79**, 743（2008）
12) N. Palackal et al., *Applied microbiology and biotechnology*, **74**, 113（2007）

13) S. J. Park, J. C. Chae and S. K. Rhee, *Methods Mol. Biol.*, **668**, 313 (2010)
14) T. Uchiyama and K. Miyazaki, *Appl Environ Microbiol*, **76**, 7029 (2010)
15) L. Liu, Y. Li, D. Liotta and S. Lutz, *Nucleic Acids Res.*, **37**, 4472 (2009)
16) I. Chen, B. M. Dorr and D. R. Liu, *Proc. Natl. Acad. Sci. USA*, **108**, 11399 (2011)
17) T. Uchiyama et al., *Nat. Biotechnol.*, **23**, 88 (2005)
18) E. Mastrobattista et al., *Chem Biol*, **12**, 1291 (2005)
19) T. Kojima et al., *J. Biosci. Bioeng*, **112**, 299 (2011)
20) J. J. Agresti et al., *Proc. Natl. Acad. Sci. USA*, **107**, 4004 (2010)
21) 竹山春子, 岡村好子, 吉野知子, 神原秀記, シーエムシー出版, 208 (2010)
22) 竹山春子, モリテツシ, 庄子習一, シーエムシー出版, 258 (2011)
23) M. Uchida, *Nippon Suisan Gakkaishi*, **75**, 1106 (2009)
24) K. Gao and R. K. McKinley, *Journal of Applied Phycology*, **6**, 45 (1994)
25) S. C. Goh and T. K. Lee, *Renewable and Sustainable Energy Reviews*, **14**, 842 (2010)
26) J. H. Hehemann et al., *Nature*, **464**, 908 (2010)
27) P. Nyvall Collen et al., *J. Biol. Chem.*, **286**, 42063 (2011)
28) S. Gomare et al., *Korean J. Chem. Eng.*, **28**, 1252 (2011)

第20章　酵母を利用したバイオ燃料生産技術

植田充美*

1　はじめに

　合成生物学的革新技術であるアーミング技術[1〜5]と陸上植物のソフト・ハードバイオマスのセルロースやヘミセルロースを完全分解・糖化能力のあるセルロソームをもつ*Clostridium cellulovorans*のゲノムの完全解析[6]は，シュガープラットフォームとフェノールプラットフォームの構築を推進し，これまでの石油におけるオイルリファイナリーに代わる新しいプラットフォームであるバイオリファイナリーのコアとなり，バイオマスの高度利用へのスキャフォールド構築に大いに寄与しはじめている。

　2011年の東日本大震災による福島原発事故と2013年以降のポスト京都議定書の策定の遅れにより，太陽光，風力，バイオマスなどの自然の利活用が重要視され，それによる地球環境の維持が人類への課題となってきている。ところが，バイオマスの利用に関しては，食糧と競合するものもあり，国際的な食糧価格の上昇を招く要因となっている。そこで，陸上では，古紙や農林・食糧廃棄物の主成分であるセルロース系バイオマスを，海洋資源では，微細藻類や大型藻類を，原料とした技術開発が急務である。この課題の中で，前処理には，物理学的手法や化学的手法から，エネルギー的にもコスト的にも，また，環境保全的にも，「微生物利用法」が注目を集めている。製造コストを考え，プロセス全体をより簡便なものにしていくためには，1つの発酵槽にて生産可能なプロセスが設備コストの面でも有利となる。このようなプロセスを実現するためには，全プロセスを1つの生物触媒にて行うことが求められるため，現在，糖化・変換能をすべて包含するような合成生物学的手法が実用的技術として確立し注目を集めてきている。

　この過程において，多くの重要な遺伝子群とその機能を自在に操作できなければならない。実際，石油に替わってエネルギーだけでなく現在の化成品のすべてを農林廃棄物や海洋資源から産出する「リサイクル・資源創出バイオテクノロジー」のような先端技術の開発が提唱されてきている。

　こういう時代背景のもと，生体内分子を網羅的に解析するオミクス解析の進展は，生命現象を多角的に解析し，石油を起点とする研究に代わって，農林廃棄物や海洋資源を原料とする低環境負荷・省エネルギーなどの観点から微生物などの生物を利用して，バイオ燃料や化成品などの有用物質を生産する研究へと転換していくことが不可欠となってきている。そういった生産法を新しく考案したり，生産効率を高めたりするためには，これまでになかった代謝を創造したり構築

---

*　Mitsuyoshi Ueda　京都大学　大学院農学研究科　応用生命科学専攻　教授

したりするなどの「合成生物学」，あるいは，「合成生物工学」の発想が重要となってきた[7]。

2 バイオマスの完全糖化が可能な微生物ゲノムの完全解読

陸上セルロース系バイオマスの前処理として，これまでの物理的・化学的手法のうち，酵素処理法が現在の主流の技術であるが，これに，勝るものとして，「微生物前処理法」が注目を集め始めている。これは，セルロース系バイオマスのセルロースやヘミセルロースを完全分解・糖化するというエネルギー・コスト・環境保全の面から「未来型の革新的前処理法」として世界からの期待が大きい。自然界では，Clostridium 属微生物群が陸上バイオマス分解の最前線で活動しており，アメリカエネルギー庁（DOE）もこの微生物群すべてのゲノム完全解析制覇をもくろんで国家プロジェクトを着々と進めている。Clostridium 属微生物群は，その多くは，細胞表層に木材チップなどを直接分解できる各種セルラーゼ・ヘミセルラーゼの超複合体であるセルロソームを生産し，そのセルロソームには，これまで述べてきた複雑で化学連携するすべての酵素群

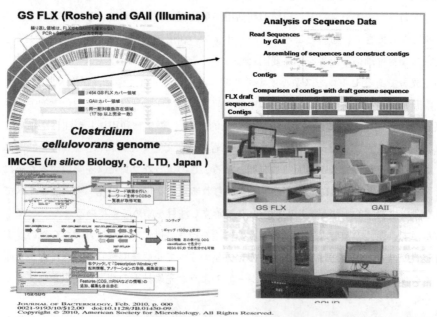

図1 Clostridium cellulovorans のゲノムの完全解析

第20章 酵母を利用したバイオ燃料生産技術

を操作することなく，ほとんどすべてが内在し，その微生物が陸上植物バイオマスを完全分解して生育するための前処理をしているのである。

我々は，このセルロソームにおいて，もっとも進化した型，すなわち，陸上植物ソフトバイオマスのセルロースやヘミセルロースの完全分解・糖化能力のあるセルロソームをもつ *Clostridium cellulovorans* のゲノムの完全解析を，アメリカに先駆けて完成させた（図1）[6]。この成果により，陸上植物のソフトバイオマスの完全分解・糖化能力のあるセルロソームの全貌を世界で初めて明らかにした。実際この微生物を用いることにより，革新的微生物前処理法として，稲わらや古紙を裁断したものをこの微生物と混ぜて貯留するだけで，完全分解・糖化できることを実証した。この *Clostridium cellulovorans* および，そのゲノム解析は，陸上植物セルロースの前処理法として，エネルギーやコスト収支，さらに，環境に負担をかけない点からも革新的な手法として国産エネルギー源開発の先端技術となる。海洋資源である微細藻類や大型藻類を原料とした場合に，この微生物処理とゲノム情報が使えれば大きなリサイクル・バイオテクノロジーの重要なプラットフォームとなると考えられる。

3 プラットフォーム形成による未来型のバイオ燃料研究

デンプンのような食糧と競合する原料からバイオエタノールを生産するプロセスから，食糧と競合しないバイオディーゼルや農林・水産廃棄物からバイオエタノール（未来型バイオ燃料）生産を目標として技術開発を進展させることが重要であるのは，周知のことである。

しかし，扱う原料物質は，すべてそのまま生体触媒が取り込めない高分子化学物質が主体である。これらをまず，低分子物質にする必要がある。そのために，物理的・化学的手法が使われてきたが，LCA（Life Cycle Assessment）を考慮すると酵素法や微生物処理法が重要な前処理法となってくる。さらに，バイオエタノール生産プロセスに必要なプロセスを1つの発酵槽にて同時に行うプロセスは，Consolidated bioprocessing（CBP）と呼ばれているが，製造コストや他の雑菌に汚染されない安全な管理を考え，プロセス全体をより簡便なものにしていくためには，CBPのような1つの発酵槽にて生産可能なプロセスが望ましい。これまでのデンプンからのエタノール発酵プロセスである並行複発酵（Simultaneous saccharification and co-fermentation：SSCF）では，酵素生産のためのプロセスが別個に必要であるのに対し，CBPでは酵素生産も同時に行うため，他の雑菌汚染のない，より効率的なエタノール生産が期待できるとともに，発酵槽自体の大きさもより小さくすることができるので，設備コストの面で有利となる[8]。このようなCBPプロセスを実現するためには，糖化反応に必要な酵素群の生産と糖化，さらに糖化により得られる様々な糖類の発酵を1つの微生物にて行うことが求められる。酵母は糖類のエタノール発酵を行うことができるが，デンプンやセルロースなどの高分子バイオマスの糖化反応を行うことができないため，CBP微生物を利用する際には糖化能を付与する合成生物学的手法が必要である。

微細藻類によるエネルギー生産と事業展望

　CBPプロセス実現のためには，酵母などの微生物の合成生物学的分子育種において，細胞表層工学技術は非常に有効である。細胞表層を反応の場として捉え，細胞表層のデザインを可能にした細胞表層工学技術（アーミング技術）では，目的の機能性タンパク質を細胞表層上にディスプレイさせ，細胞自体に新しい機能を付与することができる。したがって，細胞の分子育種だけでなく，増殖性と可変性をもつ生体触媒の新しい手法として，これまでにない様々な有用機能を付与したアーミング酵母が創製されてきている。このシステムにより，1個の細胞あたり10^5-10^6個の分子を細胞表層にディスプレイすることができる。酵素を細胞表層提示した場合，酵母は酵素生産の母体としてだけでなく，酵素固定化の担体としても機能するため，酵素の生産と担体への結合といった2段階のプロセスを同時に行うことができる。さらには，酵母を培養するという非常に簡便な操作により，これを自動的に行うことが可能である。また，酵母は真核微生物であるため，タンパク質の品質管理機構を備えており，活性のある様々な有用酵素を細胞表層提示させることができる。さらに，細胞表層工学は細胞表層へ新機能を付与するバイオツールとしてだけではなく，変異導入したタンパク質が提示された細胞を1つの支持体としてタンパク質の精製・濃縮操作を必要とすることなく，細胞をいわばタンパク質で覆われたマイクロ粒子として扱うことによって，提示したタンパク質の機能を細胞のまま解析することができる革新的分子ツールでもある。

　我々は，細胞表層，即ち，細胞膜や細胞壁に着目して，これらの領域に輸送局在化するタンパク質のアドレスとなる情報の探索と活用をめざした。「細胞表層工学（Cell Surface Engineering）」[1~5]とは，こういった細胞表層へ輸送局在化されるタンパク質の分子情報を活用して，外来タンパク質を細胞膜の外側や細胞壁にターゲティングさせ，細胞表層に新機能を賦与することにより，従来の細胞を新機能を装備した細胞に生まれ変わらせる合成生物学的細胞育種工学である（図2）[7]。

　具体的に，パン酵母 Saccharomyces cerevisiae で最も機能解析が進んでいる細胞壁タンパク質としては，細胞同士が，接合の時に誘導発現する性凝集細胞間接着分子であるアグルチニンタンパク質がある。このタンパク質には，α接合型細胞で発現するα-アグルチニンとa接合型細胞で発現するa-アグルチニンがあり，ともに細胞壁に結合して活性部位が細胞の最外層から突き出ており，この2つの分子を介して細胞間接着が起こる。α-アグルチニンとa-アグルチニンのコア部分はそれぞれ共に，GPI（グリコシルフォスファチジルイノシトール）アンカー付着シグナルと推定される疎水性領域をC末端に有しており，また，セリンとスレオニンに富む糖鎖修飾部位と接着にかかわる活性部位がN末端側に有り，そのさらにN末端に疎水性の分泌シグナルを持つ分子構造からなる。細胞膜へのアンカーリングに必要なGPIアンカーは，原生動物，粘菌，酵母，昆虫から哺乳類にいたるまで様々な真核生物に見いだされており，その基本骨格はよく保存されている。酵母の細胞壁に存在するタンパク質のGPIアンカー付加に必要なC末端疎水性アミノ酸配列は，疎水性の性質以外にあまり共通性が見られないが，C末端のこの疎水性部分で翻訳後の前駆体タンパク質は小胞体膜に一時的に保持され，タンパク質部分は小胞体内腔に配向する。その後，おそらくトランスアミダーゼ活性を持つと思われる酵素によりそのC末端GPI付加

第20章　酵母を利用したバイオ燃料生産技術

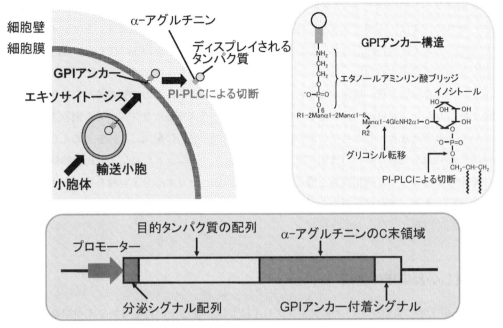

図2　細胞表層工学（アーミング酵母創製）の原理
PI-PLC，ホスファチジルイノシトール特異的ホスホリパーゼC

シグナル配列が認識されて，切断を受け，新たにできたC末端（ω部位）は，既に小胞体で合成されているGPIアンカーのエタノールアミンのアミノ基との反応によりアミド結合が形成される。このようにアンカーリングされたタンパク質は小胞体内腔に露出した形で，さらにゴルジ体を経て，分泌小胞を介したエキソサイトーシスにより細胞膜へ輸送されて細胞膜に融合される。哺乳類のGPIアンカー付加タンパク質は，この融合によって細胞膜外に露出されて保持されるが，細胞壁をもつ酵母などの場合は，さらに細胞表層でPI-PLC（ホスファチジルイノシトール特異的ホスホリパーゼC）によりさらに切断をうけて細胞壁の最外層に移行する。その際，これらのタンパク質の細胞壁への固定には，GPIアンカーの糖鎖部分に細胞壁のグルカンが共有結合されることが重要なプロセスとなる。これらの一連のプロセスの中で，細胞内でのタンパク質の品質管理によるフォールディングの管理と膜融合による巨大ネイティブタンパク質分子の細胞外への排出システムは応用価値が高い。

この新しい「細胞表層工学」手法とそれによって創製された細胞は，アメリカのChemical & Engineering News（**75**（15），32（1997））などでもいち早く取り上げられ，世界初の技術と評されるとともに，その先駆性が高く評価された。我々は，この技術を用いて，酵母細胞が従来持ち得ない機能を細胞表層に賦与して，新しい機能性細胞につくりかえた。このような細胞は，「千手観音」になぞらえて，「アーミング酵母（Arming Yeast）」と命名され，その技術は「アーミング技術」と称されている（図2）[1〜5]。酵母においては，前述した細胞表層最外殻に位置する

163

性凝集素タンパク質であるα-アグルチニンの分子情報を活用したわけであるが，この分子の構造は，簡単に言えば，分泌シグナル・機能ドメイン・細胞壁ドメイン（セリンとスレオニンに富むC末320アミノ酸残基）からなっており，このC末320アミノ酸残基のC末端にGPIアンカー付着シグナルが存在するので，分泌シグナル・機能ドメインを操作することによって，種々の酵素やタンパクを細胞表層に提示することが可能となるのである。このアグルチニンはその本来の機能や性質からして通常時には機能しないながらも，その発現の潜在スペースを細胞表層に保持しているとも考えられ，しかもその活性部分を細胞外に理想的に配向していると考えられる。この手法により細胞表層に新しい機能を賦与したり，スクリーニングなどにより得た特殊な機能をもつ細胞の表層にさらに細胞機能を増強する分子を修飾したりする分子育種を行い，もとの代謝系を保持したまま，細胞壁を新たな反応場とする細胞に改変変換することも可能になり，多くの応用が進んでいる。

4 新しい反応場の創成

「細胞表層工学によるタンパク質ディスプレイ法」は，地球上の再生可能で未利用なバイオマス資源を従来の石油や石炭由来のエネルギーや化学化成品の代替原料にしていくバイオマスリファイナリーの中核技術となってきている。地球上には，多くの未利用の糖源もあり，これらを直接資化できる酵母 S. cerevisiae の創製は，クリーンなエネルギーを生み出すエコバイオエネルギー創製技術基盤ともなり，新機能酵母育種のモデルケースでもある。このような細胞を創製するために，デンプンについては，グルコアミラーゼやα-アミラーゼの遺伝子を，細胞表層工学システムに組み込み，両酵素反応を細胞表層で共役・発現ディスプレイさせた細胞を開発した。これにより，初めて可溶性ならびに生のデンプンを唯一の炭素源として生育するアーミング酵母が創製でき，これまでの記録を撃ち破るような高いデンプン分解速度とエタノール生産性を実現できた（図3）。また，非可食であり，地球資源の中でも最も豊富であり再生可能なセルロースを資化して生育し，エタノールを生み出す酵母は，地球規模でのエネルギー循環系の革命を起こしうるなど，その有用性は測り知れない。結晶領域と非結晶領域をもつ固体セルロースからのエタノール生成には，エンド型セルラーゼであるエンドグルカナーゼやエキソ型セルラーゼであるエキソセロビオヒドロラーゼの共役とβ-グルコシダーゼの連携が必須で，細胞表層でそのような共役・連続連携が可能な酵母も分子育種できている。また，木質系および草本系のリグノセルロースにセルロースとともに多く含まれるヘミセルロースを細胞表層で分解できる各種酵素を共役・発現ディスプレイさせた酵母細胞もすでに育種されている[9]。これらの酵素に存在するセルロース結合ドメインやリグニンを分解する酵素などを共役して発現させ，セルロース分解機能の解析とその能力の向上を分子レベルで追究できる系の構築も完成している[8〜12]。これらの育種細胞では，細胞表層で，高分子であるデンプンやセルロースから変換されたグルコースは，培地に留まることなく，エタノール生産が可能になったため，従来の酵素法ではなしえなかった他の

第20章 酵母を利用したバイオ燃料生産技術

雑菌の汚染がないエタノール生産が可能な新しい培養工学手法の展開も実現した。また、藻類を原料とする場合、上記のシステムの活用によるエネルギー生産と、さらに、藻類特有の生理活性物質の変換反応を表層という新しい反応場で行っていくという興味深い両用システムの構築が可能となりつつある（図3）。

この細胞表層を新しい反応プラットフォームとする系（図4）は、これまでの、あるいは、こ

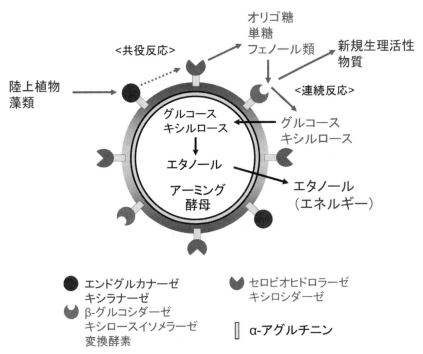

図3　各種原料を資化・変換できるアーミング酵母モデル図

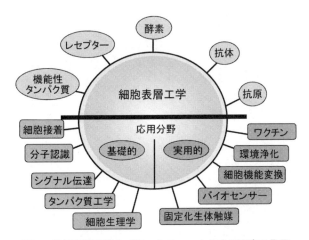

図4　細胞表層工学をプラットフォームとする研究の発展

165

れからの細胞内の代謝変換反応を共役することにより，多くの未利用資源の利活用の基盤の発展に寄与していくことを確信させるものである。

文　献

1) M. Ueda *et al., Appl. Environ. Microbiol.*, **63**, 1362（1997）
2) 植田充美，細胞表層工学による新機能細胞の創製，バイオサイエンスとインダストリー, **55**, 275（1997）
3) 植田充美，酵母の細胞表層工学，化学と生物, **35**, 525（1997）
4) 植田充美，微生物育種の未来開拓―細胞分子育種に変革をもたらす細胞表層工学の開拓, 21世紀の農学（京都大学学術出版会）, **275**（2008）
5) 植田充美，バイオ燃料研究を変革する細胞表層工学，化学, **65**, 52（2010）
6) Y. Tamaru, M. Ueda *et al., J. Bacteriol.*, **192**, 901（2010）
7) 植田充美，合成生物工学の隆起，シーエムシー出版（2012）
8) 細胞表層工学の開発とバイオテクノロジーへの展開，バイオサイエンスとインダストリー, **69**, 8（2011）
9) 植田充美，セルロース系バイオエタノール製造技術集成―食糧クライシス回避のために―，エヌ・ティー・エス（2010）
10) 植田充美，化学フロンティア，第9巻，化学同人（2003）
11) 植田充美，エコバイオエネルギーの最前線，シーエムシー出版（2005）
12) 植田充美，微生物によるものづくり―化学法に代わるホワイトバイオテクノロジーの全て―，シーエムシー出版（2008）

第21章 バイオリファイナリーのための酵素変換技術

徳弘健郎[*1], 村本伸彦[*2], 今村千絵[*3]

1 はじめに

　植物由来の糖からバイオ燃料や化学物質原料を生産するバイオリファイナリーは，石油化学に代わる再生可能な物質生産プロセスとして注目を集めている。酵母（*Saccharomyces cerevisiae*）はバイオエタノール生産の宿主として有用であるが，近年，代謝工学的手法により酵母の代謝を変換し，高級アルコール[1]やポリ乳酸の原料となる乳酸[2,3]，イソプレノイド化合物[4,5]などを生産する酵母なども開発され，バイオリファイナリー用の宿主としても使用可能であることが示されている。また，食料生産との競合を避けるために陸生植物由来のリグノセルロースを原料として前処理後に糖化し，酵母の炭素源として利用する研究も進められている。さらに海藻類を原料としてエタノールを生産する大腸菌の例も報告され，注目されている[6]。リグノセルロースの主成分であるセルロースは，セルラーゼと呼ばれる酵素群により単糖（グルコース）にまで分解される。酵母はセルラーゼを生産しないため，カビなどで生産させたセルラーゼによる糖化工程が別途必要となるが，セルラーゼ製剤は高価であり，セルロースを原料としたバイオリファイナリーのコスト低減が困難となる要因の一つである。そこで，酵母にセルラーゼを発現させ，糖化と発酵を同時に行わせる統合バイオプロセス（CBP：Consolidated bio processing）が着目されている。ここでは，酵母の細胞表層に6種類のセルラーゼを提示し，セルロースからの乳酸発酵を試みた。

　また，酵母の表層に提示する酵素は，発酵槽の環境（温度やpH）下で活性を発揮できることが糖化・発酵効率の向上につながると考えられる。従って，酵母の発酵条件を想定し，30〜35℃，かつ酸性条件下での活性が向上したβ-グルコシダーゼ（BGL）およびエンドグルカナーゼ（EG）の取得を試みた。酵母を発酵生産株として用いる場合，pH4付近で発酵することにより，他の細菌のコンタミネーションの防止ができる。また，乳酸等の有機酸の生産を考えた場合にも，有機酸の生産による培地の酸性化によるセルラーゼの失活や活性低下を回避できると考えられる。以下に，セルラーゼ提示酵母によるセルロースからの乳酸発酵と，提示酵素の耐酸性化

[*1] Kenro Tokuhiro　㈱豊田中央研究所　有機材料・バイオ研究部　バイオ研究室　研究員
[*2] Nobuhiko Muramoto　㈱豊田中央研究所　有機材料・バイオ研究部　バイオ研究室　研究員
[*3] Chie Imamura　㈱豊田中央研究所　有機材料・バイオ研究部　バイオ研究室　主任研究員

を目指した改変例を述べる。

2 セルラーゼの酵母細胞表層への提示

セルラーゼによるセルロースの分解機構は,セロビオハイドロラーゼ(CBH)とエンドグルカナーゼ(EG)による可溶性オリゴ糖の生成と,β-グルコシダーゼ(BGL)による単糖(グルコース)までの分解である。これら3種類のセルラーゼが協奏的に働くことにより効率よくセルロースが分解される。酵母の細胞表層タンパク質であるα-アグルチニンとセルラーゼの融合タンパク質を発現することにより,セルラーゼを細胞表層に提示した「アーミング酵母」を用いて,バイオマスからエタノールが直接生産可能であることが示されている[7, 8]。我々は,乳酸生産酵

表1 本研究で使用したセルラーゼ遺伝子

Cellulase enzymes	Cellulase genes	GHF[a]	GenBank accession No.
BGLs			
PcBGL	*P. chrysosporium bgl-1*	3	AF036873
AaBGL1	*A. aculeatus bgl1*	3	D64088
EGs			
PcEG12A	*P. chrysosporium cel12A*	12	AY682744
TrEGII	*T. reesei egl2*	5	M19373
CBHs			
PcCBH7C	*P. chrysosporium cel7C* (CBH I type)	7	Z22528
PcCBH2	*P. chrysosporium cbh2* (CBH II type)	6	S76141

a) GHF, glycosyl hydrolase family

表2 本研究で使用した組換え酵母菌株

yeast strains	Relevant features and cellulases expressed in the recombinant yeasts[a] (the gene copy numbers on the genome)
OC-2T	MAT a/α trp1/trp1 homothallic
TC8-3A	*pdc1/pdc1*, 8 copies of *PDC1* P-*ldh* were integrated into the OC-2T genome, used as the host strain of this study
CL101	PcBGL (2)
CL201	PcBGL (2) PcEG12A (2)
CL305	PcBGL (2) PcEG12A (2) PcCBH7Csec (2)
CL402	PcBGL (2) PcEG12A (2) PcCBH7Csec (2) PcCBH2sec (2)
CL501	PcBGL (2) PcEG12A (2) PcCBH7Csec (2) PcCBH2sec (2) TrEGII (2)
CL601	PcBGL (2) PcEG12A (2) PcCBH7Csec (2) PcCBH2sec (2) TrEGII (2) AaBGL1 (2)

a) Each celulases was expressed as a fusion protein with the secretion signal of *R. oryzae* glucoamylase and the C-terminal half region of the α-agglutinin except for the CBH enzymes shown with -sec that were secreted in the free form without fusion of the α-agglutinin. The cellulase genes were expressed under the control of the *HOR7* promoter from *S. cerevisiae*.

第21章 バイオリファイナリーのための酵素変換技術

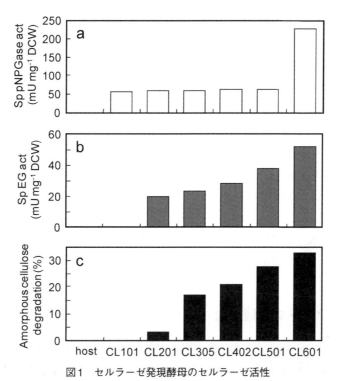

図1 セルラーゼ発現酵母のセルラーゼ活性
The strain names were shown in horizontal axes. a) The cell associated β-glucosidase activity measured as specific pNPGase activities, b) endoglucanase activity toward β-glucan with the whol cell culture, c) amorphous cellulose degradation calculated from the amount of glucose released from 0.5％ (w/v) amorphous cellulose with the whole culture at 45℃ for 24h. pNPG, p-nitrophenyl-β-D-glucopyranoside; DCW, dry cell weight. The data represent the averages of two independent experiments.

母にこの技術を応用して，バイオマスから乳酸を生産する酵母の創製を行った。

本研究で用いたセルラーゼ遺伝子を表1に示す。L-乳酸生産酵母は，我々の研究室で作製した株を用いた（表2）。BGLとしては由来の異なるGHF3に属する2種類の遺伝子を，EGとしてGHF12およびGHF5に属する遺伝子を，それぞれ細胞表層に発現し提示した。CBHはセルロース結晶の表面を移動しながら分解していく酵素である[9]ことから，酵母の細胞表層に提示すると移動を妨げることになると考え，遊離型で分泌発現することとした。まず初めに，PcBGLの発現カセットを，2倍体ゲノムを有する乳酸生産酵母TC8-3A株のゲノム上にインテグレーションし，胞子分離を行った。宿主のホモタリック性を利用して2コピーの発現カセットを持つホモ2倍体株を選抜してCL101株とした。同様にしてPcEG12A, PcCBH7C, PcCBH2, TrEGIIおよびAaBGL1を順次ゲノム上にインテグレーションし，最終的に6種類のセルラーゼ（2種類ずつのBGL, EGおよびCBH）を発現するCL601株を作製した（表2）。

次に，これらの株のセルラーゼ活性を評価した。酵母菌体のBGL活性はp-ニトロフェニル-

β-D-グルコピラノシドを基質とし,洗浄した酵母菌体を用いて30℃にて測定した[10]。可溶性多糖に対するセルラーゼ活性(EG活性)は,大麦由来β-グルカンを基質とし,酵母の培養液(菌体および培養液)を作用させて生じた遊離還元糖濃度をソモギー・ネルソン法にて定量することにより測定した[8]。遊離した還元糖の酵母による資化を抑制するために反応温度は45℃とした。不溶性のアモルファスセルロースに対するセルラーゼ活性は,リン酸膨潤セルロース(PSC)を基質として[8]EG活性測定と同様に行った。セルラーゼ活性の測定結果を図1に示す。PcBGLを導入したCL101株はBGL活性を示し,さらにEGやCBHを導入したCL201〜CL501株でもBGL活性は維持されていた。AaBGLを追加導入したCL601株では再びBGL活性の上昇がみられた(図1-a)。EG活性はPcEG12Aを発現するCL201株で初めて検出され,セルラーゼ遺伝子の追加導入により次第に活性が上昇した(図1-b)。アモルファスセルロースの分解活性はPcCBH7Cを導入したCL305株で初めて強い活性を示し,さらにPcCBH2(CL402),TrEGII(CL501)およびAaBGL(CL601)を導入する毎にその活性が上昇した(図1-c)。

3 セルロースからの乳酸生産

CL601株を用いてPSCからの乳酸発酵生産を試みた(図2)。PSC(10 g/L)を唯一の炭素源とするYP培地(10 g/L酵母エキス,20 g/Lペプトン,pH6)にCL601株菌体を$OD_{600}=50$となるように接種し,30℃で培養した。PSCの分解に伴い乳酸の生産がみられ,72時間で7 g/Lの乳酸が生産され,対消費糖収率は90%以上であった。遊離グルコースとエタノールの生産はほとんど見られなかった。しかし,乳酸の生産に伴い培地のpH低下が起こり,PSCの分解速度も低下したことから,発現するセルラーゼに耐酸性を付与する必要があると考えられた。

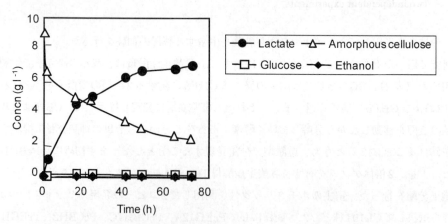

図2 CL601株によるアモルファスセルロースからの直接乳酸発酵
Production of lactate, ethanol, and glucose from amorphous cellulose with the strain CL601 under anaerobic condition and neutralization with $CaCO_3$. Initial cell density was adjusted to OD_{600} of 50.

4 酸性条件下でのセルラーゼ活性の向上

セルラーゼへの耐酸性の付与は，SIMPLEX法（single-molecule-PCR-linked in vitro expression，大腸菌由来無細胞タンパク質合成系によりタンパク質分子の変異ライブラリーをマイクロプレート上に構築し，スクリーニングする手法[11, 12]）を用いて行った。

まずはGHF 3に分類されるThermotoga maritima由来BGL遺伝子（Genebank：AE001690）の全域にerror-prone PCRによりランダム変異を導入し，SIMPLEX法によりプレート上に約1万種類の変異BGL分子ライブラリーを作製した。ライブラリーの無細胞合成産物1μlを，pH3.0，4.0，5.5にそれぞれ調製した酵素活性測定液80μl（2 mM p-ニトロフェニルβ-D-グルコピラノシドを含む100 mM 乳酸ナトリウムバッファー）に添加し，30℃で60分間保温後に生成するp-ニトロフェノールの吸光度（405 nm）の増加を測定し，30℃，かつ，低pHでも活性を示す変異体BGLをスクリーニングした[13]。最終的に，酸性条件下で活性が向上（pH4.0で野生型の約2.5倍）し，かつ至適pHが酸性側にシフトした変異体（clone 2）と，至適pHは変わらないが活性が約6倍に向上した変異体（clone 1）の2種類を取得した（図3-A）。酸性条件下での活性が向上したclone 2を，乳酸生産酵母TC8-3A株の表層へ提示し，各pHにおけるBGL活性を評価した。変異体BGL提示株では，pH3.0～4.0の条件下でのBGL活性が，野生型BGL提示株の2倍程度に向上していることがわかった（図3-B）。これは無細胞合成系により生産させた変異体BGLの活性を評価した際の結果と一致しており，SIMPLEX法により取得した変異体の機能が酵母表層でも有効であることが示された。

次に，GHF 12に分類されるPhanerochaete chrysosporium由来EG遺伝子Pccel12Aにランダム変異を導入した約1万種類の変異体ライブラリーを作製し，SIMPLEX法によりスクリーニン

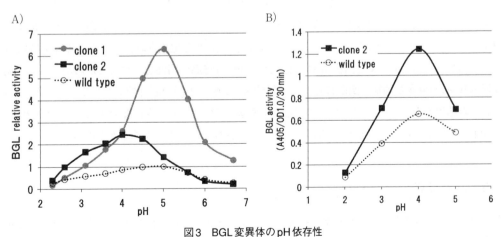

図3　BGL変異体のpH依存性
A) 無細胞合成したBGL変異体
B) 酵母表層に提示したBGL変異体

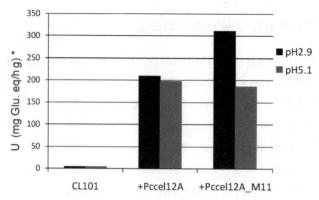

図4　酵母表層に提示したEG変異体の酸性条件下での活性
*菌体1g，1時間あたりに1mgの還元糖（グルコース等量）
が生成した場合を1Uとする。

グした。合成産物をpH2.0又は2.5に調製したカルボキシメチルセルロース（CMC）寒天プレート上に滴下して，30℃で16～18hr反応させ，コンゴレッドで染色し，分解により形成されるハロの大きさが野生型よりも大きい変異体5種類を取得した。最も活性が高かったM11についてpH2.0～7.0でのCMC分解活性を評価した結果，変異体M11は野生型と比較して，pH5.0～7.0ではほぼ同等の活性を示したが，pH4.0以下で還元糖生成量の増加（1.5倍程度）が認められた（data not shown）。一方，市販セルラーゼ製剤に含まれ，同じGHF 12に属する*Trichoderma reesei*由来EGIIIや，GHF 5に属する*Trichoderma reesei*由来EGIIにおいては，pH5.0以下では顕著に活性が低下していた。次に，野生型及び変異体EGを，CL101株の表層へ共提示した菌体を，$OD_{600}=10$となるように0.5％βグルカン，1％乳酸，25mM 酢酸ナトリウム（pH2.9，またはpH5.1）に添加し，50℃で4時間反応後に生じた還元糖量を測定した（図4）。野生型EG提示株においては，pH2.9とpH5.1における活性はほぼ同等であった。無細胞合成産物を用いて測定した場合の活性は，pH2.9での活性はpH5.1の約1/3であったことから，酵母表層に酵素を提示することにより，低pH下での酵素の安定性が向上したと推測された。一方，変異体M11提示株のpH2.9での活性は野生型提示株と比較して約1.5倍高い活性を示すことがわかった。上記変異体BGLの場合と同様，耐酸性化した変異体EGが酵母表層でも有効であることが示された。これらの結果から，耐酸性化した変異体EGは酵母表層に提示した際に変異導入による耐酸性化の効果を保持し，かつ至適pH5での活性よりも高い活性を示すことが明らかとなった。

5　おわりに

酵母の表層に6種類のセルラーゼを提示し，セルロースからの乳酸発酵が可能であることを示した。また，いくつかのセルラーゼにつき，酸性条件下での活性向上に成功した。CBP酵母によるバイオリファイナリーやセルロースエタノール生産などを考えた場合，酵母表層への提示も

第21章　バイオリファイナリーのための酵素変換技術

しくは分泌発現される酵素は，発酵時の環境中にさらされることとなる。従って，今後さらに培地中の阻害物質や温度，pHなどに適応した酵素への改変が必要となると考えられる。

文　献

1) E. J. Steen *et al., Microb Cell Fact.,* **7**, 36（2008）
2) D. Porro *et al., Biotechnol. Prog.,* **11**（3），294-8（1995）
3) N. Ishida *et al., Appl. Environ. Microbiol.,* **71**（4），1964-70（2005）
4) D. K. Ro *et al., Nature,* **440**（7086），940-3（2006）
5) K. Tokuhiro *et al., Appl. Environ. Microbiol.,* **75**（17），5536-43（2009）
6) A. J. Wargacki *et al., Science,* **335**（6066），308-13（2012）
7) R. Yamada *et al., Microb Cell Fact.,* **9**, 32（2010）
8) Y. Fujita *et al., Appl. Environ. Microbiol.,* **70**（2），1207-12（2004）
9) K. Igarashi *et al., Science,* **333**（6047），1279-82（2011）
10) K. Tokuhiro *et al., Appl. Microbiol. Biotechnol.,* **79**（3），481-8（2008）
11) S. Rungpragayphan *et al., J. Mol. Biol.,* **318**, 395（2002）
12) 今村千絵ほか，コンビナトリアル・バイオエンジニアリングの最前線，p.156，シーエムシー出版（2004）
13) C. Imamura *et al.,* MIEBIOFORUM 2008 proceedings, 506（2009）

第22章 バイオマスからのメタン発酵技術

関根啓藏*

1 はじめに

　バイオマスとは「生物を利用して有用物質やエネルギーを得ること」(大辞泉小学館刊) と定義されている。家畜糞尿や，生ゴミ，下水汚泥等がバイオマスで，それらをメタン菌によって有用な天然ガスを得る技術が発酵技術である。

　我国でのメタン発酵技術は，し尿処理の歴史とは切り放せない技術で，戦後，米軍がし尿を肥料として田畑に撒くことに驚き，処理をすることを指示された結果，昭和28年 (1953年) に30℃加温30日で消化する技術が確立した。その後，37℃20日間で消化する方式となった。しかし，その後浄化槽の普及，下水道の整備が進行し，し尿のメタン発酵は発酵槽の改良や，投入し尿の希釈方法などの研究が多く，し尿のメタン発酵技術は若干停滞した感があった。

　平成になり (1997年) 下水処理場の汚泥を含め，資源循環型システムの研究として，生ごみなど他の有機性廃棄物も入れたメタン発酵法が開発され，国庫補助事業として「汚泥再生センター事業」が開始された。

　筆者らは，昭和57年 (1982年) 頃より，全水没式回転円板を用い，高BOD排水の嫌気処理を試み，活性汚泥法と変わらない時間でメタン発酵が完了することを確認していた。当時は，ガス利用はガス関係設備に種々の制約があり，その対応に困難が伴い，排水のBOD処理のみ行い，ガスは空中に放散していた。

写真1

---

*　Keizo Sekine　㈱関根産業　代表取締役

第22章 バイオマスからのメタン発酵技術

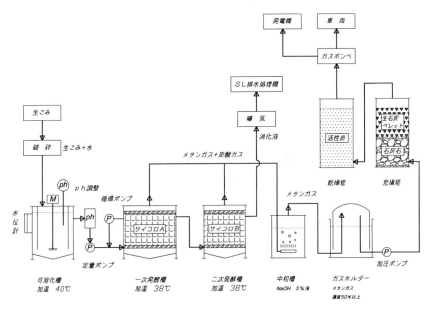

図1 バイオマスからのメタン発酵フローシート

　メタン発酵法については，既に多くの研究者の報文や，その他の図書があるので，技術的な事項は他を参考として欲しい。今回は，昨年度の国の事業として「豊川水系クリーンエネルギー活用事業調査」にメタン発酵プラントを供したので，この新しいメタン発酵法についてまとめた（写真1，図1）。

2　嫌気性分解

2.1　可溶化（写真2）

　バイオマスとして入手する有機物で，液状有機物（し尿，煮汁等）であれば比較的容易に嫌気性分解は促進されるが，家庭から排出される生ゴミや，ホテル，スーパー等からの固形有機物であれば，嫌気性菌による加水分解，酸性発酵等の工程を経て，溶解性物質（液状化）に変えなければならない。

　そのため，写真2に示すように可溶化槽を設け，加温，撹拌をし，嫌気性種菌や消化酵素等を投入し，液化進行を促した。

　本装置は液化が進むと，槽内部の二重構造の外壁側を，投入量によって液面が上昇する構造となっている。液化の状態は槽外に設けた透明の水量計で確認する。スタート時には固形物をできるだけ細かく砕き，液状化の時間を短くする様心掛けた。

　破砕機は，肉屋が使用するミンチにするスライサーの5m/m刃を使用し，加温は40℃に設定した。破砕の作業性及びその後の流動性を考慮し，固形物量10％程度に水で希釈した。

微細藻類によるエネルギー生産と事業展望

写真2

　10 L/日，滞留時間4日で運転しており，酸発酵が進むとpHは3.0程度になる。

　この段階では，炭水化物はアルコール類と炭酸ガスに，蛋白質はアミノ酸と硫化物等となり，脂肪は有機酸とアルコール類に分解される。従って，臭気を発生し，炭酸ガス発生によって投入口の蓋が外れた事もあった。この段階では未だメタンガスの発生は少ないと思われる。

　液化され，酸化液となった液化バイオマスをpH4.5～5.0程度に中和し，メタン発酵槽へ定量移送する（チューブポンプ使用7 cc/分）。

　発酵が進み消化液が排出されると，その消化液を混入し，希釈液とした。メタン発酵に際し，最も時間を要し，周囲の環境に留意するのがこの可溶化である。可溶化の時間短縮には，固形物をできる限り細かく砕いて投入することと，充分に撹拌し，加温することがポイントである。

2.2　メタン発酵槽（写真3）

　液状化したバイオマスを，引き続き嫌気性細菌の作用により，メタンや二酸化炭素に還元分解する。この分解作業をメタン発酵法と呼称する。

　メタン発酵技術は，槽内のメタン菌をいかに多量に保持し，このメタン菌と有機物をいかに長時間接触させるかが重要である。また，メタン菌は小さく軽いため，送水により流出する可能性があり，発酵槽内に菌体を保持する担体を，充分充填することが必要である。この担体の量が発酵槽内の菌体濃度を決定することとなる。

　菌体と有機物との接触率を高める方法として，担体を移動させる方法（流動床方式）と，槽内の液体を流動させる方法（固定床方式）がある。今回は担体を固定し，液体をポンプで循環する固定床方式を採用した。発酵温度は，53～55℃の高温発酵法，36～38℃の中温発酵法があるが，中温発酵法を採用する。

第22章　バイオマスからのメタン発酵技術

写真3

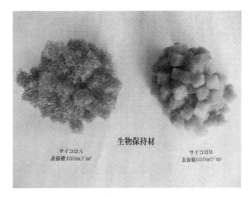

写真4

　発酵槽内充填担体は，砕石などの空間率をロスする物は避け，空間率97〜98％，比表面積400 m²/m³（サイコロA）と，600 m²/m³（サイコロB）のLock材を使用した。Lock材はヘチマのタワシに似たプラスチックの捲縮繊維（魚の釣糸程度）をかさ高に並べ，繊維同志を樹脂で固着したマット状の製品で，活性汚泥の固定床として使用している（写真4）。そのマットの厚みと同寸法のサイコロ状に切断した担体を，一次発酵槽内80％（40ℓ容量）に充填した。二次発酵槽は，一次発酵槽担体より捲縮繊維を更に細くし，綿状の糸を使用した（写真4）。またこのLock材は空間率が大きく，槽内の液量にほとんど影響せず，しかも繊維の表面積が非常に多いため，菌体保持に最適な材料と考える。

　使用する繊維材質にポリエチレン，ポリプロピレン等のオレフィン系繊維を用いると，菌との電気的極性が合わないのか，流速が速いと付着した菌が，剥離流出する現象が見られるので，この材質以外を使用する必要がある。今回使用した材質は，塩化ビニリデン系であり，この材質は電気的極性が非常に高いので，菌体保持に良好な結果を示している。

　植種に使用した菌は，千葉県知事の承認を得て，「和郷」（山田バイオマスプラント）より分けていただいた[※1]。シーディング（植種）後，1週間程度でガスの発生が確認できた。安定化には約1ヶ月近くを要した。

　ポンプ循環の方向は，下向流・上向流と試したが，下向流の際は上方のガスが混入し，起泡現象が発生したので上向流とした。ポンプを停止すると，槽内のいたる所（サイコロ）からガス発生の気泡が立ち昇るのが確認できる。原水供給のチューブポンプ出口と，循環ポンプは，発酵槽の入口で合流し，混合される。発生したガスは，上方より流出し，処理された液は上部途中，配管より二次発酵槽下部へ移行する。二次発酵槽は循環ポンプがないので，充填された担体（Lock材）サイコロを通り，上向流で進行する。流速は1時間に10 cm上方向へ移動し，6時間以上滞留の後，消化液として排出される。

※1　千葉県環境生活部資源循環推進課　バイオマスプロジェクトチーム

この二次発酵槽ではガスの発生はほとんど無く，メタン菌の流出を抑える沈殿槽的な役目を担っている。

3　脱硫とガスホルダー（写真5, 写真6）

発生したガスは薄い3％水酸化ナトリウム液を通過し，硫化物を中和除去する。その際，水酸化ナトリウム液交換作業を便利に行なうため2槽使用した。

このガス中和塔は，液面を高くすると抵抗となりガス圧が高まり，アクリル塔の発酵槽のガス圧が加わるので，槽の強度を考え，液面を低くとった。従って，薬液の量が少なく交換作業が比較的繁雑となった。二酸化炭素も中和できるかと考えたが，薬液との反応時間が短かった為か，期待した程除去することができなかった。中和塔を通過したガスは，水密の上蓋式ガスホルダーへ貯蔵され，ガスが充満すると蓋が上部に上がり，上部に設定してあるセンサーが作動するとコンプレッサーが稼動し，次の石灰塔（乾燥槽）へ圧送する。

4　石灰乾燥塔（写真7）

乾燥塔はコンプレッサーで加圧されているので，直径200A圧力配管材（スケジュール20）を使用した。管長1.2m，容量約35ℓに石灰石と生石灰（CaO）ペレット（吉沢石灰工業㈱製）を充填した。この塔を通過すると二酸化炭素はほとんど吸着し，メタン濃度が95％以上となった。生石灰ペレットは水分を吸着すると，消石灰（$Ca(OH)_2$）となり，容積が8倍に膨化するので，時期をみて交換する。

写真5

写真6

第22章 バイオマスからのメタン発酵技術

写真7

写真8

5 メタン貯蔵タンク（写真8）

硫化物，二酸化炭素，水分を除去した後，メタンガスを利用する目的のガス貯蔵タンクは，圧力配管材（スケジュール30）400Aを使用し，約150ℓの容量のタンクとした。この貯蔵タンク内にクラレケミカル㈱社製「メタン吸着用活性炭GG 活性炭GG8/70（メタン吸着用）」30kgを充填し，貯蔵容量を増大している「メタン吸着等温線」（図2参照）。この活性炭はタンク容量の20〜30倍吸着貯蔵できる能力を有する。また，タンクに貯蔵（加圧3kg/cm^2）後，三菱電機製小型ガス発電機を稼働し，発電試験を行った。

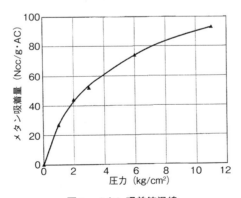

図2 メタン吸着等温線
測定温度：25℃ 活性炭：GG8/70

6 まとめ

　畜産業家畜排泄物，食品加工残渣，農水産業廃棄物等をコンポスト化し，肥料にすると，臭気の問題，施肥時期までの貯蔵の問題，又，有機食品系の含水率の高い材料を，高価な燃料で焼却する等は，埋立地或いは焼却灰問題等，目の前の問題を短期に解決する方法は，高コスト化して排出する側に戻ってくる。これらバイオマスをローコストにエネルギー化するのがメタン発酵法である。本装置の発酵は数時間，少なくとも24時間以内で完了する。

　しかし，一般のメタン発酵法は，発酵に長時間を要し，設置面積や，設備が大型化するのが難点であった。発酵槽に生物接触担体Lock材を使用することで，この発酵時間の短縮が計れるのである。固定床として使用しても，移動床（回転円板）としても発酵槽内の生物量が増大することによって，時間短縮が可能となった。回転円板発酵槽の場合，1本のシャフトに4槽があり，それぞれ生物相が異なり，菌体濃度がある程度増殖されると，比較的安定稼動が行なえるので，今後普及すると考えられる。最も重要な可溶化問題についても，高温高圧蒸気を使用し，数10分で鳥の羽根まで液化できるので，今後この高温高圧蒸気法の開発に努める予定である。

　今回のメタン発酵プラントの加温装置は電熱を使用したが，実装置の場合，発生ガスを燃焼することになる。

・可溶化槽へ投入する原料の破砕方法も，臼とミキサー式の破砕機を使用する方式がある。
・発酵槽へ移送する計量ポンプは，チューブ式のポンプが便利と思われる。
・循環ポンプは，必要量移送ができれば，通常のポンプで充分である。
・脱硫方法は鉄材を使用する一般的な装置の取り扱いが容易で，今後はこの方法を使用したい。
・加圧ポンプは，更に高圧仕様を使用する必要があると考える。
・乾燥塔内に生石灰（CaO）ペレットを充填した事は，乾燥以外に二酸化炭素除去に効果があり，この方法が良いと考える。
・メタンガス貯蔵タンクについては，ゴム容器を使用する例もあるが，価格を調査し，経済的に検討すべきである。

　自動車等の燃料用としては，更にボンベへの高圧圧入装置等も必要となるので，メタン応用については次回のテーマとしたい。

第23章　亜臨界水による藻類の燃料化技術

岡島いづみ*1,　佐古　猛*2,　七條保治*3,　岡崎奈津子*4

1　はじめに

　最近，石油資源の価格の高騰と枯渇が危惧されている。また地球温暖化をはじめとする環境問題への心配から，化石燃料に代わる再生可能でクリーンな新エネルギーの開発が急務である。そのような状況の中で，枯渇性資源でなく，再生可能な循環型資源であるバイオマスの利用が注目を集めている。しかしながら我が国は国土が狭く，陸上のバイオマスの生産量は限られている。一方，国土を海に囲まれており，排他的経済水域の面積では世界第6位である。このために，日本にとって海洋バイオマス（マリンバイオマス）の利用は将来のエネルギー資源の確保と環境問題の克服のために不可欠の課題である。

　近年，日本各地の内湾では，陸から，あるいは魚の養殖等により過剰に供給されている窒素やリン等が原因で海藻が異常繁殖を起こし，年間数百～数千トンも回収され，その処理に困っている。その一方で海藻が繁殖しない磯焼け現象を起こしている地域もある。例えば北海道では，鉄鋼スラグを海洋に投入することで鉄分を海に供給し，海藻の生育を促進し，磯焼けを解消するための実証試験が自治体や新日本製鐵㈱等により進められているが，繁殖した海藻の使い道については未だ検討段階である。また海水中の窒素やリンを海藻に取り込ませて除去し，水質の富栄養化を抑制する試みが始まっているが，この場合も成長した海藻をどのように処理し有効利用するかが大きな問題になることが多い。

　海藻類は多量の水分を含んでおり，焼却するには乾燥や補助燃料の使用等の多大なエネルギーを必要とする。一部は食用として利用されているが，大部分は有効利用法がないのが現状である。このような未利用の海藻類を上手に活用することは，バイオマス資源の有効利用および環境保全の両面から重要である。そこで私達は亜臨界水を用いた海藻の燃料化を検討した。亜臨界水加水分解による海藻類の燃料化の大きな長所は，①反応溶媒である水は無害，安価かつ豊富に存在する，②反応溶媒が水なので，高含水率の海藻類の乾燥を必要としない，③海藻中の有害元素を水溶性物質に変換し，燃料中への移行を抑制できることが挙げられる。ここでは海藻類の中のヒトエグサとコンブを取り上げて，その燃料化の概要を説明する。なお本研究は北海道経済産業局の

---

*1　Idzumi Okajima　静岡大学　工学部　物質工学科　助教
*2　Takeshi Sako　静岡大学　大学院創造科学技術研究部　教授
*3　Yasuji Shichijo　新日鐵化学㈱　開発推進部　部長
*4　Natsuko Okazaki　新日鐵化学㈱　開発推進部　主任

「低炭素社会に向けた技術発掘・社会システム実証モデル事業」の一環として行ったものである。更にこれまでの研究成果を基に，微細藻類からのバイオオイルの抽出残渣の燃料化への可能性についても検討する。

2　亜臨界水とは

図1に水の温度—圧力線図（温度，圧力条件によってどのような状態の水が存在するのかを示した図）を示す。亜臨界水とは図1中の灰色の領域で示されるように，水の沸点の100℃～臨界温度の374℃の間で，飽和水蒸気圧以上の高温高圧の液体水である。亜臨界水は温度，圧力によって誘電率やイオン積という水の反応性に大きな影響を与える物性値を容易かつ大幅に変えることができるという特徴を持っている。図2に水の誘電率の温度，圧力依存性を示す。誘電率は溶媒の極性の尺度であり，溶媒は誘電率の近い値の物質をよく溶解する。例えば室温，大気圧下の液体水の誘電率は約80と非常に高い値であり，この時には誘電率の低い炭化水素（例えばベンゼンの誘電率は2.3）は溶解しない。しかし今回用いた300～360℃の亜臨界水では10～20程度と極性の弱い有機溶媒並みの値となるために，クレゾールやブタノールのような誘電率の低い有機物を溶解するようになる。次に図3に水のイオン積Kwの温度，圧力依存性を示す。イオン積は以下に示すように水のイオン解離の尺度である。

$$H_2O \rightleftarrows H^+ + OH^-, \quad Kw = C_{H^+} \times C_{OH^-}$$

ここでC_{H^+}, C_{OH^-}は水素イオン及び水酸イオンの濃度［mol/kg］である。水のイオン積は室温，大気圧下では$10^{-14} mol^2/kg^2$であるが，250～300℃の飽和水蒸気圧下の亜臨界水では10^{-11}程度まで増大する。この結果，水が解離して酸やアルカリ触媒の役割をする水素イオンや

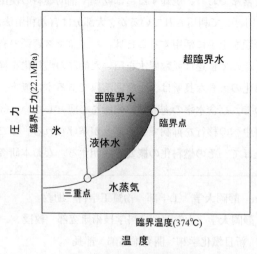

図1　水の温度—圧力線図

第23章　亜臨界水による藻類の燃料化技術

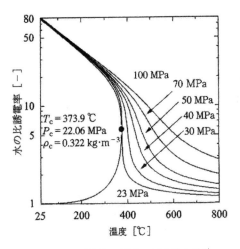

図2　水の誘電率の温度，圧力依存性[1]

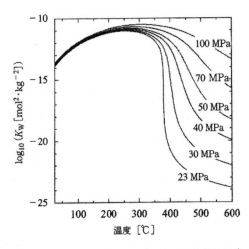

図3　水のイオン積（Kw）の温度，圧力依存性[1]

水酸イオンが多く生成するために，加水分解のようなイオン反応を促進するようになる。さらに温度が上がるとイオン積は急激に下がり，臨界点では室温，大気圧下の水の値程度まで低下する。このように亜臨界水は温度や圧力を変えることにより，単一溶媒でありながら水から有機溶媒に近い特性を示し，イオン反応場からラジカル反応場まで提供することができる。

3　海藻の油化

3.1　バッチ反応装置

海藻の亜臨界水処理に用いた反応装置を図4に示す。装置はバッチ式で，内容積約 $9\,cm^3$ のステンレス製反応管を使用した。この中に所定量の海藻と蒸留水を充填して密閉し，あらかじめ反

微細藻類によるエネルギー生産と事業展望

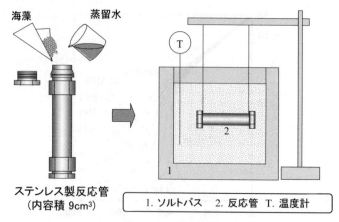

図4 バッチ反応装置

応温度に加温しておいたソルトバス（溶融塩浴）に浸けて，反応管を加熱した。この浸けた時刻を反応開始時刻とした。蒸留水を入れて密閉した反応管を加熱することで，管内は反応温度まで上昇して亜臨界水の状態となる。同時に，水の加熱により管内の圧力はほぼ反応温度における飽和水蒸気圧まで上昇した。一定時間加熱後，反応管をソルトバスから取り出して冷水に浸けて急冷し，反応を一気に止めた。冷却後，反応管内の生成物を蒸留水で洗いながら回収した。水に不溶な成分はテトラヒドロフラン（THF）で溶解・回収し，燃料油成分とした。更にTHFにも不溶な固体成分は固体残渣とした。生成物の分離・分析法を図5に示す。今回，燃料油として回収したい成分はTHF可溶分なので，この成分の収率を上げるための反応条件の検討を行った。

今回用いたヒトエグサ及びコンブの組成を表1，固形分（有機分＋無機分）中の元素組成を表2に示す。ここでは天日干しにした海藻を使用した。またヒトエグサとコンブ中の代表的な糖類の組成と構造式を図6に示す。ヒトエグサは主要成分としてラムナン硫酸を有しているために，通常の海藻類の中では硫黄分の重量割合が高い。一方，コンブの主要成分はアルギン酸であり，塩素やヨウ素といったハロゲンが多いという特徴がある。このために，これらの海藻類から燃料油を生成するためには，燃焼器の腐食や排ガスによる大気汚染の原因となる硫黄やハロゲン含有率が低い油を生成することが重要である。

また図7以降のグラフの縦軸の各生成物の収率は次に示すように炭素ベースで定義した。

炭素ベースの水可溶分の収率[%]
$$= \frac{水溶性有機炭素の重量[g]}{海藻の仕込み量[g] \times 海藻中の炭素の重量分率} \times 100$$

炭素ベースの燃料油の収率[%]
$$= \frac{燃料油の重量[g] \times 燃料油中の炭素の重量分率}{海藻の仕込み量[g] \times 海藻中の炭素の重量分率} \times 100$$

第23章 亜臨界水による藻類の燃料化技術

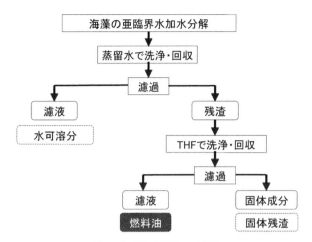

図5 生成物の分離・分析法

表1 ヒトエグサとコンブの組成

	水分[wt%]	有機分[wt%]	無機分[wt%]
ヒトエグサ	17.0	71.8	11.2
コンブ	13.9	55.3	30.8

表2 ヒトエグサとコンブ中の固形分（有機分＋無機分）の元素組成

	C [wt%]	H [wt%]	N [wt%]	O [wt%]	S [wt%]	Cl [wt%]	I [wt%]	その他 [wt%]
ヒトエグサ	27.0	5.1	1.0	49.0	3.9	3.1	0.0009	10.9
コンブ	25.8	3.8	1.9	32.1	0.3	9.9	1.0	25.2

$$炭素ベースの固体残渣の収率[\%] = \frac{残渣の重量[g] \times 残渣中の炭素の重量分率}{海藻の仕込み量[g] \times 海藻中の炭素の重量分率} \times 100$$

3.2 亜臨界水による海藻の分解・油化
3.2.1 ヒトエグサの分解・油化

まず始めにヒトエグサの亜臨界水加水分解において，反応管中の水の量が各生成物の収率に与える影響を検討した。図7に300℃，8.6MPa（300℃の飽和水蒸気圧）の亜臨界水中で1分間，1.0gのヒトエグサを加水分解した際の生成物の収率と反応管に対する水の相対体積の関係を示す。ここで水の相対体積とは反応温度，反応圧力における仕込んだ水の体積と反応管の内容積（9 cm³）の比である。例えば図7中で，水の相対体積が最も大きい75 vol%では，300℃，8.6MPaで6.8 cm³（9 cm³×0.75）の水が反応管中に存在していることを示している。反応管に

微細藻類によるエネルギー生産と事業展望

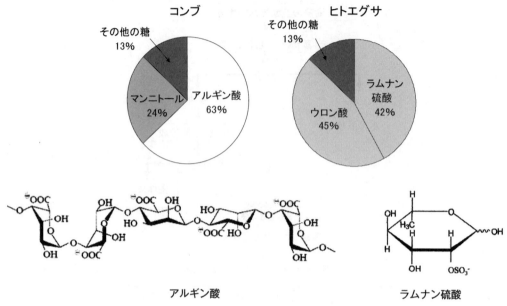

図6 ヒトエグサとコンブ中の主要な糖類の組成と構造

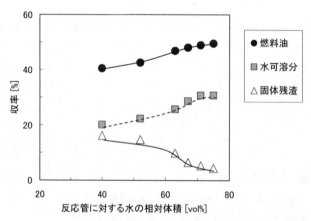

図7 亜臨界水中でのヒトエグサの加水分解における生成物の収率と反応管に対する水の相対体積の関係（反応温度300℃，反応圧力8.6 MPa，反応時間1分，ヒトエグサ重量1.0 g）

対する水の相対体積が増加すると，すなわち反応場における亜臨界水の割合が増加すると燃料油と水可溶分の収率が増加し，一方，固体残渣の収率は減少した。これは反応管中の亜臨界水の割合の増加によりヒトエグサが亜臨界水と十分に接触しやすくなり，加水分解が促進したためである。更に水の存在により燃料油や水可溶分が炭化して固体残渣になる反応やガス化して消失する反応が抑制された。以上のことから，燃料油を高収率で得るためには，反応管中の水の割合が高いほうが好ましいことがわかった。ただし水の割合が高すぎると，その加熱に多量のエネルギーが必要になり，燃料生成のエネルギー効率が低下する。このために今回の実験では，燃料油の収

第23章　亜臨界水による藻類の燃料化技術

率が頭打ちになりつつある75vol％を最適な水の相対体積とした。

　図8に亜臨界水中でのヒトエグサの加水分解における生成物の収率と反応温度，反応時間の関係を示す。反応条件はヒトエグサの仕込み重量1.0g，反応管に対する水の相対体積75vol％，反応温度と反応圧力は300℃と8.6MPa，350℃と16.5MPa（反応圧力は反応温度での飽和水蒸気圧）である。まず固体残渣の収率について，どちらの反応温度でも反応時間約1分で極小になった後に増加したことから，反応時間1分まではヒトエグサ中の有機分の加水分解が主に進行し，その後，炭化も同時に進行することで残渣収率が増加したと考えられる。水可溶分の収率は反応時間の経過と共に急速に減少した。一方，2つの反応温度での燃料油の収率を比較すると，300℃では反応時間2分で最大収率の50％，350℃では1分で61％と，高温の方がより短時間により高収率で燃料油が生成していることがわかる。また反応初期では水可溶分の収率が低下する一方で燃料油の収率が増加していることから，ヒトエグサは反応初期に一気に水可溶分まで加水分解した後，脱水，環化，再重合等によって油溶性の燃料油成分を生成したと推測できる。さらに反応時間が増加すると燃料油の収率が低下していること，燃料油の収率の最大となる反応時間と固体残渣の収率が最小値をとる反応時間が一致することから，反応初期を過ぎると燃料油の炭化により逐次反応的に固体残渣が生成していると考えられる。

　さらに反応温度を360℃まで上げた際の各成分の収率を350℃の結果と比較したものを図9に示す。ただしヒトエグサの仕込み重量は2.0gである。反応温度が上昇すると，より短い反応時間で燃料油の収率は最大になった。例えば360℃では反応時間40秒で燃料油成分の収率は最大の63％となった。一方，固体残渣の収率は30～35秒で最小となった。以上の結果から，360℃ではヒトエグサの加水分解による可溶化は30～35秒でほぼ終了し，それから40秒あたりまで水溶性成分の油化が進行して燃料油が生成した後，燃料油の炭化が進行したと推測できる。また350℃では60秒で固体残渣の収率は14％まで増加したが，360℃では45秒で19％まで増加した。

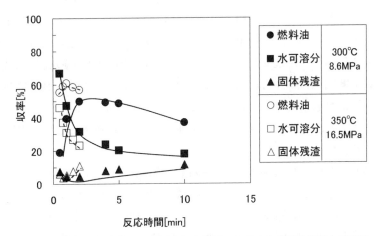

図8　亜臨界水中でのヒトエグサの加水分解における生成物の収率と反応温度及び反応時間の関係（ヒトエグサ重量1.0g，水の相対体積75vol％）

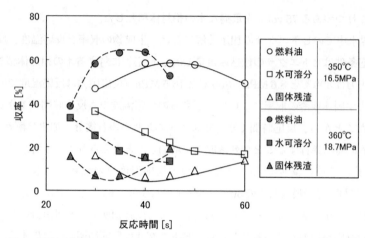

図9 亜臨界水中でのヒトエグサの加水分解における生成物の収率と反応温度及び反応時間の関係（ヒトエグサ重量2.0g，水の相対体積75vol％）

このことから，亜臨界水という高温，高圧の液体水中でも，反応温度が高く反応時間が長いと熱化学反応の炭化が促進することが明らかになった。これら3つの生成物の収率の反応時間依存性から，ヒトエグサ→水可溶分→燃料油→固体残渣のように反応が進行すると推定される。

次に最も燃料油の収率が高い360℃の反応温度で，ヒトエグサの仕込み量を増やすと各成分の収率にどのような影響が出るかを検討した。図10に実験結果を示す。燃料油の収率の最大値は，仕込み重量2.0gでは反応時間40秒で63％，4.0gでは35秒で68％と，仕込み重量が多くなるとより短い反応時間でより高い燃料油の収率を得ることができた。これは高温下で水に対するヒトエグサの重量比率が増加することで水溶性成分の脱水が進んだ結果，燃料油の生成が進行したためである。さらにヒトエグサの仕込み量を6.0gまで増加した際，生成物の収率と反応時間の関係を図11に示す。燃料油の収率は30秒の時に最大の72％になった。また反応時間の経過と共に水可溶分の収率が減少する一方で，固体残渣の収率が増加し，更にガス収率の増加が見られた。この時生成したガスはほとんどが二酸化炭素だった。今回用いた内容積約9cm^3の反応管ではヒトエグサの仕込み量の上限が6.0gだったことから，これ以上仕込み量を増加した実験は行えなかった。以上の結果，内容積約9cm^3の反応管を用いた本実験では360℃，18.7MPa，30秒，反応管に対する水の相対仕込み体積75vol％，ヒトエグサの仕込み量6.0gが72％という最大の燃料油収率を得るための最適条件だった。またこの時の水可溶分の収率は16％，固体残渣の収率は8％，ガス収率は3％だった。

ヒトエグサの亜臨界水処理により得られた燃料油の高位発熱量と元素組成を測定した。その結果を図12に示す。ここでは4.0gのヒトエグサを360℃の亜臨界水中で30秒処理して得られた燃料油を分析した。亜臨界水処理前のヒトエグサと生成した燃料油の元素組成を比較すると，燃料油中では炭素，水素，窒素の割合が増加し，酸素，塩素，硫黄の割合が減少した。処理前のヒトエグサに比べて硫黄の重量分率が約1/8まで低下したのは，ヒトエグサ中の主要成分の多糖類で

第23章 亜臨界水による藻類の燃料化技術

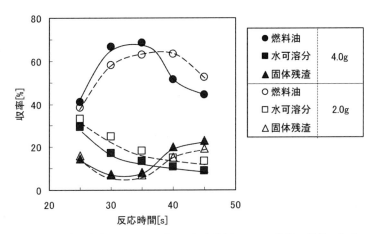

図10 亜臨界水中でのヒトエグサの加水分解における仕込み重量の生成物収率への影響（360℃，18.7 MPa，水の相対体積75 vol%）

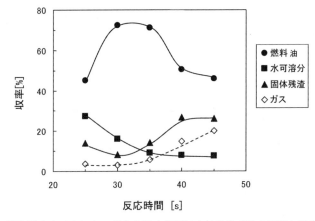

図11 亜臨界水中でのヒトエグサの加水分解における生成物の収率と反応時間の関係（360℃，18.7 MPa，ヒトエグサ重量6.0 g，水の相対体積75 vol%）

あるラムナン硫酸のスルホン基が亜臨界水加水分解により脱離して水に溶解し，燃料中にはほとんど残らなかったためと考えられる。また塩素の重量分率が1/10まで低下したのは，天日乾燥したヒトエグサの表面の塩分が亜臨界水処理によって水中に溶解し，燃料油に残留しなかったためである。また処理前のヒトエグサに比べて炭素の重量分率が大幅に増加し酸素の重量分率が大幅に減少していることから，燃料の発熱量はかなり高くなったと予想される。実際に高位発熱量を測定すると，処理前のヒトエグサで11.9 MJ/kgだったものが亜臨界水処理後の燃料油では29.9 MJ/kgと2.5倍に増加した。また燃焼器の腐食や有害な排ガスの原因となる塩素は0.3 wt%，硫黄は0.5 wt%と含有率が低いことから，高発熱量でクリーンな燃料油としての利用が期待される。

これまでの実験で，ヒトエグサを亜臨界水処理すると水可溶分が生成し，更にその成分が縮

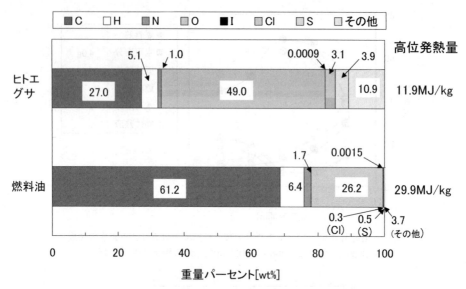

図12 ヒトエグサと燃料油の元素組成と高位発熱量の比較（360℃，18.7 MPa，30秒，ヒトエグサ重量4.0 g，水の相対体積75 vol％）

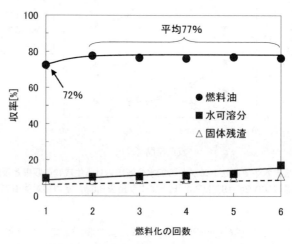

図13 水可溶分の燃料化の効果（360℃，18.7 MPa，30秒，ヒトエグサ重量6.0 g，水の相対体積75 vol％）

合・環化・再重合等をすることで油溶性の燃料油になることが明らかになった。そのためにヒトエグサの燃料化後，残存した水可溶分を溶解した水を次回のヒトエグサの処理工程に用いる水に混ぜて亜臨界水処理することで，更に燃料油の収率を増加可能か検討した。その結果を図13に示す。ここでは前の実験で得られた水可溶分を次の実験でヒトエグサと一緒に反応管に仕込んで亜臨界水処理した。そしてその実験で得られた水可溶分を更に次の実験で使用するという手順を繰り返した。処理条件は360℃，18.7 MPa（飽和水蒸気圧），30秒，ヒトエグサの仕込み重量

6.0g, 反応管に対する水の相対体積75 vol％である。これまでの1回目の亜臨界水処理では燃料油の収率は72％だった。続いてこの実験で得られた水可溶分を含む水を用いて行った2回目の亜臨界水処理では，燃料油の収率は78％まで増加した。この操作を6回目まで行ったところ，2回目以降の亜臨界水処理での燃料油の収率はほぼ一定だった。2〜6回目の亜臨界水処理での燃料油の収率の平均値は77％と，水可溶分の追加がない1回目に比べて収率は5％増加した。以上から水可溶分は亜臨界水処理すると燃料油になること，そのために水可溶分を含む排水の再利用は燃料油の収率の増大に効果があることが明らかになった。

3.2.2 コンブの分解・油化

次にコンブの亜臨界水加水分解による燃料化を試みた。図14にコンブを350℃，16.5 MPaの亜臨界水中で処理した際，各生成物の収率と仕込み重量及び反応時間の関係を示す。反応管に対する水の相対体積は75 vol％である。仕込み重量1.0gの場合，水可溶分の収率は時間と共に減少し，一方，燃料油の収率は増加した。また固体残渣の収率は少し上昇した程度である。図8に示した，同じ反応温度の350℃で同じ仕込み重量の1gのヒトエグサを処理した場合と比較すると，燃料油の最大収率は，ヒトエグサでは反応時間1分で61％であるのに比べて，コンブでは30分で43％と，反応時間が長く，収率も低いことがわかった。この理由としてコンブはヒトエグサに比べて水可溶分の減少速度，燃料油の生成速度，固体残渣の生成速度がかなり遅いことから，コンブ中の有機物は亜臨界水加水分解しにくいと考えられる。一方，仕込み量を3.0gまで増やすと，燃料油の収率は反応時間5分で最大の57％まで増加した。また20分で得られた燃料油中の炭素の重量分率が75.5 wt％と，亜臨界水処理前のコンブの25.8 wt％に比べて約3倍になった。更に燃料油の高位発熱量も33.5 MJ/kgと，ガソリンの34.6 MJ/kgと同程度の値を得ることができた。

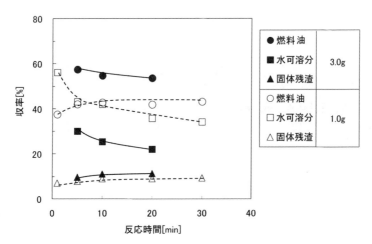

図14 亜臨界水中でのコンブの加水分解における生成物の収率への仕込み重量と反応時間の影響（350℃，16.5 MPa，水の相対体積75 vol％）

4 微細藻類抽出残渣の油化の可能性

　近年，オイル生産機能を有する微細藻類によるバイオオイルの生産に関する研究が大変注目されている。これは，微細藻類の種類によっては脂質だけではなく炭化水素を生産できること，二酸化炭素の固定化への寄与が高いこと，食料と競合しないこと等，様々な利点が挙げられるためである。しかしオイル抽出後には抽出残渣が発生することから，今後，微細藻類からバイオオイル生産を実現するためには，残渣の利活用技術の開発が求められている。現在のところ，化粧品・健康食品の原料，飼料，肥料等が検討されている[2]。微細藻類からオイルを抽出した後の残渣はたんぱく質や炭水化物等を含み，熱がほとんどかからない圧搾，ヘキサンや超臨界二酸化炭素等による抽出の後では残渣は熱変性を受けていないことから，上記のような利用法が適している。一方，更にエネルギー生産性を上げるために，抽出残渣もエネルギー源にすることも残渣の有効利用の一つである。水を用いる抽出残渣のエネルギー化技術として，ここで紹介した300～360℃程度の亜臨界水による直接油化の他に，500～700℃の超臨界水による水素やメタン等へのガス化，150～300℃の亜臨界水や200～600℃の過熱水蒸気による炭化等，いくつかの可能性がある。抽出残渣の特性，生成物の収率と選択率，エネルギー効率，触媒の有無等を検討しながら，どの技術が最も適しているのか，どの処理条件が最適か等を検討する必要がある。

5 おわりに

　亜臨界水を用いる高含水率の海藻類の燃料化技術はラボスケールでの検討が始まったばかりである。今後，燃料化する場合や燃料として用いる場合の課題を明らかにし，実用化に向けて一歩ずつ進んで行きたい。

文　　献

1) 化学工学会超臨界流体部会編, 超臨界流体入門, 丸善 (2008)
2) 産業競争力懇談会2010年度研究会最終報告, 産業競争力懇談会 (2011)

第24章 バイオ燃料製造時の廃液処理

多田羅昌浩*

1 はじめに

化石燃料の枯渇，地球温暖化防止，循環型社会形成の推進などの観点から，藻類，セルロース系バイオマス，食品系廃棄物などの再生可能な非可食バイオマスから液体燃料を製造する技術開発が，世界各国で行われている。これらの技術開発では製造に関する要素技術に重点が置かれ，数多くの研究機関が参画し，多額の予算が投入されている。一方，製造時に排出される廃液については机上検討が多く，最適化されたシステムの研究開発が少ないのが現状である。

また，現状では，実用運転を行っている糖蜜，でんぷんなどからのバイオエタノール製造施設では，廃液のラグーン処理が主流となっており，不十分な処理による環境水への悪影響，メタンなどの温室効果ガスのラグーンからの放出などが問題となっている[1,2]。この問題は，廃液処理コストが製造コストに反映されるため，事業性を優先してきた結果であるが，近年，環境規制が各国で厳しくなってきており，バイオマスからの液体燃料製造規模を拡大させる上でも，早急に克服すべき問題である。

上記のような観点から，環境に調和したバイオ燃料製造システムを構築するためには，コスト，環境両面で最適な廃液処理システムを開発，構築することが必要である。

2 バイオ燃料製造廃液の特性

バイオマスを原料とする燃料製造時に排出される残渣，廃液は，バイオエタノール，バイオディーゼル製造工程から排出される蒸留残渣，廃グリセリンなどが代表的であるが，高濃度の有機物を含んでいるものが多い。また，対象原料，製造方法により，残渣の性状，有機物や固形物の濃度，組成が異なる。アルカリ，酸，熱などによる前処理を行う場合，pHの変動，無機塩濃度の上昇，微生物活性阻害物質，難生分解性物質の生成などに注意する必要がある。また，製造される燃料の量に対し，その数十倍の量の廃液が排出される場合もある。そのため，全てのバイオ燃料製造廃液に汎用的に適用可能な廃液処理システムは存在せず，個々の製造方法に応じた処理システムを構築する必要がある。

---

* Masahiro Tatara 鹿島建設㈱ 技術研究所 地球環境・バイオグループ 主任研究員

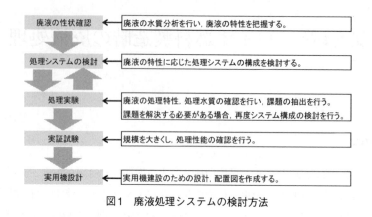

図1　廃液処理システムの検討方法

3　廃液処理システムの検討

廃液処理は，1つの技術で完結する場合は少なく，多くの場合，複数の技術を組み合わせ，システム化する必要がある。技術の組み合わせは，廃液の性状により異なるため，固定したものではない。また，同様な技術でも，処理性能，処理コストや設置スペースなども考慮し，選定する必要がある。廃液処理システムの検討・選定フローを図1に示す。まず，廃液の性状を確認し，有機物量，窒素量などの分解，除去が必要な成分の把握を行う。次に，処理対象に応じたシステム構成を検討する。ここでは，処理性能だけでなく，処理コスト，エネルギー回収などについても検討しなくてはならない。その後，ベンチスケールでの処理実験を行い，処理特性の確認を行う。当初の目的性能を得られない場合，再度処理システム構成の検討を行い，処理実験を行う。処理実験で十分な結果が得られた場合，実証規模での試験を行い，実機設計のためのエンジニアリングデータを取得する。すでに実用機で実績のあるシステム構成の場合，実証試験を省略する場合もある。

本節では，上述の手順でセルロース系バイオマスからのバイオエタノール製造工程から排出される廃液の処理システムの検討を行った例を紹介する。

3.1　廃液の特性

稲わらを原料とし，水熱処理後，糖化，エタノール発酵，蒸留を行った後の蒸留廃液の組成例を表1に示す。この蒸留廃液はコーヒーの様な黒色を呈しており，有機物を高濃度に含んでいる。また，T-BODとT-CODcrの比が0.6程度であり，生分解の難しい有機物を含んでいることが分かる。このような廃液は，活性汚泥などの好気プロセスで処理する前にメタン発酵処理で有機物を分解し，燃料として利用できるバイオガスを回収することが望ましい。また，廃液処理水を環境水に放流する場合，着色成分に由来する有機物を高度処理により分解，除去する必要がある。

第24章 バイオ燃料製造時の廃液処理

表1 蒸留廃液組成と嫌気処理液,好気処理液の組成

項目	蒸留廃液 濃度 [mg/L]	嫌気処理液 濃度 [mg/L]	嫌気処理液 分解率 [%]	好気処理液 濃度 [mg/L]	好気処理液 分解率 [%]	システム全体 分解率 [%]
T-CODcr	40,900	10,190	75.1	7593	25.5	81.4
S-CODcr	40,800	8,340	79.6	6370	23.6	84.4
T-BOD	24,000	2,070	91.4	466	77.5	98.1
S-BOD	23,200	1,065	95.4	81	92.4	99.6
K-N	1,012	940		301		
NH_4-N	17.2	22.9		66.0		
NO_2-N	N.D.	N.D.		N.D.		
NO_3-N	N.D.	1.0		N.D.		
T-P	157	111		145		
PO_4-P	108	59		117		

3.2 処理システムの検討

前述のように,バイオ燃料製造廃液については,低コスト,高効率処理が必須である。そのため,本システムは高濃度廃液のメタン発酵などに多用される縦型リアクタではなく,横置き型のディッチ式リアクタを採用している。本システムの概略平面図を図2に示す。リアクタは2槽を1系列とし,1槽目を密閉することでメタン発酵槽とし,後段を曝気することで好気槽としている。2槽とも槽内撹拌のための撹拌装置を装備している。また,槽内微生物を高濃度化し,高効率処理とするため,固定床となる不織布を流路壁面に設置している。メタン発酵槽は,蒸留廃液の温度が高いことから,高温発酵を採用している。好気槽は,温度制御を特に行っていない。

3.3 処理特性

3.3.1 固定床の有効性

微生物機能を利用した有機性廃液処理は,廃液中の有機物を分解し,液中から除去することを主目的としている。そのため,微生物を槽内に高濃度に保持することで,高速,高効率処理が可能となる。しかし,高速処理を行う場合,槽内の水理学的滞留時間(HRT)が短くなり,増殖の遅い微生物が槽外に流れ出してしまうウォッシュアウト現象が生じ,槽機能を健全に保持できない場合が多い。そのため,槽内に微生物を高濃度に保持する様々な技術が開発されている。固定床技術もそのひとつであり,微生物のバイオフィルムを固定床上に形成させることにより,槽内微生物濃度を高める技術である。

固定床の有効性についての検討例を図3に示す。図3は,アルコール蒸留廃液のメタン発酵槽において,固

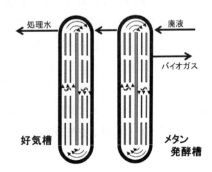

図2 処理システムの概略平面図

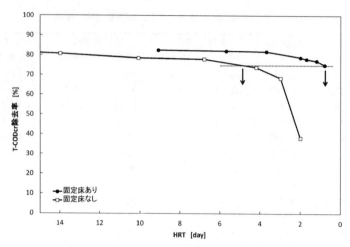

図3 メタン発酵槽におけるHRTとT-CODcr除去率の関係

定床の有無によるHRTとT-CODcr除去率の関係を示している。ここでのHRTは，廃液の処理時間を表している。固定床無しの場合，HRTを短くすると，急激にT-CODcr除去率が低下するポイントがあることが分かる。このポイントが，メタン発酵に係る重要な菌がウォッシュアウトするHRTである。一方，固定床有りの場合，HRTを短くしても，T-CODcr除去率の急激な低下は見られず，HRT0.8日まで安定したT-CODcrの除去率を維持している。図3の矢印で示したポイントは，固定床の有無により，同じT-CODcr除去率を示すHRTである。固定床無しの場合，HRT5日の処理性能が，固定床有りの場合，HRT1日に相当することを示している。このことは，固定床を備えることで，処理時間が1/5，すなわち，槽容積が1/5となることを示している[3]。

3.3.2 処理性能

固定床を有するディッチ式システムによる，セルロース系原料のバイオエタノール蒸留廃液の処理結果を表1に示す。本表は，メタン発酵槽，好気槽ともにHRTを1日で運転した場合の結果を示している。T-BOD除去率は，メタン発酵処理で90％以上，システム全体で98％以上を示しており，高速処理においても効率的な除去が行われていることが分かる。T-CODcr除去率は，システム全体で81％程度であり，T-BOD/T-CODcr比が0.06と非常に低いこと，黒色を呈していることから，残留有機物は難生分解性の色素が主体であると考えられる。そのため，放流の際には，高度処理等による着色成分除去処理を検討する必要がある。

また，廃液1トン当たり，メタン濃度60％のバイオガスを20m^{3}程度回収可能であることが確認できた。このバイオガスは，燃料ガスとして使用可能であり，製造プロセスで使用するエネルギーの外部からの供給を削減する手段となる。

第24章 バイオ燃料製造時の廃液処理

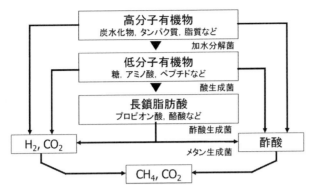

図4 メタン発酵の代謝とそれに係る微生物

3.4 処理に係る微生物

メタン発酵プロセスでは，図4に示すように様々な微生物群が連携して有機物を分解している。言わばバケツリレーの様に，この微生物群の中のどれかひとつがいなくなればメタン発酵プロセスは正常に機能しない。メタン発酵に係る微生物の中で，増殖速度が遅い微生物は，酢酸生成菌とメタン生成菌である。中でも，メタン生成菌は，メタン発酵の最終段階を担う重要な微生物であり，十分な密度のメタン生成菌が存在しなくなると，低級脂肪酸の蓄積，pHの低下，メタン生成菌の阻害増大といった悪循環が起こる酸敗の状態となり，プロセス全体が機能不全に陥る。そのため，これらの増殖速度の遅い微生物をいかにメタン発酵槽内にとどめるかが重要となる。

3.3で示したメタン発酵槽内の菌叢を解析した結果を表2に示す。表には，液中（Liquid）あるいは，バイオフィルム中（Biofilm）に存在するそれぞれの菌種と数を示している。メタン生成菌は，表に示したArchaeaに属する微生物である。表からわかるとおり，メタン生成菌はほとんどがバイオフィルム中から検出されていることから，HRTの短い固定床型メタン発酵槽内では，これらの菌は固定床に付着して生存していることがわかる。また，OTU8，OTU10，OTU14，OTU15などの菌もメタン生成菌と共生してメタン生成反応に関与していると推定される。そのため，これらの菌もバイオフィルム中から検出されていると考えられる。一方，主に液中から検出されたOTU5，OTU6は，セルロース成分の分解に寄与している菌であるが，増殖が速いため，液中での生存が可能であると考えられる。

上述のように，固定床は単なる微生物のすみかとして働くだけでなく，優先的に付着する微生物が存在することが徐々に明らかとなってきている[4, 5]。微生物の付着機構をさらに解明することで，目的微生物を選択的に付着させる固定床が開発可能と考えられる。

3.5 高度処理

バイオ燃料製造廃液は，着色成分を含有している場合が多い。着色成分は，原料に由来する色素，バイオマスの微生物分解過程で形成されるフミン質や，製造プロセスでの熱処理時のメイラ

表2 メタン発酵槽から検出された微生物

OTU No.	Number of Clones		Closest Relative	Similarity [%]	Accession No.	Population Ratio [%]
	Liquid	Biofilm				
Archaea						
OTU1	0	8	*Methanothermobacter thermautotrophicus*	99	AE000666	5.7
OTU2	1	5	Uncultured *euryarchaeote*	99	GQ328818	4.3
OTU3	0	1	*Methanobacterium formicicum*	99	HQ591420	0.7
OTU4	0	1	*Methanothermobacter marburgensis*	97	CP001710	0.7
Bacteria						
OTU5	13	0	*Clostridium populeti*	95	NR_026103	9.3
OTU6	12	0	*Eubacterium hadrum*	91	FR749934	8.6
OTU7	6	2	Uncultured *Clostridiales*	97	GU214168	5.7
OTU8	0	7	Uncultured *Thermacetogenium*	99	HQ183800	5
OTU9	0	4	*Acetomicrobium faecale*	91	FR749980	2.9
OTU10	0	3	*Anaerobaculum mobile*	99	NR_028903	2.1
OTU11	0	2	Unidentified *Planctomycetales*	99	AF027057	1.4
OTU12	0	2	Uncultured *Chloroflexi*	93	HQ183904	1.4
OTU13	0	2	Uncultured candidate division OP9	99	CU918635	1.4
OTU14	0	2	*Syntrophobotulus glycolicus*	96	CP002547	1.4
OTU15	0	2	*Pelotomaculum thermopropionicum*	99	AP009389	1.4
OTU16	0	2	Uncultured *Bacterium*	99	FN563168	1.4
OTU17	2	0	*Clostridium caenicola*	99	AB221372	1.4
OTU18	2	0	*Clostridium thermocellum*	92	CP000568	1.4
OTU19	2	0	Uncultured *Ruminococcaceae*	92	EU794156	1.4
OTU20	2	0	*Clostridium xylanovorans*	94	NR_028740	1.4

ード反応によるメラノイジンの生成などがあげられるが，生物的に難分解である場合が多い。そのため，廃液処理においては，生物処理で有機物を分解，除去した後，処理水が着色している場合は，脱色を主とする処理を行う必要がある。

脱色技術については，凝集沈殿法，オゾン処理法，フェントン法，電気分解法，活性炭吸着法などがあり，それらを組み合わせた処理方法も考慮する必要がある。これらの処理方法は，対象色素の種類により，最適な処理法が異なるため，適宜，試験による確認が必要である。

その他，高度処理では，放流先の水質規制に対応する必要があるため，事前に調査し，放流水質を満足できるシステムとする必要がある。主な規制項目で問題となる場合が多いのが，窒素とリンの濃度である。これらは，放流水域の富栄養化の原因ともなるため，十分注意する必要がある。

3.6 処理水のリサイクル利用

バイオ燃料は，製造に多量の水を使用する場合が多い。場合によっては製造させる燃料の十倍以上にも上ることがあるため，可能な限り，処理水のリサイクルが必要となる。図5は，リサイクルの概念を示した図である。製造プロセスで使用する水は，それぞれのサブプロセスで要求さ

第24章　バイオ燃料製造時の廃液処理

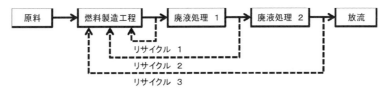

図5　処理水のリサイクル

れる水質が異なる場合が多い。水道水と同様な水質を要求するサブプロセスもあれば，多少の不純物が混入していても問題とならないサブプロセスがある。すべてのリサイクル水に放流水を使用したリサイクル3の場合，廃液処理にかかる負荷が大きくなるため，廃液処理施設規模も大きくなる。コスト的に最も有利であるのは，リサイクル1である。リサイクル1は，燃料製造プロセスで排出される廃液をそのままプロセスにリサイクルできる場合であり，水質的に難しい場合が多いが，バイオエタノール蒸留廃液のリサイクルなど，一部で実施されている。リサイクル2は，廃液処理1を行った後の処理水のリサイクルであり，廃液処理2に係るコストが軽減される。

上述のように，バイオ燃料製造時に使用される水は，使用されるプロセスあるいはサブプロセスでの要求水質がさまざまであるが，要求水質を十分検討することで，リサイクルコストが大幅に低減可能である。

4　おわりに

現在，バイオ燃料は，製造コストの問題が大きく，普及の足枷となっているが，今後ますます厳しくなると想定される地球温暖化問題，エネルギー資源枯渇問題を克服するうえで，欠かせない存在である。

現状のバイオ燃料製造技術開発は，製造プロセスの研究開発に比べ，廃液処理技術の研究開発はあまり進んでいない。しかし，廃液処理，処理水のリサイクルは製造コストに直接つながるだけでなく，環境保全の観点からも重要である。また，バイオ燃料製造廃液は，対象とする原料が異なれば，廃液組成も異なるため，それぞれの廃液に適した処理技術の開発を行うことで，バイオ燃料の製造コストの低減も可能となる。そのため，製造プロセスだけでなく，廃液処理も含めた一貫システムの開発が必要である。

文　献

1) 社団法人アルコール協会，アジア諸国における未利用バイオマスからの燃料エタノール生産に係る調査, pp87-90, 独立行政法人新エネルギー・産業技術総合開発機構, (2007)

2) 佐瀬信哉ほか, 第44回日本水環境学会年会講演集, 382 (2010)
3) H. Fukui *et al.*, 12th world congress on anaerobic digestion, (2010)
4) H. Fukui *et al.*, The 4th IWA-ASPIRE, (2011)
5) M. Tatara *et al., Bioresource Technology*, 4787 (2008)

【第Ⅴ編 システム開発と実証実験】

第25章 自動車におけるバイオ燃料使用の検討

岡島博司*

1 はじめに

　世界で最初の自動車は18世紀後半の石炭を燃料にした蒸気機関の自動車といわれている。19世紀末には独カール・ベンツにより、4サイクルのガソリンエンジンを搭載した自動車が発明された後、20世紀に入り、フォードにより自動車の大量生産技術が確立され、「T型フォード」が世に送り出された。これにより、現在の主流となっているガソリンエンジン車やディーゼルエンジン車の大量普及が始まった。石油はエネルギー密度が高く液体のため取り扱いが容易でかつ、安価であったゆえ、100年以上自動車燃料として使われかつ、人類の近代的な生活そのものを支えてきた。

　近年、新興国の旺盛なエネルギー需要の伸びにより、図1に示すように需要が供給量を上回る時期が遠からず来ることが予想される。また近年石油の価格は中東の政治情勢により更なる高騰も懸念される。今後石油需要のうち、一部は石油代替のエネルギーに置き換えていく必要がある。

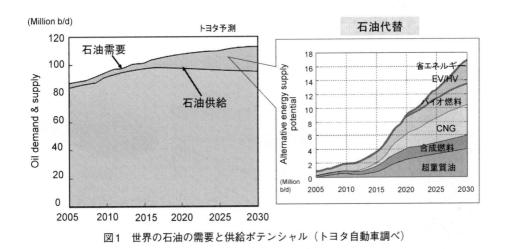

図1　世界の石油の需要と供給ポテンシャル（トヨタ自動車調べ）

---

　*　Hiroshi Okajima　トヨタ自動車㈱　技術統括部　主査　担当部長

2 自動車用バイオ燃料の技術

図2に将来の自動車用の動力源となる燃料(エネルギー源)を示す。ガソリンや軽油はもちろんのこと,天然ガスや石炭などの化石燃料を一次エネルギーとし様々なルートで合成した液体燃料,バイオマス資源によるバイオ燃料,天然ガスや化石燃料から取り出した水素などのガス燃料,電力会社などが様々な手段で発電した電力などが考えられる。近年三菱自動車のi-MiEVや日産自動車のLEAFなど電気自動車が発売され実用化段階に入ったが,電池に蓄えることができるエネルギー量が小さく一充電当たりの航続距離はガソリン車の半分以下である。電池の占めるコストも高いため車両価格が高価となる。更なる普及のためには,蓄電池の更なる性能向上と低コスト化が望まれる。図3にエネルギー密度の比較を示す。CNGや水素などのガス燃料も圧縮タンク技術により,以前よりも航続距離を伸ばしたが,エネルギー密度の面で液体燃料には及ばない。したがって液体燃料であるバイオ燃料はユーザーの使い勝手がよく,安価で入手できれば大変期待が大きい。またバイオマス資源は,植物の成長時に二酸化炭素を吸収するため,化石燃料を燃焼させることと比較し大気中の温室効果ガスの濃度上昇抑制も期待できる。

図4に様々な,車両,代替燃料の二酸化炭素排出量をWell to Wheelで比較したものを示す。ガソリン車を1としたとき,ガソリンハイブリッド車は燃費向上により,おおむね半分となる。電気自動車の場合,走行時には二酸化炭素は排出しないが,電力会社による発電時に二酸化炭素を排出する。中国や米国に多い石炭火力では,通常のガソリン車よりも排出量は増大する。二酸化炭素排出を抑制するためには,再生可能エネルギーの導入を増やしていく必要がある。バイオマス燃料においてサトウキビ由来とトウモロコシ由来の比較をしてみる。トウモロコシはデンプン→糖化→発酵→蒸留のプロセスを経るのに対し,サトウキビは糖からスタートできる。搾りかすをボイラーの燃料とすることでエネルギー効率を高めたり,工場の立地を工夫し農場からの運

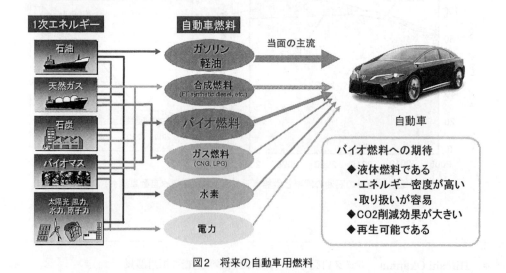

図2 将来の自動車用燃料

第25章 自動車におけるバイオ燃料使用の検討

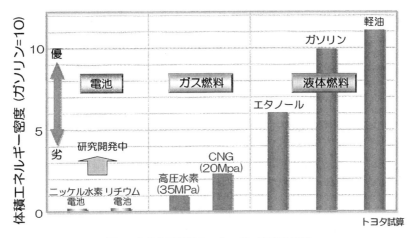

図3 自動車用燃料のエネルギー密度の比較

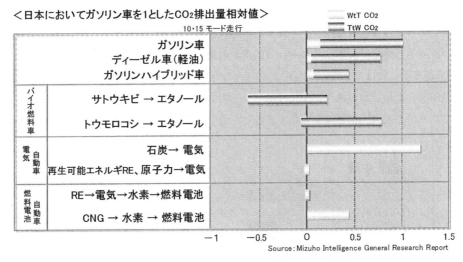

図4 様々な燃料による二酸化炭素排出量の比較

搬にかかる二酸化炭素排出も小さい。そのためWell To Tankまでの二酸化炭素排出が大きくマイナスとなっている。一方トウモロコシの場合燃料製造時のエネルギー投入量が大きく，二酸化炭素の収支としては自動車のタンクに収まるまでにトウモロコシが吸収した二酸化炭素の大部分を放出したのと同じ結果となる。結果として，エタノール100％で自動車を走らせたとしても，ガソリンハイブリッド車よりも排出量が大きくなる。バイオ燃料がカーボンニュートラルではない所以である。

3 国際動向とコスト計算

　図5は各国における自動車用燃料について将来の予測を行っている。それぞれバイオ燃料やCNGを中心に代替燃料は拡大していく。また地域により豊富な資源が天然ガスであったり, サトウキビなどバイオマス資源であったりするので, 地産地消の観点から多様な発展が予想される。このまま燃料の多様化が進行すると, 自動車ユーザーが給油をする場面において様々な問題が懸念される。例えばこんなスタンドがあったとする, 給油ポンプ毎に「E3」「E10」「E85」「ハイオク」「軽油」「B5軽油」「CNG」「水素」「電気」などと書かれている。もし間違った燃料を給油した場合, エンストや自動車の故障の原因になりうる。ユーザーの安全性や利便性のためには, 燃料源は多様化しても燃料種はできるだけ増やさないことが望ましい。また車両やインフラ側にも課題は存在する。米国のエタノール産業はブレンドウォールという壁に直面する。「E85」（エタノール85％）が使用できるフレックス燃料車は米国の車両2.4億台のうち730万台に過ぎない。アルコール燃料は燃料ホースに使われるゴムが膨潤したりアルミニウム部品を腐食させたりするため対策が必要となる。またオクタン価などの燃料特性や熱量はガソリンと異なり, エンジンの制御プログラムもガソリン車と異なる。対応車が増加しなければエタノール需要はガソリン需要の10％も超えることはできない（図6）。ステーション側の対応も必要である。エタノールは水と親和性が高いため, 水の混入によりガソリンと相分離を起こしやすい。ガソリンとの混合燃料においては水分の混入防止対策を強化することが必要である。またエタノールは腐食性が高いた

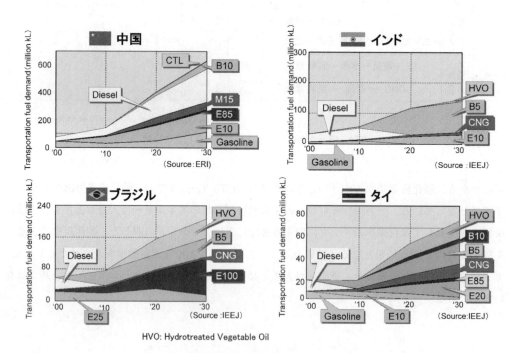

図5　新興国における自動車燃料多様化の例

第25章 自動車におけるバイオ燃料使用の検討

めパイプラインが使用できない。そのため米国では鉄道による輸送が増加している。

図7は米国の給油インフラ投資に必要な額を示しているが，E10を超えた場合すでに給油設備が普及している先進国では多額の追加投資が発生し，普及の大きな阻害要因となる。よりバイオ燃料の普及を促進させるためには既存の給油インフラ，既存の車両にそのまま使用できる燃料が望ましい。その燃料をドロップインフューエルと呼び，原料はバイオマスや天然ガスなどを用い合成や精製後はガソリンや軽油の規格に合致するものをいう。ユーザーは現在のガソリンや軽油との区別を意識しないで利用でき，インフラ業者側は新たな設備投資を必要としない。図8に様々なバイオ燃料とその原料，製造方法の例を示す。

ドロップインフューエルは非アルコール燃料であり，これまで普及しているエタノール燃料とは原料や製造方法が大きく異なる。ドロップインフューエルは炭化水素燃料であり，バイオ燃料としては，植物油脂を改質したもの，セルロース，リグニンを分解・改質したものあるいは，一

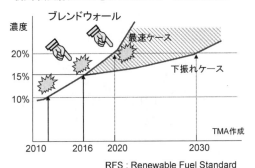

図6 米国法規による混合濃度見通し

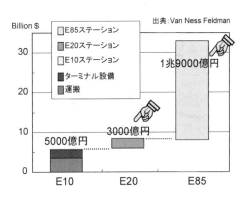

図7 米国の給油インフラ投資予測

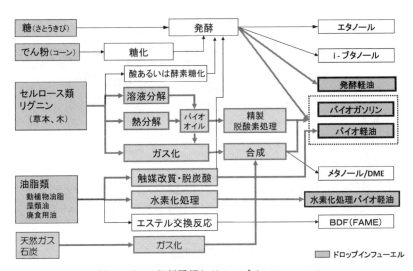

図8 バイオ燃料種類とドロップインフューエル

旦ガス化しGTL合成したものなどが挙げられる。

図9に米国での様々なバイオ燃料の生産量の予測を示す(米エネルギー省エネルギー情報局EIA調べ)。トウモロコシ原料のアルコールは頭打ちとなり,ドロップインフューエルが増加していく。

図10にDOEのバイオ燃料開発予算を示す。熱化学法によるバイオ炭化水素系つまりドロップインフューエルの予算が増加している。それではドロップインフューエルの課題は何か？ 図8を見ればわかるように,ドロップインフューエルは製造に必要な工程が多い。工程が多ければ,投入エネルギーが大きい,製造コストが高いことになる。

図11にバイオ燃料の開発状況とコストイメージを示す。多くのドロップインフューエルはまだ研究段階であり,想定コストも高い。その中で現在最も注目を集めているのが藻類由来のバイオ燃料である。藻類は単位面積当たりのエネルギー生産量（GJ/ha·year）が684と高い(ナタ

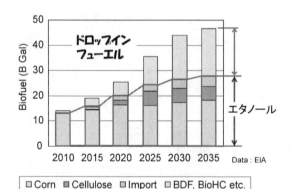

図9 米国でのバイオ燃料生産予測

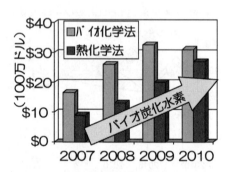

図10 米国DOEのバイオ燃料開発予算

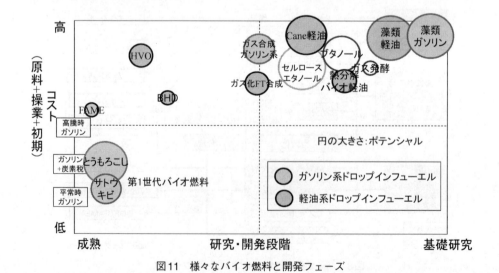

図11 様々なバイオ燃料と開発フェーズ

第25章　自動車におけるバイオ燃料使用の検討

ネ：46，パーム：230，サトウキビ：141，太陽光発電：4800）。また採取できる油分は容易にガソリン，ディーゼル油，ジェット燃料に精製できる。そのため米国では約30年前より研究がなされており，DOEのプロジェクトだけでなくベンチャー企業による研究も盛んである。人類の知らない藻類はまだ自然界に多く存在すると考えられ，また遺伝子解析もこれからである。現時点ではコストは高いが今後の研究の発展におおいに期待するところである。

第26章　バイオディーゼル機関における燃焼過程

千田二郎[*1]，松浦　貴[*2]

1　はじめに

近年，発展途上国の目覚しい経済発展に伴い，エネルギ需要が急増し化石エネルギが大量に消費されている。その結果，化石燃料の枯渇化および地球温暖化等の環境問題が懸念されている。このような背景を受け，熱効率や燃料汎用性に優れるディーゼル機関が注目を集めており，特に環境負荷の少ない代替燃料に関する研究が盛んに行なわれている。代替燃料の中でも，既存のディーゼルエンジンにそのまま適用できるバイオディーゼル燃料（Biodiesel Fuel：BDF）は植物起源であることから再生可能な資源であり，カーボンニュートラルな燃料として期待されている。国内のBDFに関しては，主に自治体や地域で回収した廃食油を原料として，製造される場合が多い。筆者らの研究室では，これまで京都市で製造された廃食油BDFを用いて，噴霧燃焼特性の解明および小型単気筒エンジン内での燃焼過程の解析など一連の実験的研究を行った[1〜3]。さらにディーゼル車に適用し，実走行状態での燃焼性能をオンボード計測により明らかにしてきた[4]。その結果，BDFは含酸素燃料であるため，軽油に比べ粒子状物質（PM）の排出量を大幅に低減するが，高動粘度・低揮発性という物理的特性に起因し，燃料噴霧の微粒化が抑制され，噴霧特性が悪化するという問題点が明らかになった。さらにBDFは不飽和脂肪酸から成るため，自動酸化や熱酸化を受け易いといった問題も挙げられる。これらのことから，BDFを既存のディーゼル機関に使用することにより，燃焼不全やデポジットの生成を招き，排気特性や機関性能に悪影響を与える[5]。そこで近年，筆者らの研究室では，BDFの高動粘度・低揮発性という物理的特性を改善するため，燃料設計手法[6]の概念に基づき，低動粘度・高揮発性の燃料を混合することにより，BDFの軽質化を図るという手法を提案している。これまでBDFに低沸点の炭化水素燃料を混合した燃料について基礎的な噴霧燃焼特性を把握し，混合燃料に関して，噴霧の希薄化が促進し，さらに燃焼状態の改善が可能であるということを提示している[7〜9]。

本報では，低沸点の炭化水素燃料を混合したBDFのすす生成および排気特性に焦点を当てる。噴霧実験では，定容燃焼容器を用いてシャドウグラフ撮影により混合気濃度の変化が巨視的な噴霧特性に及ぼす影響を調査する。燃焼実験では，定容燃焼容器を用いて画像二色法により，火炎温度およびKL値を把握した。また，実用的な知見を得るため実機関を使用し，排気特性および機関性能を把握した。

[*1]　Jiro Senda　同志社大学　理工学部　教授
[*2]　Takashi Matsuura　同志社大学大学院　工学研究科

第26章 バイオディーゼル機関における燃焼過程

2 バイオディーゼル燃料の軽質化および供試燃料

本実験では，京都市で製造された廃食油BDF（B100）を用いた。混合する低沸点燃料として，ガソリンの代表的な単一成分であり着火性が軽油と同等のn-ヘプタン（n-C_7H_{16}），n-ヘプタンの沸点とB100の90％蒸留温度（T_{90}）のほぼ中間の沸点を有するn-ドデカン（n-$C_{12}H_{26}$）をそれぞれ選定した。表1に供試燃料の燃料組成および物性値を示す。なお，表1には各低沸点燃料の物性値も併記している。また，軽油はリファレンスとして用いた。BDF-A，BDF-BおよびBDF-Cにおける各成分の混合割合（n-ヘプタン：n-ドデカン：B100）は体積割合でそれぞれ1：3：6，1：1：1，6：3：1である。低沸点燃料の混合割合の増加に伴ない，動粘度および密度は低下する。低温特性に着目した場合，目詰まり点及び曇り点は，B100に比べ低下する。流動点はわずか上昇しているが，京都スタンダードにおける暫定規格（－265.5K以下）内におさまっている。図1に各供試燃料の蒸留曲線を示す。B100は，多種の高沸点成分で構成されて

表1 燃料性状

	B100	BDF-A	BDF-B	BDF-C	Gas oil JIS #1	n-C_7H_{16}	n-$C_{12}H_{26}$
Mixing ratio （Volume ratio） C_7H_{16}：$C_{12}H_{26}$：B100	0:0:1	1:3:6	1:1:1	6:3:1	-	-	-
Density （288K） [kg/m^3]	886	829	7.81	729	825	687	794
Kinetic viscosity （313K） [mm^2/s]	4.61	2.62	1.49	0.85	3.02[*1]	0.49	1.48
Boiling point [K]	635[*2]	615[*2]	612[*2]	511[*2]	607[*2]	372	489
Lower calorific value [J/mg]	37.0	40.8	42.8	44.1	44.5	44.6	67
CFPP [K]	268	258	253	239	265	-	-
Cloud point [K]	269	266	266	252	-	-	-
Pour point [K]	235	250	245	240	261	-	-
Oxygen content [mass%]	11.1	7.15	4.23	1.35	-	-	-
Cetane index	51	-	-	-	55	56	67

[*1] 303K, [*2] T_{90}

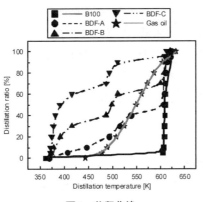

図1 蒸留曲線

おり，600K付近で急激に蒸発する。この他の低沸点燃料混合BDFにおける蒸留曲線は低沸点燃料の混合割合が増加するにつれて低温度側にシフトする。

3 実験装置および実験条件

3.1 定容燃焼容器

本実験ではディーゼル機関の高温・高圧場を模擬するために定容燃焼容器を用いた。本容器は燃焼室容積が約1000ccと大型であり，噴霧火炎の容器壁面への干渉はない。

3.1.1 噴霧シャドウグラフ撮影

噴霧の巨視的な特性を把握するために，噴霧シャドウグラフ撮影を行なった。光源には高圧水銀灯（ウシオ電気，VI-100）を用い，両凸レンズ（f＝1,000mm）によって平行光を作成する。平行光は容器内を通過した後シュリーレンミラー（f＝1,500mm）によって反射し，集光されハイスピードビデオカメラ（Photoron Fastcam APXRS）によって撮影される。カメラの撮影速度は15,000f.p.s.であり，撮影視野はノズル先端から下方向に80mmである。また，明るさを調節するためにNDフィルタを用いた。

3.1.2 画像二色法

燃焼特性を把握するために噴霧火炎内の温度とすすの体積濃度を示す指標であるKL値を同時計測できる画像二色法を適用した[10]。燃焼室内での自発光をダイクロイックミラー（赤反射50％，反射波長590nm）により分光し，2台のハイスピードビデオカメラ（Photoron Fastcam APXRS）により撮影した。各カメラの前には透過中心波長649nm（半値幅10nm）および透過中心波長482nm（半値幅18nm）の光学干渉フィルタをそれぞれ設置した。また，噴霧火炎からの最適な輝度値を得るために各カメラの前方にNDフィルタを設置し撮影速度は15,000f.p.s.とした。なお撮影領域はノズル先端から下向きに20-100mmの領域とした。

3.1.3 実験条件

初期燃料温度を293K一定とした。雰囲気温度，密度をそれぞれ900K，16.2kg/m^3とした。雰囲気酸素濃度に関して，噴霧シャドウグラフ撮影時は0％とし，二色法においては21.0％とした。燃料噴射量は20mgとし，火花点火による予混合燃焼後の壁面への放熱から目的の温度（900K）に達した時点で燃料を単発噴射した。燃料噴射装置はコモンレール式燃料噴射装置（DENSO ECDU-2）を用い，ノズルは噴孔径が0.20mmのものを用いた。また，噴射圧力と雰囲気圧力との差圧を70MPaとした。なお，この実験ではBDF-Cを除いている。

3.2 エンジン

3.2.1 供試機関および周辺装置

本研究で使用したエンジンは単気筒4サイクル直噴式ディーゼルエンジン（ヤンマーディーゼルNF-19 SK-1，ボア110mm，ストローク106mm，排気量1.007l，圧縮比16.3）である。

第26章 バイオディーゼル機関における燃焼過程

燃料噴射にはコモンレール式燃料噴射系を使用し，噴孔径0.198 mm，噴射角141 deg.の4噴孔ホールノズルを用いた。空気調節器により吸入空気の温度および湿度を一定にした。シリンダヘッド壁面温度は，水温制御装置により80 ℃に保たれた冷却水をウォータージャケットに流すことで制御した。油温は熱交換器を設置し74 ℃に保った。筒内圧力はシリンダヘッド上部に埋設したピエゾ式圧力センサ（KISTLER，6125 B）により計測し，ADコンバータを介して記録した。排気成分中の未燃炭化水素（THC），CO，NO_xの測定には，自動車排気ガス測定装置（堀場製作所，MEXA-1500D）を用いた。なお，排気ガスを191 ℃に保たれているホットホースに通し，測定部に取り込んだ。さらに，黒煙の計測には可変サンプリング式スモークメータ（AVL：425S）を使用した。

3.2.2 実験条件

すべての実験条件において機関回転速度1200 rpm，噴射圧力70 MPaとした。また，各供試燃料の投入熱量が1サイクル当り915 J一定となるように噴射量を調節した。燃料噴射時期は-8 deg.ATDCから4 deg.ATDCまで3 deg.CAずつ変化させた。

4 実験結果および考察

4.1 定容燃焼容器

4.1.1 熱発生率履歴および着火遅れ期間

図2に各燃料の熱発生率履歴および着火遅れ期間を示す。なお，着火遅れ期間を燃料噴射開始時より熱発生率履歴が負から正に転ずる時間までとした。低沸点燃料混合BDFは高自着火成分であるn-ドデカンを約30 vol.%含むため，B100に比べ着火遅れ期間が僅かに短縮しているが，着火性はほぼ同等と見なせる。拡散的燃焼期間に関して，熱発生率は各燃料ともほぼ同時期にピーク値をとる。

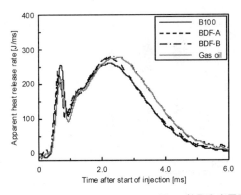 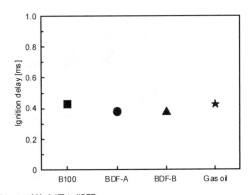

図2 熱発生率履歴および着火遅れ期間

4.1.2 噴霧画像

図3にシャドウグラフ撮影によって得られた噴霧画像を時系列で示す。B100は高粘性，低蒸発性であるが故に噴霧半径方向への拡がりが小さいことが確認できる。また，影の濃い領域が多いことから噴霧の希薄化が抑制されていると考えられる。BDF-AおよびBDF-Bに関しては，低沸点成分の混合により噴霧の微粒化が促進され，噴霧半径方向への拡がりおよび噴霧の希薄化が見られる。なおこの傾向は低沸点成分の混合割合の増加に伴ない顕著に現われる。

4.1.3 火炎温度およびKL値画像

図4に二色法によって得られた火炎温度およびKL値の画像を示す。それぞれ上段が火炎温度，下段がKL値を示したものである。B100を含む燃料の火炎温度はいずれも軽油に比べて全体的

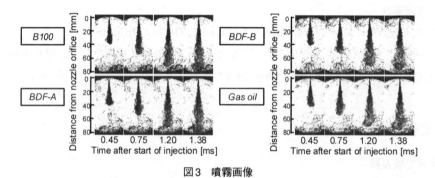

図3 噴霧画像

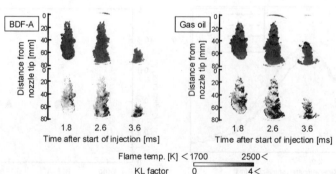

図4 火炎温度およびKL値画像

に低い。BDF-Bに関して噴射開始後1.8 msにおいて外縁の温度が高くなっている。これは発熱量の高い低沸点成分の早期の燃焼により火炎温度の上昇に至ったと考えられる。KL値については，いずれの時刻においても軽油の高KL値領域が大きい。噴射開始後3.6 msにおいては，B100はほとんどすすが存在していない。このことより，B100の燃えきりのよさが伺える。さらに，低沸点成分の混合割合の増加に伴ない，高KL値が占める領域が大きくなるが，すすの存在領域という点では軽油に比してはるかに小さいことが確認できる。

4.1.4　平均火炎温度と面積積分KL値

図5に二色法により得られた画像から算出した平均火炎温度および面積積分KL値の時系列変化を示す。いずれの燃料の火炎温度も燃料噴射開始後1.5 ms付近で最大値をとり，その後低下する。燃料間で比較すると，B100の平均火炎温度は全体を通して低い値をとっている。逆に軽油に関しては他の燃料に比べ常に高い温度を示している。低沸点成分混合BDFに着目すると，火炎温度のピーク値付近の時間ではB100よりも高い値を示しており，低沸点成分の混合割合の増加に伴ない顕著に現われている。これは，低沸点成分であるC7およびC12の発熱量が共にB100の発熱量に比べ大きいことに起因すると考えられる。KL値に関しては軽油が著しく高い値を示すが，その他のB100を含む燃料に関してはよく似た傾向を示すことが確認できる。B100に関しては燃料分子中に酸素成分を含むことから，すすの生成が抑制されたと考えられる。BDF-AおよびBDF-Bは低沸点成分を混合しているにも関わらずB100と同等のすすの生成量となった。これは，噴霧外縁においては低沸点成分の混合により微粒化が促進され，噴霧内への空気導入量が増加し，比較的希薄な混合気を形成したことに起因すると考えられる。さらに噴霧内部においてはB100中に含まれる酸素成分によってすすの生成が抑制されたと推論できる。

4.1.5　噴霧の希薄化とすす生成領域の関係

図6に噴霧先端到達距離，液相長さおよび噴霧軸方向のすす生成領域の時系列変化をまとめる。シャドウグラフ撮影により得られた画像から噴霧先端到達距離，液相部長さを測定し燃料間での比較を行なった。液相部は各画像における最大輝度値の3％以下の領域とした。B100に関して

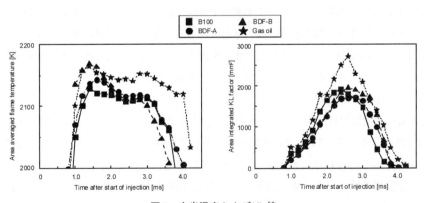

図5　火炎温度およびKL値

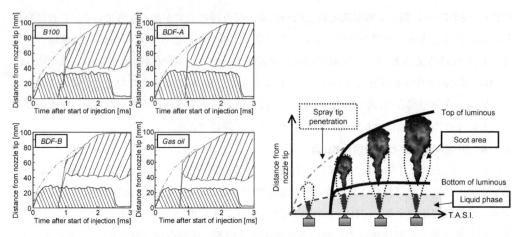

図6 噴霧先端到達距離，液相長さおよびすす生成領域

は，液相長さが長いために，液相部とすす生成領域の距離が小さく，空気導入が抑制されている。しかしながら，B100は燃料分子中に酸素成分を含むため，噴霧火炎中の理論空燃比が低下し，酸素不足を補うことができる[11]。さらに，BDF-AおよびBDF-Bに関しては，低沸点成分の混合により蒸発性が向上しているため液相部とすす生成領域との距離が広がり，空気導入量が増加している。つまり，BDF-A，BDF-Bは液相部以降の領域において低沸点成分の混合により効果的に周囲気体を取り込み，すすの生成量を低減させることが可能となる。

4.2 エンジン

4.2.1 熱発生率履歴および着火遅れ期間

図7に熱発生率履歴および着火遅れ期間を示す。なお，統計的な検知から，着火遅れ期間を燃料噴射開始時から熱発生率履歴の微分値が $10J/(deg.・deg.)$ を超えた時点までとした。また，ここでは代表例として，上死点前5deg.噴射の結果を示す。着火遅れ期間に関して4.1.1と同様，低沸点燃料混合BDFはn-ドデカンを含むため，B100に比べ僅かに短縮する。その着火遅れの短縮により，混合燃料の熱発生率のピーク時期はB100に比べ僅かに進角するが，それらの熱発生率のピーク値は，低沸点燃料の割合が高いほど大になる。これは，低沸点燃料の混合による蒸発性の向上および動粘度の低下が噴霧の微粒化を促進させ，着火に至るまでに形成する可燃混合気量を増大させたためと考えられる。以上のことは，噴射時期においても同様の傾向を示す。

4.2.2 排気特性および機関性能

図8に各噴射時期における排気成分および正味熱効率を示す。なお，各噴射時期における着火遅れ期間も併記している。THCは各噴射時期において低沸点燃料の割合が高くなるほど増加するが，いずれも400ppm以下におさまっている。CO濃度および正味熱効率については，いずれの燃料もほぼ同等の値を示す。NO_x濃度に関しては，噴射時期を進角させることで，減少傾向を示すが，各噴射時期において燃料間に明確な差異は見られない。Smokeは，低沸点燃料の割合

第26章　バイオディーゼル機関における燃焼過程

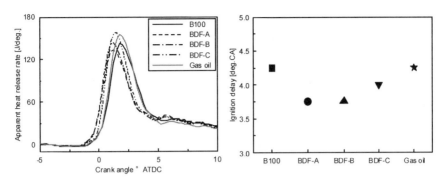

図7　熱発生率履歴および着火遅れ期間

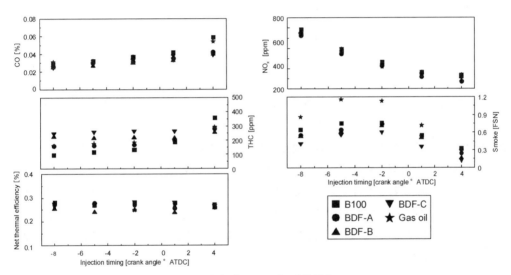

図8　排気成分および正味熱効率

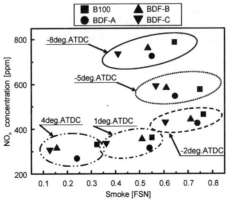

図9　NOxとSmoke

が高い燃料ほど，排出量は減少傾向を示す。また，この傾向はいずれの噴射時期においても同様のことが言える。ここで，図9にSmokeとNO$_x$濃度の関係を整理したものを示す。なお，軽油のデータは除いている。いずれの噴射時期においても，低沸点燃料を混合することで，NO$_x$の濃度を維持したまま，Smokeが低減されることから，トレードオフが打破されている。これは，低沸点燃料の含有による燃料の軽質化効果がより均一希薄な混合気を形成させたためと推察できる。特に，上死点後噴射では，着火遅れ期間の長期化による，より均一希薄な可燃混合気形成に加え，膨張行程の燃焼による燃焼温度の低下の相乗効果がSmokeおよびNO$_x$濃度の同時低減を可能にさせる。

5 結言

本報では，京都市で製造される廃食油バイオディーゼル燃料（B100）に低沸点燃料を混合することで，B100の軽質化を図り，それら混合燃料のすす生成および排気特性の把握を行なった。以下に本実験により得られた知見を示す。

① BDFに低沸点燃料を混合させることによって，粘度や蒸発性を改善させることが出来，燃焼状態の改善効果が現れる。
② 低沸点成分混合BDFでは，火炎中流部において，空気導入量が増加し，すすの生成を抑制でき，B100単体と同等もしくはそれ以下のすす生成量となる。
③ BDFに低沸点燃料を混合することで燃料が軽質化し，より均一希薄な混合気が形成されるため，THCは僅かに増加するが，NO$_x$濃度を増加させることなくSmokeを低減できる。
④ 噴射時期の変更により，低沸点燃料混合BDFの軽質化効果を増大させ，排気特性の改善を図ることが可能になる。

6 おわりに

近年，当研究室で提案するBDFの燃料性状の改善方法として，石油の精製過程に生じ余剰傾向にある分解軽油（Light Cycle Oil：LCO）を混合することで，資源の有効活用と同時に燃焼制御が可能であることを示唆している[12, 13]。また，植物から製造が可能なエタノールを混合することで，混合燃料においてもBDFの有するカーボンニュートラルな特徴を損なうことなく燃料性状を改善し，すすとNO$_x$の同時低減が可能であるということを示している[14, 15]。

第26章 バイオディーゼル機関における燃焼過程

文　献

1) 奥井，鈴木，千田，廃食油バイオディーゼル燃料の直噴式ディーゼル機関適用化研究―第1報　機関性能および燃焼・排気特性，日本マリンエンジニアリング学会誌, **40** (6), 797-804 (2005)
2) 奥井，鈴木，千田，廃食油バイオディーゼル燃料の直噴式ディーゼル機関適用化研究―第2報　噴霧および着火・火炎特性の基礎解析，日本マリンエンジニアリング学会誌, **40** (6), 805-811 (2005)
3) 鈴木，羽原，千田，廃食油バイオディーゼル燃料の直噴式ディーゼル機関適用化研究―第3報　噴霧燃焼機構および火炎内すす生成機構の基礎解析，日本マリンエンジニアリング学会誌, **40** (6), 812-819 (2005)
4) 奥井，塚本，千田，"実走行におけるバイオディーゼル機関の性能及び排気特性―車載型計測機器によるリアルタイム計測"，自動車技術会, **58** (7), 35-40 (2004)
5) 谷口，吉田，北野，阪田 "バイオディーゼル燃料の酸化劣化が車両エミッションへ及ぼす影響"，自動車技術会論文集, **40** (3), 843-848 (2009)
6) 千田，藤本 "燃料設計手法による噴霧・燃焼過程の制御"，自動車技術会論文集, **54** (5), 69-75 (2000)
7) 羽原，池田，千田，"低沸点燃料の混合によるバイオディーゼル燃料の軽質化に関する研究（第1報）―基礎的燃焼特性の把握"，自動車技術会論文集, **38** (2), 101-106 (2007)
8) 羽原，池田，千田，"低沸点燃料の混合によるバイオディーゼル燃料の軽質化に関する研究（第2報）―噴霧および火炎構造の把握"，自動車技術会論文集, **38** (2), 107-112 (2007)
9) 久米，池田，桜井，千田，"低沸点燃料の混合によるバイオディーゼル燃料の軽質化に関する研究（第3報）―すす生成および排気特性の把握"，自動車技術会論文集, **40** (2), 481-486 (2009)
10) 飯田，大橋 "急速圧縮装置によるディーゼル噴霧の高温燃焼と火炎中のすす生成・消滅に関する研究"，日本機械学會論文集. B編, **60** (575), 2599-2606 (1994)
11) 北村，伊藤，千田，藤本 "含酸素燃料のすす生成抑制効果に関する化学反応論的解析（第3報）―含酸素燃料のすす粒子生成に関する当量比-温度依存性"，自動車技術会論文集, **34** (1), 33-38 (2003)
12) 井上，久米，川辺，神田，千田，"分解軽油を混合したバイオディーゼル燃料の軽質化に関する研究（第1報 基礎的な噴霧特性の把握）"，日本機械学会論文集B編, **77** (774), 353-359 (2011)
13) 井上，久米，川辺，神田，千田，"分解軽油を混合したバイオディーゼル燃料の軽質化に関する研究―第2報,着火,燃焼およびすす生成特性の把握"，日本機械学会論文集B編, **76** (766), 990-995 (2010)
14) 松浦，井上，千田，"エタノールの混合がバイオディーゼル燃料の噴霧燃焼特性に及ぼす影響"，自動車技術会論文集, **42** (1), 207-213 (2011)
15) 松浦，井上，千田，"エタノールを混合したバイオディーゼル燃料に関する実験的研究―着火・火炎特性の基礎解析および排気特性"，自動車技術会論文集, **42** (4), 885-890 (2011)

第27章 An Introduction to Sustainable Aviation Biofuel

―A chapter prepared for inclusion in "Technology of Microalgal Energy Production and its Business Prospects" ―

マイケル レイクマン*

1 Introduction

The aviation industry is a hugely important contributor to global mobility and trade and is projected to grow at an annual rate of approximately 5 % over the coming decades. However, that projected growth, and the operations of the airlines, are challenged by the availability of and impacts from burning fossil fuels.

Airlines face significant economic challenges due to increasing and volatile crude oil prices. With the steep increase in the cost of kerosene over the last 15 years, fuel has now become one of the greatest, if not the single largest, operating costs for airlines. In addition to the overall rise in fuel costs, increasing volatility in the fuel market is also a difficulty for the aviation industry. As single consumers of large volumes of fuel, airlines must make decisions on how much and when to buy fuel, and hedging those decisions in an uncertain pricing environment can be challenging.

In addition to the economic challenges of using fossil jet fuels, the use of traditional sources of jet fuel contributes greenhouse gas emissions to the atmosphere. At the beginning of this century, aviation's share of anthropogenic emissions was around 2 %, and that contribution is forecast to rise to 3 % by 2030. The industry has made various commitments to reduce greenhouse gas emissions. In 2009 the International Air Transport Association (IATA) committed ① a 1.5 % average annual improvement in fuel efficiency from 2009 to 2020; ② carbon-neutral growth from 2020 and ③ a 50 % absolute reduction in carbon emissions by 2050[1].

The aviation industry is continually seeking ways to reduce fuel usage and increase efficiency. Since the beginning of the 'jet age', the fuel efficiency of commercial aircraft has increased by more than 70 %[2]. Ongoing improvements in the efficiency of airport and flight operations also contribute to lowering the rate of growth of carbon emissions from aviation.

---

* Michael Lakeman　Boeing Commercial Airplanes

However, in order to reach industry goals relating to greenhouse gas emissions, it will be necessary to change the nature of the fuel itself; only by developing a supply of sustainable low-carbon alternative fuels will the aviation industry be able to attain its goals.

2 Requirements for New Aviation Fuels

There are several unique aspects of aviation that influence whether a new fuel will be acceptable for use by this industry. First and foremost, the fuel must be 'fit for purpose', meaning it should demonstrate properties and characteristics that are consistent with its intended use. Aviation fuels must have a high energy density, remain liquid at extremely cold temperatures, and must be compatible with the fuel system and engines of the aircraft they will be used in. Additionally, with over thirteen thousand airplanes operating around the globe, each with a useful lifespan of decades, it is a requirement that any new fuel should be able to be used by the existing fleet, and be able to be distributed through the current fueling infrastructure. Such fuels are known as 'drop-in' solutions; they can be mixed or alternated with petroleum fuels. The most direct approach to achieving drop-in compatibility is to produce a sustainable fuel that molecularly replicates the composition of traditional jet fuel, or a subset of the molecules found within (see Fuel Processing Technologies, below)

The detailed properties and characteristics of aviation fuels that are acceptable for use in aviation are defined by certain specifications. The majority of aviation turbine fuels used worldwide are produced and tested to the ASTM D1655 Standard [http://www.astm.org/Standards/D1655.htm] and/or the UK Defence Standard (Def Stan) 91-91 [http://www.dstan.mod.uk/].

Meeting these stringent technical specifications is only one requirement for a new alternative to fossil jet fuel. Given that the push to develop and commercialize biofuels for aviation is in many ways a response to the unsustainability of petroleum-derived fuels, it is generally accepted that the new solutions should also meet demonstrate positive sustainability impacts. Sustainability has three components: environmental, social and economic. Environmental sustainability takes into account lifecycle carbon emission impacts, but also recognizes that biofuel production can impact water resources, soil quality, local air quality, and regional biodiversity. Social sustainability addresses the issues of food security, labor and human rights and socio-economic opportunity. Economic sustainability takes into account the need for economic value to be provided to all participants in the biofuel supply chain not just in the short term, but over the long term too.

On the topic of economics, the cost of any sustainable aviation biofuel will be a key determinant in its uptake by the industry. As mentioned above, airlines already spend a disproportionate amount on fuel as an operating cost. For every single US dollar increase in the price of a barrel of crude oil, it is estimated that the global aviation industry spends $1.6 billion in additional fuel costs per year[3]. For an industry that typically has thin operating margins, any additional expense over and above cost of traditional fuel will be difficult to justify and maintain.

Truly viable solutions for supplies of aviation biofuel will also need to be scalable. Worldwide demand for aviation jet fuel currently stands in the range of 300 billion liters per year. For a significant augmentation of that supply to come from sustainable sources, those sources will have to be able to provide literally billions of liters of low-carbon fuels per year. This is not to say that such scale is expected to be reached in the short term, but if those supplies are to eventually contribute to the transition towards more sustainable aviation, the potential to scale must be there. It is for this reason that algae are one particularly promising biofuel feedstock.

3 Feedstock Options

A diversity of feedstock options is needed for aviation to have a dependable, widely available supply of sustainable fuels. Aviation is a global industry which operates across all continents. It is desirable that sources of sustainable aviation fuel should be available in as many places as possible that airplanes take off and land. No single plant, crop or renewable resource will grow or be available in all those places. Additionally, in any one region or locality it is desirable to have a number of feedstock sources available to buffer against seasonal variability in output, fluctuations in climate and the potential for pests and diseases to disrupt supplies.

That said, there are certainly some feedstock options which appear more promising than others. As mentioned above, sustainability is paramount for the aviation industry. Any successful feedstock will need to be produced with minimal negative impacts on soil and water resources and local air quality, and should not compete with food production for scarce arable land, or fresh water. In fact, there are a select few feedstocks which have the potential to not just avoid those negative impacts, but to contribute positively by cleaning up waste streams of other human activities. If implemented well, algae have the potential to be one of the most sustainable and scalable of all aviation biofuel feedstocks. With that potential for sustainable, scalable production, the next question to consider is whether, from a fuel production perspective, algae are suitable as a starting material for conversion to aviation fuel. In the following section the various processing technologies that can potentially produce aviation fuel from renewable sources will be discussed, with a special focus on their suitability to use algae as an input.

4 Fuel Processing Technologies

4.1 The HEFA Route

Natural oils, various fatty acid esters and free fatty acids can be successfully converted to aviation range hydrocarbons by a two step chemical catalytic process. Firstly the starting material is decarboxylated to remove all oxygen content, yielding hydrocarbons, then a second hydrocracking and isomerization step is undertaken to produce a range of iso- and normal paraffins in the jet fuel range. This product is known variously as Biologically-derived Synthetized Parrafinic Kerosene (Bio-SPK), Hydrotreated Renewable Jet (HRJ), or Hydroprocessed Fatty Acid Esters and Fatty Acids (HEFA).

From 2008 through 2011 a number of test and demonstration flights were undertaken using blends of this fuel with petroleum fuel. Data generated from those experiences along with on-ground testing of the properties, performance and material compatibility of HEFA, were considered by the ASTM International Committee on Petroleum Products and Lubricants for Aviation Use, which in July of 2011 approved a new specification allowing up to 50% blends of HEFA with petroleum-derived jet fuel for use in commercial aviation. The United Kingdom Ministry of Defence Standards organization is in the process of approving the use of HEFA as a blending component with fuel produced using the Def Stan 91-91 specification as defined by Annex 2 in D7566.

Numerous regularly scheduled passenger-carrying flights have been powered by biofuel since the ASTM approval, including a recent flight by United Airlines between Houston, Texas and Chicago, Illinois that was powered by a 40% biofuel blend derived from heterotropic algal oil produced by Solazyme and converted into HEFA by Honeywell's UOP. Photosynetically produced algal oil has also been used in flight demonstrations, by both Continental Airlines and Japan Airlines.

Commercial production of HEFA for aviation is beginning, with a number of large-scale refineries operating as of November 2011, although at this stage, all are primarily focused on producing a drop-in diesel fuel for the ground transportation market. By the end of 2012, a combined annual production capacity of over 2.6 billion liters is expected based on current refineries in operation or construction[4].

Because of the well-known ability of microalgae to produce very high yields of lipid on an areal basis, and the fact that the HEFA blends are approved for aviation purposes, this technology pathway is a particularly relevant target fuel type for microalgae. However, there are a number of other potential downstream processes that can convert other cellular constituents or the whole algal biomass into jet fuel, and these are outlined below.

4.2 Gasification-Fischer Tropsch

The only other class of biofuel approved for aviation is Fischer-Tropsch Synthetic Parrafinic Kerosene (FT-SPK). The biofuel produced by this technology pathway is generated by gasifying biomass to produce syngas, which then undergoes a catalytic conversion to produce hydrocarbon fuels. Despite being approved by ASTM in 2010, the high capital costs of Gasification-Fischer Tropsch refineries have prevented any new commercial supplies of this fuel from becoming available for aviation using biomass as the starting feedstock.

4.3 Alcohols-to-Jet

Biologically-derived alcohols (e.g. ethanol, butanol, iso-butanol) are a mature first-generation biofuel already produced in large commercial volumes. Due to the rigorous requirements of aviation fuel, these bioalcohols are not suitable for use in jet airplanes. However, there a number of approaches being developed that use chemical catalysis to upgrade bioalcohols to hydrocarbon fuels including jet fuel.

This route could apply to algae in two ways. Firstly, the carbohydrate portion of the algal biomass could be separated, either from the meal residue left over after lipid extraction, or from the whole algal biomass. Those carbohydrates could then be deconstructed to simple sugars, fermented to a bioalchol and upgraded to jet fuel. Secondly, microalgae can be genetically engineered to photosynthetically produce and excrete bioalcohols. This particular approach is being developed by the US-based company Algenol. Either way, there is potential for algae to be a feedstock for alcohol production and subsequent conversion to aviation biofuel.

4.4 Biological Production of Hydrocarbons

Certain strains of the green colonial microalgae *Botryococcus braunii* produce naturally produce a range of long-chain aliphatic and triterpene hydrocarbon molecules which would be simply converted into aviation biofuel by hydroprocessing (ref-Chapter 7 in this book). This alga is well known for possessing this capability, precisely because the natural production of long-chain aliphatic hydrocarbons is uncommon in biology. However the tools of molecular biology and genetic engineering are allowing the development of a number of approaches to the direct production of hydrocarbons by microbes.

Heterotrophic production of hydrocarbons which are either directly, or through hydroprocessing, usable as a blendstock for aviation fuel can be achieved in both yeast and bacterial systems. Commercial development of this approach is underway using both microbe types. One of the challenges for commercial implementation of these technologies is a sustainable and affordable supply of carbon and energy to feed the heterotrophs. As with the alchohol-to-jet route described above, algae could potentially supply the simple sugars needed for fermentation to hydrocarbons.

Alternately, as the example of *B. braunii* demonstrates, photosynthetic microbes can also produce hydrocarbon molecules suitable for conversion to, or use in, aviation fuel. Other cyanobacteria or eukaryotic microalgae could also be engineered to posses this trait, and potentially other traits of value. Various research efforts are directed towards these aims.

4.5 Other Thermochemical Processes

The final class of processing technologies considered here are thermochemical, using heat and pressure to convert biomass into liquid, which can then by hydrotreated to remove any residual oxygen or other heteroatoms (e.g nitrogen, sulphur), thereby generating hydrocarbon fuel products. In some formulations of this approach, damp biomass is an acceptable input as key reactions occur in the aqueous phase. Therefore wet pyrolysis or aqueous phase hydroreformation may be of special interest as downstream processes to convert algal biomass to drop-in compatible aviation fuels, because producers could avoid the energy costs of drying algae as is needed for most other downstream options.

5 Future Prospects

Despite the immense potential for algae to contribute to the fuel supply for aviation, the major challenge preventing the realization of that potential is the prohibitively large cost to produce algae-based fuels. At every step from growth system, cultivation, harvesting, dewatering, oil extraction, through to fuel conversion, technoeconomic challenges remain to be addressed before commercial implementation at scale is possible.

Significant public and private investments have been placed into microalgal research, development and demonstration. Large multimillion dollar investments have been made by the United States of America Departments of Energy and Defense into funding algal research consortia. Through collaborative technology development and integration of the technology chain, these programs seek to improve efficiencies and reduce costs, closing the gap on market viability.

However, even once technologies are developed to the point that, on paper and in design, laboratory performance can be extrapolated to economically viable commercial scale production, commercial challenges still need to be addressed. Large capital investments are needed to build scale, and financing can be difficult to attain for novel technologies and processes. Investors demand proof of the market for the product, yet the users of fuel are very constrained in their ability to sign long-term offtake agreements and any premium on price.

Bridging the so-called "valley-of-death" between pilot scale proof of concept and commercial scale production is likely to require public risk-sharing support, potentially in the form of government loan guarantees, price support mechanisms, incentives to produce or use sustainable feedstocks, and the potential for defense or government users of fuels to enter into long-term purchase agreements.

It is certain that before the production of biofuels from algae is commercially competitive significant advanced biofuel production capacity will be online, producing billions of gallons of drop-in fuels for both the ground and aviation markets from a variety of other feedstocks. Therefore many of the early-stage risks and challenges in building scale, especially in biorefining capacity, should have already been addressed and solved. The major specific challenges, therefore, for algae-based aviation fuel remain in improving the process technoeconomics of producing an algal biomass suitable for downstream conversion. However, once those challenges are addressed, algae certainly have the potential to play a significant role in the future of aviation's energy requirements.

References

1) IATA (2009). "Carbon-Neutral Growth by 2020" Press Release dated 8 June 2009. http://www.iata.org/pressroom/pr/Pages/2009-06-08-03.aspx. Accessed November 18th 2011.

2) ATAG (2009). "Beginner's Guide to Aviation Biofuels" http://www.enviro.aero/Content/Upload/File/BeginnersGuide_Biofuels_WebRes.pdf. Accessed November 18th 2011

3) IATA (2011). "Airline Industry 2011 Profit Outlook Slashed to $4 Billion" Press

第27章　An Introduction to Sustainable Aviation Biofuel

Release dated 6 June 2011. http://www.iata.org/pressroom/pr/pages/2011-06-06-01.aspx. Accessed November 18th 2011.
4) Biofuels Digest (2011). "Biofuels Digest Advanced Biofuels Tracking Database v2.0" http://www.ascension-publishing.com/BIZ/ABTDv20.xls. Accessed November 18th 2011

第28章　微細藻類によるエネルギー生産と事業展望

冷牟田修一[*1]，須田彰一郎[*2]，秋　庸裕[*3]

1　石油業界からみたバイオマスエネルギー

　原油の高騰，中国等のエネルギー需要の増大から再生可能エネルギーの実用化が喫緊の課題となっている。しかしながら，第一世代の可食植物由来エタノール（コーン，サトウキビ等）は食糧とのバッティング，ひいては食糧不足，途上国の土地の奪取，新たな南北問題の引き金となっている。また期待された第二世代のセルロースエタノールも，糖化部分のコストが低減できずに，実用化はまだ目途が立っていない状況である。そんな中，近年とみに注目されているのが藻類を用いたバイオ燃料である。

1.1　藻類を用いることのメリット

　バイオ燃料の生産に微細藻類を用いることの一番のメリットは単位面積当たりの収穫量である。1haあたりの年間のバイオ燃料生産量はもっとも多いとされているパーム油でも6klあまりであり，それに対し年中収穫可能な微細藻類を用いた場合は約99klと推定されている。仮に石油会社一社で供給義務を負うバイオ燃料の生産量を10万klとした場合，藻類を用いた場合は10.1平方キロメーターなのに対し，パーム油の場合は168平方キロメーターとなる。さらに微細藻類の場合は湖沼や汽水域の利用が可能である。そのため，地植えの植物と違い，食糧とのバッティングも少ない。また，現在検討されているボトリオコッカスやオーランチオキトリウムなどは，炭化水素，脂肪酸に加え，カロテノイドなどの色素を産生することが知られている。特にオーランチオキトリウムはサメの肝油から取り出されているスクワランを発酵法により生産可能となるので，燃料のみならず他用途の活用も考えうる点も魅力である。

1.2　藻類を用いることのデメリット

　その一方で，デメリットも散見される。まず，一番の問題は光合成する独立栄養型藻類の生育の遅さである。ボトリオコッカスなどは一般的なタイプでダブリングタイムが6〜8日間といわれており（身近な微生物である大腸菌の場合，ダブリングタイムは数十秒である），単位面積あ

---

　*1　Shuichi Hiyamuta　出光興産㈱　先端技術研究所　主任研究員
　*2　Shoichiro Suda　琉球大学　理学部　海洋自然科学科　教授
　*3　Tsunehiro Aki　広島大学　大学院先端物質科学研究科　准教授

第28章　微細藻類によるエネルギー生産と事業展望

図1　優良資源を探索する筆者ら

たりの収穫量が高くても，連続培養ができない限り，実用化は困難である。生育速度が遅い場合にもう一つ懸念されるのが他の生育速度が早い微生物がドミナントになってしまうことである。オープンポンドで培養ができなければ高コストとなってしまう。一方，従属栄養型の微細藻類は独立型に比し，生育速度は格段に速い。しかしながら，従属栄養であるが故，糖分などの炭素源が必要となる。培養にグルコースなどを加えたのではGHG（温室効果ガス）削減への寄与度が低くなってしまい，バイオ燃料本来の目的が達成できない。生育速度の速い独立栄養型の藻類の単離，育種や従属栄養の藻類の培養に用いる廃棄物系の炭化水素の活用が必要である。筆者らも優良な生物資源を求め，探索を行っている（図1）。

1.3　これまでの検討

　藻類を用いたバイオ燃料の検討は米国を中心に行われてきた。これまでに3回のブームがあったといわれている。2回目のブーム（1990年代）に日本でもNEDOにより，サンシャイン計画が組まれ，藻類を用いた燃料製造の基礎検討がなされた。当社でも当該研究プロジェクトに参画し，ボトリオコッカスの単離とそれを用いた培養検討などを実施したが，往時の技術ではコストが高いこと，および原油価格が下がり，競争力が低かったことなどから2000年前後に検討を中止している。

1.4　今後の課題

　上記した課題に加え，①回収・精製：藻の凝集・脱水および破砕・油分抽出プロセスの省エネルギー化，低コスト化（含む副産物利用等との整合性），②燃料化：ジェット燃料（灯油），軽油へ混合可能な燃料への転換（低コスト水素化分解法の選択），重油への直接混合，燃油評価（既存の燃料の品質保証に齟齬を来さない品質の確保），③廃棄物処理（副産物利活用）：絞りかすの大量処理法の確立（飼料，肥料，固体燃料など），有価物の探索と抽出精製法の確立などが実用

化する際には必要となる。

2 ボトリオコッカス

　ボトリオコッカスが注目される理由は，この藻類が産生する炭化水素が石油に相当し，細胞内のみならず細胞外へも分泌し，群体の基質に蓄積しており，Brownら (1969)[1] によると産生する脂質は乾燥重量あたり86％にも達するという報告もあるからである。また，オルドビス紀以降，腐泥岩（有機物を多く含む堆積岩）の一種で化石燃料でもあるオイルシェール（油母頁岩）には，化石化したボトリオコッカスが大量に含まれていることが知られている（Cane 1969)[2]。ボトリオコッカスは燃料の元になった藻類であり，過去に淡水域で大量に増殖していたようである。

　ボトリオコッカスは多数の細胞が集合した群体を形成する緑藻の仲間で，分類学的にはクロレラや地衣類を形成する緑藻類で構成されるトレボウクシア藻綱に属する。淡水の池，湖沼，ダムなどに生育し，植物プランクトンとして普通に観察することができる（図2）。

　一つ一つの細胞は倒卵形やくさび形で，群体の中心方向に向かって細胞の細い部分を向けて多数が塊状に集まり，群体を形成している。細胞の大きさは長さ$7～15\mu m$，幅$4～8\mu m$である。群体はブドウの房状で細胞をブドウの実とすると，実が付く枝は細胞分裂時に残された親細胞の細胞壁と分泌される炭化水素や油分で構成される基質ということになる。細胞内にも脂質顆粒は存在する（図3）。群体は顕微鏡レベルの大きさから，1mm程度にまでなり肉眼でも識別できる場合もある。群体の形態は球形からいくつかの球が多面的に集合した形態をとる。顕微鏡の低倍率で観察すると，しっかりとした群体であるため光を透過せず黒く見える。

　1849年にKützing[3] により *Botryococcus braunii* が報告されて以来，KomárekとMarvan (1992)[4] などが細胞や群体の形態により分類し，現在までに12種類が正式に発表されている。しかしながら単一の培養株で状態により異なる種類の形態を示す場合も報告され（Plainら

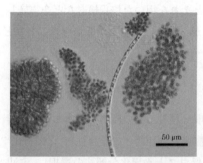

図2　自然サンプルの光学顕微鏡写真
　ボトリオコッカス（左），ラン藻ミクロキスティス（中央，右，上），珪藻アウラコシラ（中央の糸状体）が写っている（沖縄県内のため池サンプル）。

第28章　微細藻類によるエネルギー生産と事業展望

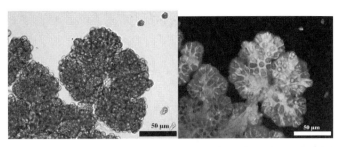

図3　培養株の光学顕微鏡写真（左）と蛍光顕微鏡写真（ナイルレッド染色）（右）
　　ナイルレッド染色により脂質が黄色に見える。細胞内も細胞を埋め込む基質
　　も黄色く染まっており，多くの脂質が存在することが分かる。

1993)[5]，形態で分類された種類には疑問が呈されている。そのため，多くの研究論文では，単に*Botryococcus* sp. としたり，*B. braunii*の名前で報告されているが，実体ははっきりしていない。

　一方，培養株や分析サンプルにより生産される炭化水素は異なり，3種類のグループに分けられている。それらは，race A, B, Lとされ，それぞれ名称の由来となっている物質である，アルカジエン（奇数の炭素鎖23〜33個），ボトリオコッセン（炭素鎖30〜37），リコパジエン（$C_{40}H_{78}$）を多く含んでいる。最近，リボソームRNAの小サブユニット遺伝子（18S rDNA）の塩基配列に基づく系統解析により，それぞれのグループは遺伝的にまとまることが報告されている（Senousyら（2004)[6]，Weissら（2011)[7]）。Weissら（2011）が示した系統樹では，既知のデータを含め，ボトリオコッカスの9つの18S rDNA塩基配列を含んだ系統解析結果を示され，それぞれは，少なくとも別種かそれ以上の高次分類群の違いとしてもおかしくないほど遺伝的に異なっている。これらのことから，ボトリオコッカスには多くの遺伝的に異なる"種"が存在している可能性が高く，形態に基づいて発表された種類を確認して特定し，それらの遺伝的な情報と，詳細な形態情報にさらに生産する炭化水素組成などの化学的な情報を総合的に扱って，分類を再検討する必要がある。

　1960年代後半からボトリオコッカスに関するバイオ燃料生産の研究が開始された。通常の静置培養では倍化まで1週間程度かかることが問題とされ，その後1％の二酸化炭素を加えた通気培養を行なうことで，倍化時間を2日程度に短縮できることが多くの実験から明らかになっている。窒素源として硝酸カルシウムを用いることや，糖を添加すること，下水廃水を用いることで，増殖が早くなったり，生産量が向上したりするといった報告もある。

　しかしながら，培養条件による生産物の違いや培養条件を検討した報告の多くが，用いた培養株が異なるため，そのまま比較することは難しい。つまり，同じ*B. brunii*という名前で報告されているが，実体は異なった生物の比較であるためと思われる。このことは，今まで報告されている以上に有効利用に適した分離培養株が得られる可能性が高いことを示しており，新規分離株の探索努力は継続されるべきだろう。

3 オーランチオキトリウム

3.1 特徴と歴史

　最近，エネルギー生産に向けた生物資源として注目されるようになった*Aurantiochytrium*属は，分類学的には藻類でも原生生物でもなく，褐藻や珪藻，卵菌類などとともにクロミスタ界の不等毛下界に属し，一般的にはラビリンチュラ類あるいはトラウストキトリド（ヤブレツボカビ科）と総称される真核微生物群に含まれる。トラウストキトリドでは，1936年にSparrowら[8]が観察した*Thraustochytrium*属が最初の報告で，その後，*Aplanochytrium*属や*Schizochytrium*属など最多で8つの属が提唱された。さらに近年，Hondaら[9]による分子系統解析などを根拠とした再編によって，*Schizochytrium*属から新たに*Aurantiochytrium*属が分離された。したがって，それ以前の文献については*Schizochytrium*属も含めて参照されたい。

　当初，高度不飽和脂肪酸の一種であるドコサヘキサエン酸（DHA）を生産することで応用可能性が検討され始めたラビリンチュラ類のなかでも，*Aurantiochytrium*属は増殖性と脂質（トリグリセリド）生産性が高く，アスタキサンチンなどの抗酸化性カロテノイドも蓄積する[10]ことから，食用及び飼料向けの供給源として開発が進められている。また，ステロール類を顕著量生産することも以前から知られており，その生合成中間体と思われるスクワレンを蓄積する株もある[11]。スクワレンは化粧品素材やサプリメントとして需要が高く，鮫肝油に代わる供給源として注目されている。我が国で*Aurantiochytrium*属が脚光を浴び始めたのは，Watanabeら[12]がこのスクワレンを次世代バイオ燃料として実用化する構想を打ち出したことによる。

3.2 分離と培養

　*Aurantiochytrium*属微生物は中・高温域の海洋に広く分布しており，マングローブ繁殖地や入江などの淀水域あるいは汽水域で採取した海水サンプルから，松花粉をプローブとして容易に分離，濃縮することができる。炭素源をグルコース，窒素源をペプトンとして，ビタミン類（主にVB_1）と海水塩（2％程度）を含む培地で好気的に生育する。カロテノイド組成が光感受性との報告はあるが，光合成能はなく，従属栄養生物である。したがって，エネルギー生産に向けては植物バイオマスや産業・生活廃棄物などの利用が前提となる。

　Watanabeら[12]が報告した*Aurantiochytrium* sp. 18W-13a株は至適条件下，フラスコ培養で約1.3g/L（約0.2g/g-dry cell）のスクワレンを生産する。全脂質生産量（約0.6g/g-dry cell）は他の株と同等のレベルであり，トリグリセリドの一部がスクワレンに置き換わった組成となっている。DHAを含む脂質の生産性としては，*A. limacinum* SR21株のジャーファーメンター培養における報告値（41.6g/L；125h）[13]が最大であり，大規模培養でのスクワレン生産量の目安となる。しかし，廃棄物などに由来する栄養源を用いてこの性能を引き出すのは容易ではなく，何らかの技術革新が必要である。

第28章　微細藻類によるエネルギー生産と事業展望

文　　献

1) A. C. Brown, B. A. Knights and E. Conway, *Phytochemistry*, **8**, 543-547 (1969)
2) R. F. Cane, *Geochimica et Cosmochimica Acta*, **33**, 257-265 (1969)
3) F. T. Kützing, *Species Algarum*, 892 (1849)
4) J. Komárek and P. Marvan, *Archiv für Protistenk*, **141**, 65-100 (1992)
5) N. Plain *et al.*, *Phycologia*, **32**, 259-265 (1993)
6) H. H. Senousy *et al.*, *J. Phycol.*, **40**, 412-423 (2004)
7) T. L. Weiss *et al.*, *J. Appl. Phycol.*, **23**, 833-839 (2011)
8) F. K. Sparrow, *Biol. Bull. Mar. Biol. Lab. Woods Hole*, **70**, 236-263 (1936)
9) R. Yokoyama, D. Honda, *Mycoscience*, **48**, 199-211 (2007)
10) T. Aki *et al.*, *J. Am. Oil Chem. Soc.*, **80**, 789-794 (2003)
11) G. Chen *et al.*, *Nat. Biotechnol.*, **27** (4), 382 (2010)
12) K. Kaya *et al.*, *Biosci Biotech Biochem*, **75**, 2246-2248 (2011)
13) T. Yaguchi *et al.*, *J. Am. Oil Chem. Soc.*, **74**, 1431-1434 (1997)

第29章 藻類系バイオマスを活用したエネルギー生産事業への展望

若山　樹*

1 はじめに

我々の高度な産業と生活の質は，安価且つ安定供給される化石エネルギー資源に支えられている。しかし，世界のエネルギー需給はバランスを崩しつつあり，高度な産業と生活の質を維持するためには，在来型のエネルギー資源はもちろんのこと非在来型のエネルギー資源や再生可能エネルギー資源の開発と利用を促進せざるを得ない状況にある。

2012年3月2日，中東情勢緊迫化等の懸念から，NY-MEX（New York Mercantile Exchange）のWTI（West Texas Intermediate）原油価格（4月物）が約10ヶ月振りに110 USD/bbl台を突破した（図1）[1]。また，2011年には，現在まで最安価なバイオエタノールを輸出してきたブラジルが，内需拡大，レアルの対ドル相場の上昇や砂糖価格の高騰等により，米国からの輸入量を増加させており[2]，米国内のバイオエタノール価格だけでなく，BDF（Bio Diesel Fuel）価格やBDF原料油（廃油等）価格も増加している[3]。

国内では，3.11以降，再生可能エネルギーの活用に向けた法整備や規制緩和の検討が活発化している。2011年8月26日には，「電気事業者による再生可能エネルギー電気の調達に関する特別

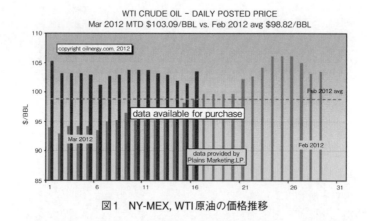

図1　NY-MEX, WTI原油の価格推移

---

*　Tatsuki Wakayama　国際石油開発帝石㈱　経営企画本部　事業企画ユニット　事業企画グループ，技術本部　技術研究所　貯留層評価グループ　コーディネーター

第29章 藻類系バイオマスを活用したエネルギー生産事業への展望

措置法案」（再生可能エネルギーの固定価格買取制度）が成立した[4]。また，2011年10月23日には，「革新的エネルギー・環境戦略」に向けた新たな「エネルギー基本計画」のパブリックコメントが始まり[5]，2012年3月2日には，第四次環境基本計画（案）が公表され，「経済・社会のグリーン化とグリーン・イノベーションの推進」等の事象横断的な重点分野が示されている[6]。

これら3.11以降加速化した国内外のエネルギーや環境に関する状況は，藻類系バイオマスを活用したエネルギー生産に係る技術開発や実証研究の実施を後押し，中長期における産業界への適用に現実味を帯びさせている。

2 藻類系バイオマスのエネルギー生産技術としての適用

藻類系バイオマスをグリーンなエネルギー生産技術として適用する場合，近年，第2次とも第3次とも言われるバイオ液体燃料（軽油等代替のBDF）生産に留まらず，その搾油残渣を使用した固体燃料（石炭火力発電所の混焼用ブリケット等）生産や，藻類機能の一つである気体燃料（次世代2次エネルギーである水素等）生産等を目的に応じて，単独もしくは複合的に選択する事が可能である。また，大量に培養された藻類を藻体バイオマスとして捉えれば，他の熱化学的なエネルギー変換技術（ガス化，急速熱分解等）を適用する事も可能である（図2）。

2.1 液体燃料

藻類系バイオマスから得られる液体燃料は，含有する油脂をメチルエステル化したFAME（Fatty Acid Methyl Ester）[7]や水素化したBHD（Bio Hydrofined Diesel）[8]としてのBDFであり，軽油あるいはジェット燃料代替である。

BDFを主生産物とする場合，藻類を大量培養し，固液分離・油脂の抽出・メチルエステル化・精製といった行程が必要となる。また，藻類は，暗条件下で菌体内に糖分（グリコーゲン）

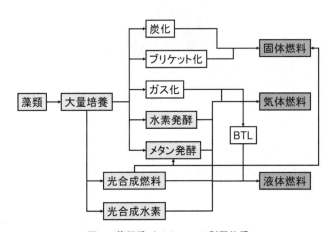

図2 藻類系バイオマスの利用体系

を蓄積するため，それを原料にエタノール発酵・蒸留・脱水行程を経ればバイオエタノールの生産も可能である（図3）。

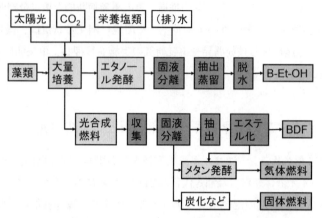

図3　藻類系バイオマスによる液体燃料生産の体系

藻類系バイオマスの液体燃料生産が寄与するのは，国内石油生産量（2010年度）における，重油3,639万kL/y，軽油3,964万kL/y，ジェット燃料1,305万kL/y，エタノール生産では，ガソリン5,384万kL/yである（図4)[9]。仮にこれらの生産量の0.01％を藻類BDFで代替すると軽油代替で3,964kL/y，ジェット燃料代替で1,305kL/yが必要になる。

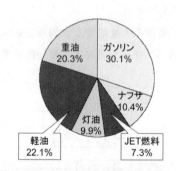

図4　2010年度の国内燃料油生産量内訳

これらの規模であれば，藻類BDFの生産能力を80L/ha/d[10]，8,000h/y稼働とした場合，約165ha（約1.3km四方）の培養面積があれば燃料を供給出来る計算となる。

2.2　固体燃料

藻類バイオマスを用いた様々な燃料生産時には，抽出工程や排水処理工程において残渣が生じ

第29章 藻類系バイオマスを活用したエネルギー生産事業への展望

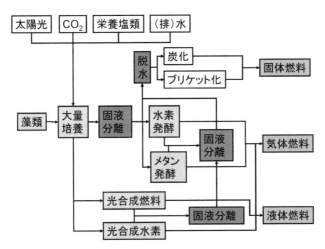

図5 藻類系バイオマスによる固体燃料生産の体系

るので，脱水・乾燥することが可能であれば固形燃料として石炭火力発電所等の石炭代替燃料として利用する事も可能である。また，残渣が大量に生じ，安価な熱源が有る場合は，炭化して燃料とすることも可能である（図5）。

2010年度の石炭輸入量は，1.866億t/yであり，約43％の7,951万t/yが電気事業に用いられている[11]。国内の石炭火力発電所では，総発電量の23.8％（2,324億kWh）が発電されているが，CO_2排出量の削減目的から，バイオマスの混焼が試みられており，通常3-5％の木質系バイオマス等が混焼に用いられている。仮に，発電用石炭量の0.01％を藻類系バイオマスで代替すると，7,951t/yが必要になり，8,000h/y稼働，藻類の生産性を22g-d.w./m^2/dとした場合，約4.5ha（約0.2km四方）の培養面積があれば，燃料を供給出来る計算となる。

2.3 気体燃料

藻類は，光照射下でH_2を生産する事が可能である[12]。光水素生産の場合，BDF生産のように液-液抽出行程は必要無いが，PSA（Pressure Swing Adsorption）等を用いてH_2とCO_2を分離し，精製する工程が必要となる（図6）。また，各工程で生じる残渣を，メタン発酵に用いればCH_4が，ガス化工程に用いればH_2/COを気体燃料として得る事も可能である。

光合成やガス化によって得られるH_2は，まだ2次エネルギーとしての用途が乏しいため，中長期での対応となるが，メタン発酵によるCH_4は，精製が必要なものの，条件さえ整えば，天然ガス導管への注入やCNG（Compressed Natural Gas）としてCNG自動車への適用が可能である。

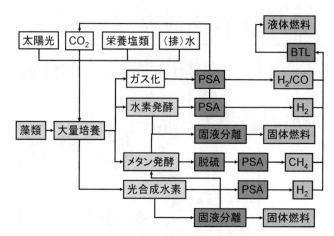

図6 藻類系バイオマスによる気体燃料生産の体系

3 藻類系バイオマスを活用した事業展開先

藻類系バイオマスに限らず，バイオマスを活用したエネルギー生産事業を行う場合，付加価値が高い（単価が高い）順にFine chemical（高度化学品），Feedstock（原料），Food（食料），Fiber（繊維），Feed（飼料），Fertilizer（肥料），Fuel（燃料）と7Fと言われるカスケード利用をする事が教科書的に言われている（図7）。

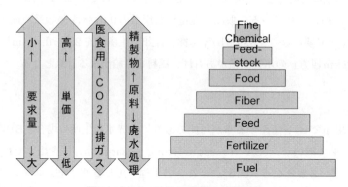

図7 バイオマスの7F階層と適用形態

つまり，藻類系バイオマスを活用したエネルギー生産事業を行う場合には，事業採算性を向上させるために，藻類が有する太陽光エネルギーの利用能，CO_2固定能（バイオ・リファイナリー），有機物資化能（排水処理への適用），低品位廃熱の利用等特徴を最大限生かす必要がある[13]。

3.1 エネルギー生産への適用

エネルギー生産は，7Fの最下層に位置し，エネルギー自体の特性から，安価且つ安定な供給

第29章　藻類系バイオマスを活用したエネルギー生産事業への展望

が求められるため，実際のエネルギー価格が適用時の目安となる。

　米国農務省（USDA, United State Department of Agriculture）農業市場サービス（AMS, Agricultural Marketing Service）では，BDFの価格を公表している[3]。産地に依って価格は変動するが，製品であるバイオエタノールは48.1JPY/L，BDFは102.6JPY/Lとなっている。一方，BDF原料となる廃油（Yellow Grease）は73.6JPY/kg，牛脂は92.5JPY/kg，粗大豆油は96.3JPY/kg，コーン油は108.9JPY/kgとなっており，差分である6.3〜29.0JPY/Lの一部が製造コストに充当出来る。しかし，米国内の軽油価格は，12％の税込みで89.6JPY/L[14]となっており，米国であっても現行の補助制度[15]が維持されないと価格競争力は少ない。

　また，経済産業省の国産原料を用いたBDF生産の試算では，日量1,500Lを想定した場合，菜種486JPY/L，廃食油72JPY/Lとされている[16]。国内経由の卸価格（軽油取引税32.1JPY/L除く）は，75JPY/Lであるので[17]，一定のポテンシャルを有していると思われる。

　一方，藻類系バイオマスのエネルギー生産は，他のエネルギー生産技術には存在しない環境性を有しているので，現行の化石エネルギーとの単純な価格比較は意味に乏しいと考えている。他の風力発電や太陽光発電等の再生可能エネルギー利用技術と同様に，現在の安価な化石エネルギーに対する価格競争力を持つには時間を要すると思われる[18]。

3.2　CO_2固定・利用技術への適用

　藻類系バイオマスの最大の特徴であるCO_2固定能は，CO_2をエネルギーや各種有用成分として合成することが可能となるバイオ・リファイナリー技術として適用できる。

　CO_2を固定化する機能は，CO_2を分離回収して地中や海底に貯留するCCS（Carbon dioxide Capture and Storage）技術や，さらにCO_2の有効利用を図るCCU（Carbon dioxide Capture and Utilization）技術との位置付けが可能である。

　CCSは，CO_2の早期大規模削減を可能にする重要な温暖化対策であり，工場や発電所で発生するCO_2を回収し，地中貯留に適した場所まで運搬・貯留する技術である。日本では，RITEや日本CCS調査社を通して，国策として実証・実用へ向けた事業が進んでいる。CCSは発生源のCO_2濃度，回収方法・量，適地までの距離，貯留方法等によってコストは大きく変動するが，RITEの試算だと約7,000〜20,000円/t-CO_2となっている[19]。

　CDM（Clean Development Mechanism）は，京都議定書で設置されたメカニズムのひとつであり，先進国が，発展途上国においてGHG（Green House Gases）削減プロジェクトを行った場合，その削減分を自国の削減分として計上できる制度である[20]。

　しかし，各市場の原油価格や世界の経済状況とリンクして変動するCER（Certified Emission Reductions）価格が低迷している事（5EUR/t-CO_2前後[21]）（図8），ポスト京都議定書（2013年以降）に向けた「新たな市場メカニズム」に対して，日本が提案する2国間オフセット・クレジット制度がどのような条件下で国際的に承認されるかが現時点で不透明なため，以前のようなインセンティブは働いていない。

237

図8 ICE, CERの価格推移

CCS/CCU/CDMの場合も，数万～数十万t-CO_2/yのCO_2固定能が求められる。藻類のCO_2固定能を0.5t-CO_2/ha/dとすれば，上述の約220haの培養槽で約3.6万t-CO_2/y（8,000h/y）を固定化し，CCSの場合で約2.5億円/y，CDMの場合で約0.2億円/yの価値が見いだせることになる。

3.3 排水処理・廃熱回収への適用

藻類の大量培養には，水や栄養塩類（炭素源，窒素源，リン等）が必要であるので，培養液を調整するのに必要な化学成分を含有する工場排水の処理工程へ適用する事が可能である。これにより，用水コストや薬品コスト等のOPEX（Operating Expenditure）を抑えると同時に，排水処理費用を逆有償としてOPEXの収入源にすることが出来る。標準的な活性汚泥法で処理する場合の電気代を20円/kWhとして約20,000円/t-BOD，余剰汚泥の処理費用を20,000円/tとして約9,000円/t-BOD等が収入源となる[22]。

また，藻類の培養には，一定の培養温度を保つと培養効率が高まるため，工場の省エネルギー対策等では用いられない低温排水等の低品位廃熱等も用いる事が可能であり，熱供給のOPEXが低減できる。

3.4 高付加価値物質生産への適用

藻類は，代謝産物として，色素，菌体蛋白質，糖質，脂質，制ガン効果物質，防黴効果物質，抗HIV効果物質等を蓄積する事が知られている[23]。

そこで，藻類系バイオマスのエネルギー生産を志向した場合，事業採算性の改善のために7F

第29章 藻類系バイオマスを活用したエネルギー生産事業への展望

の上位に位置する高付加価値物質のカスケード生産を兼ねて事業計画を策定する事が試みられている。

高付加物質を生産する場合，水産・畜産の飼料であってもISO9001/22000，GMP（Good Manufacturing Practice）基準，HACCP（Hazard Analysis and Critical Control Point）基準や米国GRAS（Generally Recognized As Safe）基準等を満たす設備を求められる場合があるため，培養・精製設備のコストを精査しなければならない。また，CO_2を使用する場合も国内の場合，食品（食品衛生法）や医薬品（薬事法）規格が求められると思われる。

藻類を密閉タンクによるヘテロ培養で増殖させている事で，競合他社と一線を画すSolazyme社[24]は，LVMH（Moët Hennessy Louis Vuitton）グループ傘下のSephora社に藻油を供給しており，既に高級アンチエンジングスキンケア用品として商品化されている。また，*Spirulina*の健康食品等を販売しているDIC社（旧大日本インキ化学工業）の100％子会社である米国Earthrise Nutritionals社（Sapphire Energy社に*Spirulina*の培養ライセンス供与[25]）では，養殖漁業飼料としての藻類の研究を行っている。

一方，藻類系バイオマスのエネルギー生産等の研究を先導し，アスタキサンチンのサプリメント事業を行っていたヤマハ発動機社が当該事業からの撤退を表明したことは記憶に新しい。

また，高付加価値物質による収入がエネルギー生産の収入を超えた場合には，既にエネルギー生産事業では無くなってしまうので，注意が必要である。

4 藻類系バイオマスを活用した事業

藻類系バイオマスを活用した事業では，適用用途によって，様々な形態を取り得る。しかし，藻類を安価且つ大量に培養しなければならない事は，基本的に変わらない為，関連する情報を概説する。

4.1 米国の状況

米国では，DOE（Department of Energy），DOD（Department of Defense），USDA等からの巨額予算の投入により，藻類系バイオマスのエネルギー生産を目指した大面積培養の計画が進んでいる。

ExxonMobil：Synthetic Genomics社とMITと共同研究をしている。バイオ燃料は，2030年に6 Quadrilion BTU（British thermal unit，6,329 PJ）に達すると予想している。現在審査中の論文において，Pond to Wheel，Tank to WheelのLCAを試算している。藻類の生産量を20 g/m^2/d，油収率を25％，培養池を40池10 ha規模として，〜2,100 gal./ac./y（約3.2 kL/ha/y）の藻油が生産出来るとしている。藻油を抽出した後の残渣は，メタン発酵し，22 t-C/d（4.1万 m^3-CH_4/d）のバイオガスが得られるが，藻油の乾燥抽出に全量用いても，NG（Natural gas）を17 t-C/d（3.2万 m^3-CH_4/d）が必要となる。

Sapphire Energy社：DOE，USDAから104.5 M USDのファンドを受領し，ニューメキシコの南（Las Cruces近郊）において，121 ha（300 acre）のポンドを計画中である（2012/Mar.に100 acre決定）。今年度中に約3,800 kLのバイオ燃料を生産予定であり，2018年に38万kL，2025年には380万kLを生産する計画である（8,000 h/y稼働）。

　Solazyme社：Shevron Technology Ventures社と共同研究を実施しており，DOD，US-NAVYとの関係が深く，藻油での航空機（回転翼を含む）や船舶でのテストや納入契約（550 kL）等が既に締結されている。2011年05月にIPO（Initial Public Offering）実施し，約230M USD以上調達した。フランス，ブラジル，コロンビア等でも現地企業と生産サイトに関する契約を締結済みである。DOEから22M USDのファンドを受領し，ペンシルベニア州の河畔で発酵タンクとリファイナリー施設を構築済みである。藻類をヘテロ（糖類を基質として暗条件）で培養しているのでポンドではなく，75 kLの発酵タンクで培養している。ケミカル原料としては，Bunge社，Dow Chemical社，Unilever社，化粧品原料としてSephora社，QVC社等と連携している。

　Algenol Biofuels社：メキシコのBio Fuels社から850M USDの出資を受け，メキシコのソノラン砂漠に36 acre（14.4 ha）の培養装置を得たことで藻類バイオマスからのバイオ燃料開発を行っているが，BDFでは無く，バイオエタノールをターゲットにしている。独自技術は，遺伝子組換えをした藍藻が直接CO_2からピルビン酸を介してエタノールを製造する事と，発生したエタノールの捕集を兼ねたドーム型の密閉型PBR（Photo Bio Reactor）の2つである。

　Cellana社：Shell社がHR Biopetroleum社と共同出資して設立した会社である（Shell社は既に撤退）。ハワイ島コナにあるCyanotech社の隣にデモプラント（2.5 ha）を構築済み，マウイ島に商業施設をマウイ電力社（ハワイ電力子会社）と共同で同社敷地近傍に構築予定である。デモプラントの結果から$LCCO_2$を試算している。

4.2　藻類系バイオマスの事業性

　当該価格は，上述のような所謂0.6～0.7乗則が適用可能な生産規模のFS（Feasibility Study）やFT（Field Test）によるエンジニアリングデータを基に事業者自ら試算すべきである。

　藻類系バイオマスを適用した何れの生産事業においても，他業種との体制・実施サイト・原料調達・ユーティリティー供給・生産物質等の実施イメージ，原材料や生産物のマテリアルバランス，EPR（Energy Profit Ratio）等のエネルギー収支，IRR（Internal Rate of Return）やNPV（Net Present Value）等を検討しなければいけない。

　海外藻類事業者の試算等では，CAPEX（Capital Expenditure）が約1.3億円/ha，OPEXが約0.4億円/haとも言われており，国内研究者においても様々な試算が行われている[26～29]。

4.3　フォトバイオリアクター

　藻類系バイオマスを燃料生産に用いる場合，藻類を大量に培養するシステムが，PBRである。

第29章 藻類系バイオマスを活用したエネルギー生産事業への展望

項目 方式		開放系 レースウエイ	閉鎖系 チューブラー	閉鎖系 パネル
①藻体生産量 エネルギ換算	t/ha/年	〜50	57〜60	〜70
	GJ/ha/年	1150	1350	1600
②エネルギ損失	かくはん GJ/ha/年	6.6(0.5%)	?	670(42%)
	総合 GJ/ha/年	110〜120(10%)	180(14%)	1214(75%)
③エネルギ生産量	①−② GJ/ha/年	1035	1170	386
メンテナンス性(洗浄など)		○	×	×

図9 藻類系バイオマス生産用のPBR

　PBRは，その実用上，太陽光エネルギーを用いることが不可欠であるため，太陽光の照射特性に合致し，且つ太陽光を効率良く受光・透過・分散させるために，様々形状のPBRが開発されている（図9）[30]。

　藻類による燃料生産を行う場合，最大の問題点が光の効率的供給である。光は藻類の培養液中において受光面から急速に減衰し，PBR内の光強度分布はきわめて不均一になる。一方，藻類の増殖効率は，光強度に依存し，高光強度では飽和し，光から藻体への変換効率は著しく低下する。光強度分布がPBR内で不均一であることと光飽和点が存在するという2つの事実は，PBRによる効率的な藻類培養において解決されなければならない技術課題である[31]。

　藻類系バイオマスの大量培養の際に，コンタミネーションの恐れが無い場合，開放型のPBRを使用する事が可能である。開放型PBRは，CAPEXが安価な事が最大の利点である反面，培養体積が設置面積に単純に比例するため，広大な面積を必要とする。藻類の増殖速度が早い場合（*Chlorella*），培地が強アルカリ性の場合（*Spirulina platensis*），培地が強酸性の場合（*Euglena gracilis*），培地が高塩濃度の場合（*Donaliela salina*）等は，レースウエイ，オープンポンド，円形ポンド等の開放型PBRによって大量培養が可能である（図10）。特に米国ハワイ島で大量培養を実施しているCyanotech社は，溶岩大地にレースウエイ様の溝を掘り，ビニールシートを敷いただけのPBRを用い，海洋深層水を汲み上げて*Donaliela*等の大量培養を行っている（図11）[32]。

　藻類系バイオマスの大量培養の際に，高濃度にCO_2を含む工場排ガス等を用いる場合や，高付加価値物質を効率的に生産しようとする場合，密閉型のPBRを使用する事が可能である。密閉型PBRは，立体的なシステムを構築し，太陽光を効率的に利用出来る点が最大の利点である反面，CAPEX，OPEXが開放型PBRに比べて高額となり，PBR内部の洗浄等に工夫を凝らす必

図10 様々な開放型PBR
デンソー社（レースウエイ）　Cognis社（オープンポンド）　クロレラ工業社（円形ポンド）

図11 Cyanotech社のPBR

要がある。目的に応じて，チューブ型，平板縦型，バッグ型等が利用されている（図12, 13）。

4.4 関連事業者間の連携

　藻類系バイオマスからエネルギー生産を行う場合，ビジネスモデル次第ではあるが，米国の藻類ベンチャーに見られるように，上流から下流まで様々な業種の企業が関与する。藻類事業者やエネルギー供給事業者のみならず，油脂やオレオケミカル系の事業者，医薬品製造の事業者，食品製造事業者，農畜産事業者等の様々な事業者が協力し，相補的な関係を構築する場が必要である。

　また，大学や研究機関発の藻類系バイオマスに係るベンチャー企業が多い欧米では，藻類事業者を中心としたコンソーシアムが存在する。米国ではNAA（National Algae Association）[33]，ABO（Algal Biomass Organization）[34]，欧州では，EABA（European Algae Biomass

第29章　藻類系バイオマスを活用したエネルギー生産事業への展望

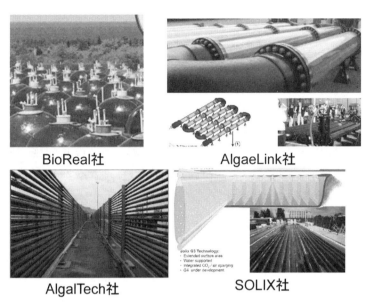

図12　様々な密閉型PBR

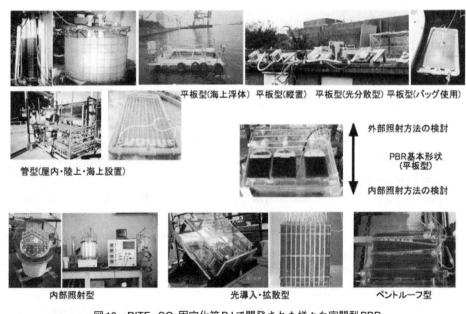

図13　RITE-CO$_2$固定化等PJで開発された様々な密閉型PBR

Association)[35] が設立され，藻類事業者のみならず，様々な業種の事業者が情報交換出来る場が構築されている。

5 おわりに

現在，藻類系バイオマスを用いた事業は，健康食品生産でのみ成立している。前述7Fの底辺に定義される藻類系バイオマスを活用したエネルギー生産においては，大学や研究機関における技術開発や，大学・プラントメーカーを中心としたコンソーシアムに頼るだけでなく，エネルギー供給事業者が主体的に実証研究等に参画し，大規模培養システムの実証設備の構築やエンジニアリング会社による詳細なFSに基づく事業性評価等を行い，単なるブームで終わる事の無いように努めたい。

文　　献

1) NY-MEX, WTI原油価格推移, http://www.oilnergy.com/1opost.htm
2) The Financial Times Limited 2011, ブラジルの米国バイオエタノール輸入, http://www.ft.com/cms/s/0/f1486874-775d-11e0-824c-00144feabdc0.html#axzz1q9AOpytC
3) 米国内のバイオ燃料価格, http://www.ams.usda.gov/mnreports/lswagenergy.pdf
4) 総務省法令データ，固定価格買取制度, http://law.e-gov.go.jp/announce/H23HO108.html
5) 経済産業省，エネルギー基本計画パブリックコメント, http://www.enecho.meti.go.jp/info/committee/kihonmondai/ikenbosyu.htm
6) 環境省，第四次環境基本計画（案）, http://www.env.go.jp/press/file_view.php?serial=19354&hou_id=14910
7) 経済産業省資源エネルギー庁，BDF混合軽油の規格化に係る検討結果について, http://www.enecho.meti.go.jp/info/event/data/070419.pdf
8) 世界省エネルギー等ビジネス推進協議会，水素化バイオ軽油, http://www.jase-w.eccj.or.jp/technologies-j/pdf/petrochemicals/P-3.pdf
9) 経済産業省，エネルギー主要製品確報, http://www.meti.go.jp/statistics/tyo/seidou/result/ichiran/resourceData/07_shigen/nenpo/01_sekiyu/h2dhhpe2010k.xls
10) 産業競争力懇談会，農林水産業と工業との連携研究会〜微細藻燃料分科会〜, http://cocn.jp/common/pdf/thema31-1.pdf
11) 経済産業省，エネルギー白書2011, http://www.enecho.meti.go.jp/topics/hakusho/2011energyhtml/2-1-3.html
12) 浅田泰男ら，生物的水素生産，「微生物利用の大展開」今中忠行（監修），エヌ・ティー・

第 29 章　藻類系バイオマスを活用したエネルギー生産事業への展望

エス, pp. 1106-1113（2002）
13) 月刊バイオインダストリー 2010 年 6 月号【特集】微細藻類を用いた炭化水素燃料生産技術
14) 米国エネルギー情報局, http://www.eia.gov/petroleum/gasdiesel/
15) 米国農業省, Rin-Credit, http://www.ers.usda.gov/publications/bio03/bio03.pdf
16) 経済産業省, 国産バイオマス燃料の供給安定性及び経済性, http://www.meti.go.jp/report/downloadfiles/g30922b42j.pdf
17) 石油情報センター, 卸価格月次調査, http://oil--info.ieej.or.jp/price/price_oroshi_sekiyu_getsuji.html
18) 経済産業省, 長期エネルギー需給見通しにおける新エネルギー導入見通しとコスト, http://www.meti.go.jp/committee/materials2/downloadfiles/g80808a02j.pdf
19) NEDO, CO_2 固定化・有効利用分野, http:www.nedo.go.jp/roadmap/2009/env1.pdf
20) 京都メカニズム情報プラットフォーム, http://www.kyomecha.org/
21) ICE, Monthly Utility Report, https://www.theice.com/publicdocs/futures/ICE_Monthly_Utility_Report.pdf
22) 木田建次, 食品系廃水・廃棄物のメタン発酵によるサーマルリサイクル, http://www.shokusan.or.jp/asushoku/FoodTech/Technology/T2006/0608.pdf
23) Sawraj Singh et.al., An Overview, Critical Reviews in Biotechnology, 25, 3, 73-95 (2005)
24) 米国 Solazyme 社, http://solazyme.com/
25) 米国 Sapphire Energy 社, http://www.sapphireenergy.com/
26) 美濃輪 智朗ら, 微細藻類バイオ燃料生産の可能性, AIST/BTRC Discussion Paper（Mar./2011）
27) 藏野憲秀ら, 微細藻類によるバイオ燃料生産, デンソーテクニカルレビュー, 14, pp59-64（2009）
28) Akio Isa et al., J. Japan Petroleum Institute, 54, 395-399（2011）
29) Koji Oshita et al., J. Japan Petroleum Institute, 90, 1047-1056（2011）
30) 日経 BP 社, Tech-ON, 開放型のレースウエイ型が本命に, http://techon.nikkeibp.co.jp/article/FEATURE/20100819/185057/
31) 宮本和久, 光合成微生物の機能活用のためのフォトバイオリアクター生物工学会誌, 71(6), 434-436, 1993.
32) 米国 Cyanotech 社, http://www.cyanotech.com/
33) NAA, http://www.nationalalgaeassociation.com/
34) ABO, http://www.algalbiomass.org/
35) EABA, http://www.eaba-association.eu/

【第Ⅵ編　国内および海外の情勢と展望】

第30章　バイオマスエネルギー政策の概要について

中村元洋＊

1　はじめに

　バイオマスとは「動植物に由来する有機物である資源（化石資源を除く）」と定義されており，生命と太陽エネルギーがある限り持続的に再生可能な資源である。また，図1に示すとおり，化石資源の代替原料としてエネルギーや製品へ活用が可能であり，バイオマスの利用促進は，多様なエネルギー源の確保，地球温暖化の防止や循環型社会の形成，さらには経済成長と雇用の創出といった多くのメリットを生み出すことが期待されている。そのため，我が国が「環境・エネルギー大国」となるにあたり，バイオマスは大きな役割を担うことが期待される[1]。

　本章では，バイオマスをエネルギー，とりわけバイオ燃料として活用するための基本的考え方，バイオ燃料導入に関する計画について概説するとともに，経済産業省で実施している微細藻類由来バイオ燃料等の次世代バイオ燃料の開発やその他のバイオマスエネルギーも含めて紹介する[注1]。

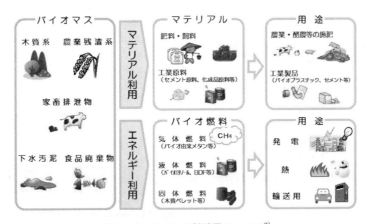

図1　バイオマスの利活用について[2]
バイオマスはその存在形態及び用途が多様で，主に肥料や飼料，バイオプラスチックなど「製品」としての利用（マテリアル利用）や，発電や熱といったエネルギーとしての利用（エネルギー利用）がなされており，同じ原料が複数の用途に使われていることが多い。

＊　Motohiro Nakamura　経済産業省　資源エネルギー庁　省エネルギー・新エネルギー部　新エネルギー対策課　バイオマス担当係長

2　バイオマスのエネルギー利用の現状

バイオマスはカーボンニュートラルな原料として位置付けられており（バイオマス資源である植物は，空気中の二酸化炭素を取り込み生長するため，バイオマスからエネルギーを得る際に発生する二酸化炭素は，大気中の二酸化炭素の増減に影響を与えないとされている），そのエネルギー利用は，地球温暖化対策の手段のひとつとして有望視されている。

図2に示すように，未利用のバイオマス資源が多く存在することから，それを製品などに利活用できるポテンシャルは十分あり，エネルギー源の多様化にも期待ができる。バイオマスエネルギーは，太陽エネルギーや風力エネルギーといった再生可能エネルギーと異なり，エネルギーを取り出すために原料（バイオマス）が必要である。しかし，太陽光が照射しているときしかエネルギーとして利用することができない太陽エネルギーとは異なり，バイオマスは原料となるバイ

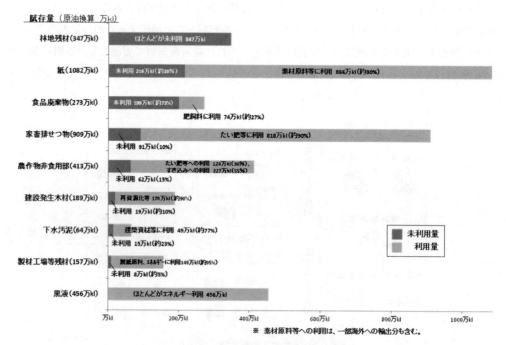

図2　国内のバイオマス賦存量について[2]

上図は国内における主なバイオマスが保有するエネルギー量について示した。バイオマスの賦存量は黒液のように，ほとんどが利用されているバイオマス資源もあれば，林地残材のようにほとんどが使われていないバイオマス資源まで，多種多様である（※賦存量（原油換算万kL）は，バイオマス活用推進専門家会議のデータを基に資源エネルギー庁が試算）。

注1）　本章のうち，意見については筆者の個人的な見解であり，筆者が所属する機関の意思を示すものではない。

第30章 バイオマスエネルギー政策の概要について

オマスを燃料に加工して保存することで，時期や用途に応じて利用できる。

我が国ではこれまでに，サトウキビの糖蜜から作ったブラジル産バイオエタノール等をガソリン代替燃料として導入しており，ガソリンと混合している。また，下水汚泥や食品系廃棄物等を発酵させることで得られるバイオガスを発電や熱源用の燃料として活用したり，廃食用油から軽油代替燃料を製造し利用している。

3 バイオマスのエネルギー利用を取り巻く課題

バイオ燃料を導入・拡大するに当たり，課題がいくつか顕在化している。バイオ燃料はガソリン等化石燃料に比べて製造コストが大きいため，化石燃料の流通価格と競争し得る価格まで製造コストを下げることが重要である。また，バイオ燃料を安定的に生産・供給するためには，バイオマス資源を安定的に確保できるシステムを構築する必要がある。それに加えて，食糧と競合しないバイオマス資源を原料とすることが重要であり，バイオマスの栽培からエネルギー生産に至るまでのライフサイクルアセスメント（以下「LCA」と表記する）において，温室効果ガスを削減するといった環境面にも配慮しなければならない。

さらには，バイオマス資源を可能な限り繰り返し活用し，最終的に燃焼させてエネルギーに使用するといったカスケード（多段階）利用を考慮することが重要である（図3）。

4 バイオ燃料の戦略と計画

バイオマスエネルギーの導入普及は一朝一夕に実現するものではない。中長期的視点で行政や産業界といった関係者が一体となり，課題の克服に取り組むことが重要である。ここではバイオ

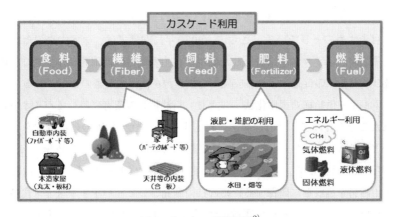

図3 カスケード利用例[2]
バイオマス資源として可能な限り活用し，最終的にエネルギーに利用するといった他段階的に利用することであり，持続可能性の観点から重要である。

微細藻類によるエネルギー生産と事業展望

燃料を普及拡大させるために策定した戦略や計画について紹介する。

上述したバイオ燃料は，運輸部門における代替燃料として期待されている。経済産業省では，原油価格の高騰をはじめとするエネルギー安全保障の不安に対処すべく2006年に「新・国家エネルギー戦略[3]」を策定した。その中で燃料のほとんどを石油に依存する運輸部門において，2030年における石油依存度を80％程度にすることを目標とし，必要な環境整備を行うと掲げており，燃料電池自動車が普及拡大するまでのガソリン代替燃料や，燃料電池車やハイブリッド車といったクリーンエネルギー対応車でカバーしきれない長距離輸送トラックの代替燃料としてバイオ燃料を活用することで石油依存度の低減を目指している。

具体的には，バイオ燃料の供給促進と経済性向上をはかるために，安定的にバイオエタノールを供給するための開発輸入のあり方，国産バイオエタノール生産に係る大規模実証，木材等セルロース系原料からの高効率エタノール製造技術開発等を実施・検討している。

これらをもとに官民一体となりバイオ燃料の普及・促進させるべく，2007年に経済産業大臣，自動車工業会会長及び石油連盟会長により「次世代自動車・燃料イニシアティブ[4]」がとりまとめられた。その中でバイオ燃料の導入は石油依存度の低減，エネルギー供給源の多様化及びエネルギー源の安定確保につながるとされている。

また，バイオ燃料の原料は，従来のサトウキビやトウモロコシといった食料ではなく，食料競合を引き起こさないセルロース系バイオマス資源を活用した技術開発を行なうことが重要であると結論付けている。

これを踏まえて，2008年に「バイオ燃料技術革新計画[5]」を策定し，セルロース系バイオマスから効率的にバイオ燃料を生産する革新技術の具体的方針を定め，官民連携の下で，「原料と製造技術は一貫のものとして技術開発する」と据えて，研究開発を行っているところである。

2010年6月には「エネルギー基本計画[6]」が閣議決定し，バイオ燃料の導入拡大に向けた目標を掲げた。この計画では2020年にLCAにおける十分な温室効果ガスの排出削減効果やエネルギー安全保障，エネルギー生産の経済性等を前提に全国のガソリンの3％相当以上のバイオエタノールの導入を目指すものとしている。さらに，2030年に向けては，草木由来のセルロース系バイオ燃料や，藻類系バイオマスを原料とした次世代バイオ燃料の技術開発を推進し，国産バイオ燃料の増産及び開発輸入の促進により，安定的な調達源を確保するものとしている。

さらに，エネルギー供給構造高度化法[7]により，石油精製事業者に対してバイオ燃料の導入が義務付けられたことを受けて，それに早急に対応すべく，2020年頃の技術確立を目指した「セルロース系バイオマスを活用したバイオ燃料製造に係る技術の開発」を実施している。また，2030年頃の実用化を目指して，微細藻類やその他の未利用バイオマス資源等の原料を効率良く転換し，バイオ燃料を高収量に確保するための技術開発として「バイオマスガス化技術及び微細藻類といった高いポテンシャルを持つ原料を活用しエネルギーに転換する研究開発」を実施している（図4）。

第30章 バイオマスエネルギー政策の概要について

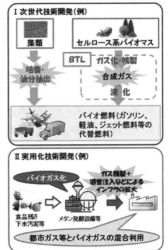

図4 バイオマスエネルギーの研究開発事業について
平成23年度において，経済産業省で実施しているバイオマスエネルギーに係る研究開発事業。左と中央の2事業において，セルロース系バイオマスからバイオ燃料を製造するための研究開発を実施しており，右の事業において，バイオマスガス化技術や微細藻類からのバイオ燃料に係る研究開発を実施している。

5 経済産業省の支援状況について

経済産業省では，輸送用燃料として有望であるバイオ燃料を導入普及するために，現在セルロース系エタノールに係る技術開発を行い，2020年頃の商業化を目指して製造コストの低減や工程の効率化に取り組んでいる。さらに，2030年といった中長期的な目標として，廃棄物や資源作物といった次世代のバイオマス原料を活用したエネルギーの開発に着手し，世界における優位性を確保するため，バイオマスのガス化技術や微細藻類由来バイオ燃料の研究開発を実施している。

セルロース系バイオマスを用いたバイオ燃料製造技術に係る研究開発に関して「バイオマスエネルギー等高効率転換技術開発」と「セルロース系エタノール革新的生産システム開発事業」の2事業を実施しており，前述の「バイオ燃料技術革新計画[5]」における技術革新ケース（2020年までにバイオエタノール製造コスト40円/L，年産10〜20万kL規模等）を実現すべく研究開発を実施している。

「バイオマスエネルギー等高効率転換技術開発」では，原料であるバイオマスを細かく破砕するなどの「前処理技術」の開発に加え，微生物の代謝機能を応用して原料となるバイオマスを「糖化・発酵」する工程，酵素自体の能力を向上させて少ない量で処理できる技術の開発や，微生物に複数の機能を持たせて一種類の微生物で糖化・発酵工程に対応できるような改良等によ

り，最終産物であるエタノール製造コストの低減につながる技術開発を行なっている。

「セルロース系エタノール革新的生産システム開発事業」では，バイオ燃料技術革新計画[5]に掲げた食料と競合しない草本系バイオマス又は木質系バイオマスを栽培するところからエタノール製造に至るまで各工程において，外部からエネルギー投入しなくとも稼働するバイオマス自立型プロセスの開発を行なっており，革新的技術を最大限活用しセルロース系バイオ燃料の大規模かつ安定供給を目指した一貫生産システムの構築を目指している（図5）。

また，一貫生産システムを確立するに併せてLCAにおけるバイオ燃料の持続可能性も検討しており，環境負荷の少ないバイオ燃料の研究開発を推進している。

次世代バイオ燃料として，微細藻類が生産する油脂や炭化水素が軽油代替燃料や灯油代替燃料に適していることから，微細藻類由来バイオ燃料の生産技術についても開発を始めており，2030年頃の本格的増産を目指している。

図6に，経済産業省で実施している事業における微細藻類由来バイオ燃料の生産プロセスを示した。現在，大規模バイオ燃料生産に資する微細藻類の探索や育種方法の検討や，微細藻類が体内に溜める油脂や炭化水素といった有効成分を効率的に抽出するといった燃料製造を念頭に各プロセスにおける要素技術の開発を行なっている。

現在，注力している研究テーマを紹介すると，微細藻類の探索・育種という工程では，「高油脂生産藻の創成」として藻類の体内に大量の炭化水素又は油脂を生産・貯蔵する微細藻類の探索とその育種に注力しており，培養・リアクターの開発工程では，実際に微細藻類を培養する環境の最適化や培養するための培養槽の形状や光の透過性等の条件検討を行っている。

微細藻類を濃縮・分離する工程では，バイオ燃料のもとになる炭化水素，又は油脂を効率的かつ低エネルギーで搾油する技術の開発を実施しており，抽出・精製の工程においては，ガソリンやジェット燃料といったそれぞれの輸送用燃料の規格に適合した燃料への調整の検討や，抽出や精製の工程に係るエネルギーを抑えることができる技術の開発を行っている。

平成24年度においても引き続き微細藻類由来バイオ燃料製造技術に関する研究開発を実施す

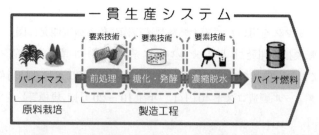

図5　セルロース系バイオマスを活用したバイオマス燃料製造に係る技術の開発の概念図
「バイオマスエネルギー等高効率転換技術開発」では，製造工程における要素技術（点線部）の開発を中心に研究を行っており，「セルロース系エタノール革新的生産システム開発事業」では，それら要素技術について革新的技術を用い，原料の栽培からバイオ燃料の製造までの一貫生産システム（実線部）を構築すべく，研究開発を実施している。

第30章　バイオマスエネルギー政策の概要について

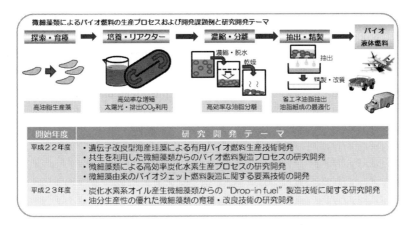

図6　微細藻類によるバイオ燃料の生産プロセス及び研究課題例と研究開発テーマ
油脂成分を多く蓄積可能な藻類の探索や育種の開発だけでなく，各藻類に適した培養方法や蓄積した油脂成分の抽出方法などの開発が必要とされる。

る予定であり，2030年頃の本格的増産に資するバイオ燃料製造技術に対して支援する。

6　おわりに

バイオマスの活用を推進するためには，現状では，原料の調達，収集，エネルギー変換といった各段階において技術開発が必要であるが，個々の技術の開発だけではなく，確立された技術を統合し，バイオマスに関連する多様な関係者が密接に連携したうえで，実際に運用することが必要である。今後とも，バイオマスを活用することによる多様なエネルギー源の確保や地球温暖化の防止，循環型社会の形成や新たな産業の創出等を実現させるために，関係各位の御理解と御協力をお願いしたい。

文　　献

1) バイオマス活用推進基本計画：http://www.maff.go.jp/j/biomass/b_kihonho/index.html
2) 総合資源エネルギー調査会　新エネルギー部会・電気事業分科会　第7回買取制度小委員会資料：http://www.meti.go.jp/committee/summary/0004601/007_haifu.html
3) 新・国家エネルギー戦略：http://www.meti.go.jp/press/20060531004/senryakuhoukokusho-set.pdf
4) 次世代自動車イニシアティブ http://www.meti.go.jp/press/20070528001/initiativetorimatome.pdf

5) バイオ燃料技術革新計画：http://www.meti.go.jp/committee/materials/downloadfiles/g80326c05j.pdf
6) エネルギー基本計画：http://www.meti.go.jp/press/20100618004/20100618004-2.pdf
7) 供給事業者による非化石エネルギー源の利用及び化石エネルギー原料の有効な利用の促進に関する法律：http://www.enecho.meti.go.jp/topics/koudoka/index.htm

第31章　海洋利用のための政策と今後

寺島紘士*

1　海洋の法秩序と国際的政策の枠組みの変化

　地球表面の7割を占める広大な海洋と人間社会との関係は，20世紀後半に大きな変化期を迎えた。第2次世界大戦が終了すると，各国は海洋の資源や海洋環境の保全に目を向け，国連の枠組みの中で海洋空間をめぐる法秩序のあり方や環境と開発に関する政策の枠組みに関する議論を開始し，第3次国連海洋法会議で国連海洋法条約（以下「海洋法条約」）が採択され（1982年），国連環境開発会議（リオ地球サミット）で「持続可能な開発」原則と行動計画「アジェンダ21」が採択された（1992年）。

　海洋法条約は，前文に「海洋の諸問題が総合に密接な関連を有し，全体として検討される必要がある」という認識を掲げたおよそ海洋法のすべての側面を規定する包括的な条約である。広大な海域に領海12海里制，国際海峡制度，距岸200海里の排他的経済水域（EEZ）制度，公海制度などを定め，また，海底とその下について大陸棚制度及び深海底制度を敷いた。さらに，同条約は，海洋環境の保護・保全の義務を各国に課し，平和目的のための海洋の科学的調査の発展と実施を促進し，海洋技術の発展と移転を促進する規定を置いている。

　また，「アジェンダ21」は，海洋が人類の重要な生存基盤であることにかんがみ，その第17章で「すべての海域及び沿岸域の保護及びこれらの生物資源の保護，合理的利用および開発」を取り上げ，海洋に関する世界共通の政策的枠組みとして「沿岸域及びEEZを含む海域の統合的管理及び持続可能な開発」，「海洋環境保護」，公海及び領海内の「海洋生物資源の持続可能な利用及び保全」などの7つのプログラム分野について行動計画を定めた。2002年の「持続可能な開発に関する世界サミット」（WSSD）の実施計画もこの「アジェンダ21」第17章の実施促進を定めている。

　1994年に国連海洋法条約が発効すると，世界各国は，海洋の総合的管理と持続可能な開発に向けて自国の沿岸の広大な海域の管理の取り組みを本格的に開始した。

2　新たな海洋秩序や海洋政策の変化のわが国への影響

　海洋をめぐるこのような新海洋法秩序の構築と新たな海洋政策の導入は，四方を海に囲まれた島嶼国家である我が国にとっても極めて大きな出来事である。

　＊　Hiroshi Terashima　　海洋政策研究財団　常務理事

微細藻類によるエネルギー生産と事業展望

　1982年に採択された国連海洋法条約が1994年についに発効した。わが国は，1996年にこの条約を批准した。これにより，わが国は，その周辺の領海が12海里まで拡大するとともに，その外側の太平洋，東シナ海，日本海，オホーツク海に広がる距岸200海里のEEZの天然資源等に対する主権的権利と海洋環境の保護・保全等に対する管轄権を有することになった。すなわち，わが国は，周辺の領海・EEZを合わせると447万平方キロという世界で6番目に広い海域を管理することになったのである。この海域は，陸地面積38万平方キロの実に12倍の広さである（図1参照）。

　海洋法条約発効以前は，我が国の領域は，陸地とその周辺3海里の領海だけであり，我が国が6852の島嶼から構成されていても，国土全体の面積の95.5％を占める主要4島のウェートが極めて大きかった。また，数ある離島についてもこれまでは人の住む有人離島[注1]を重視して管理してきた。

　それが，海洋法条約発効により，わが国は，陸域，海域をあわせて地球表面の485万平方キロ＋αをカバーする広大な「国土」を管理する海洋国家になった[注2]。これには洋上に点在する遠隔離島が大きく貢献している。即ち，我が国の管轄海域のうち，本州，北海道，九州，四国の

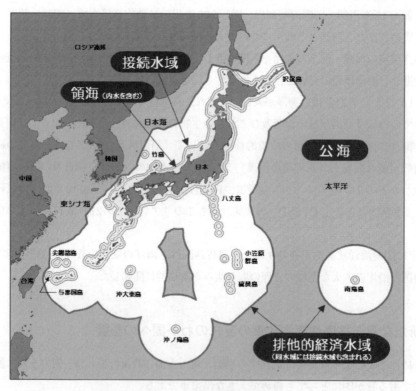

図1　わが国の管轄海域図

注1）　260の島が離島振興法の対象となっている。

第31章　海洋利用のための政策と今後

主要4島の周りのEEZ・大陸棚は全体の4割弱に過ぎず，実に全体の6割強はそれ以外の島々によってわが国の管轄海域となったものである。なお，EEZは，厳密に言えば領域の一部ではなく，天然資源等に関する主権的権利と特定目的のための機能的管轄権が及ぶ海域であるが，海洋環境の保護・保全等を含む広範な権能と責任を沿岸国に付与しており，国土に準じた管理が必要である。

わが国は，このように世界でも十指に入るような広大な「国土」と豊かな資源を有することになった。私たちは，このことを明確に認識し，新たな国の形にふさわしい海洋政策を確立し，海洋の持続可能な開発利用，海洋環境の保護・保全等に努めていく必要がある。

3　広大で変化に富んだわが国の海域

海域について論じるとき，肉眼では見えない海の中や海底のことがとかく無視されやすい。しかし，海域＝海洋空間は，海水で満たされた上部水域とその上並びに海底およびその下からなる三次元の空間である。海洋法条約の前文が指摘しているように，海洋の諸問題は，相互に密接な関連を有しており，全体として検討される必要があるから，海洋の開発，利用，保全および管理を進めるためには，海洋空間の調査研究に取り組み，その実態・機能などの解明に努め，それによって得られた科学的知見を基にして「海洋の総合的管理」と「持続可能な開発」に取り組む必要がある。

わが国の海域は，オホーツク海，日本海，東シナ海の三つの半閉鎖海と北西太平洋に広がっている。オホーツク海は冬季には流氷に覆われる北の海であり，日本海は最深部は3,800mと深いが四つの水深の浅い海峡[注3]でのみ外界とつながっている閉鎖性の高い海である。東シナ海は日本海より二割ほど面積は大きいが，水深は平均188mと浅く，環境面の脆弱性を抱えている。大陸と日本列島の間にある三つの半閉鎖海は，このようにそれぞれ異なった特徴を有しているが，いずれもわが国にとっては生物・非生物資源や海上交通，そして安全管理上重要な海域である。

日本列島の南の北西太平洋にはわが国の広大な海域が広がっている。わが国最南端の島は，わが国で唯一熱帯域に属する沖ノ鳥島であり，最東端は南鳥島である。わが国の最西端は太平洋と東シナ海の境にある与那国島，最北端は太平洋とオホーツク海の境に位置する択捉島である。沖ノ鳥島と択捉島の距離は3,408km，南鳥島と与那国島とは3,632kmという数字がわが国の管轄海域の広大さを物語っている。

わが国の太平洋の海域には水深数千メートルの大洋底が展開しており，加えて地球の地殻を構

注2）　［陸域＋領海3海里＝国土（48万平方キロ）］→［陸域＋領海（12海里）＋EEZ・大陸棚＝「国土」（485万平方キロ＋α）］。わが国の大陸縁辺部が200海里を越えて延びている可能性のある海域が北西太平洋に65万平方キロほどあるといわれており，αは，現在調査中の大陸棚調査により，わが国大陸棚がさらに拡大する可能性を示す。

注3）　最大水深：対馬海峡140m，津軽海峡133m，宗谷海峡60m，間宮海峡10m

成する太平洋プレート，フィリピン海プレート，北米プレート，ユーラシアプレートがわが国周辺で交わっているため，プレートの沈み込みによって日本海溝，伊豆・小笠原海溝，南海トラフ，琉球海溝など世界でも有数の深い海底の峡谷ができている。また他方では，七島・硫黄島海嶺，小笠原海台，九州・パラオ海嶺，奄美海台，大東海嶺，沖大東海嶺などの海中の山脈があり，さらに多数の海山が数千メートルの深海の海底から海面近くまで隆起しており，その地形は実に変化に富んでいる。

わが国のEEZは，浅海から深海まで多様な水域がバランスよく分布しているが，大深度の海域が多く，全体の6割以上が3,000m以深である。このため，我が国の海域は，面積が世界第6位であるのに対して体積では世界第4位であり，特に5,000m以深では世界一である。

4　わが国海域のポテンシャルとその活用

このようなわが国海域の状況をもう少し詳しく見ていきたい。

先ず，海洋資源の開発である。エネルギー・鉱物資源については，わが国周辺海域にも石油・天然ガスの賦存が見込まれる地質構造が広く存在している。これらの大部分が未探査であり，基礎物理探査，基礎試錐等の基礎調査が始まっている。また，日本周辺海域には，昨今，石油の代替として注目を集めているメタンハイドレートが豊富に存在しており，わが国の重要な資源としてその利用のための技術開発が進められている。さらに，コバルトリッチ・クラストが800-2,500mの海山に，マンガン団塊は水深5,000mの深海底に，熱水鉱床は水深600-1,800mの背弧海盆等に存在しており，開発のための調査が行われている。近年レアアース，レアメタルや銅などの不足が指摘されている中で，これら海域の資源は我が国にとって重要な資源である。加えて，海水中には，密度は薄いが金属・ミネラルが大量に含まれており，これらを利用可能にする技術開発が注目されている。

近年，地球温暖化を抑制するために，自然再生可能エネルギーへの関心が高まっているが，わが国は，四方を海に囲まれ，洋上風力，波力等の海洋再生可能エネルギーのポテンシャルが高い。東日本大震災による福島第一原発事故により原子力発電依存からの脱却が志向されていることも後押しして，海洋再生エネルギーの開発・利用の推進に向けた技術の研究開発が始まっている。

生物資源について見ると，わが国周辺海域には，黒潮，親潮，日本海，東シナ海などの豊かな大規模海洋生態系が形成されている。わが国は，古来その豊かな海の幸に恵まれて発展してきた世界でも有数の漁業国であり，また，水産物の消費国である。特に，日本列島に沿って南西から黒潮が，北東からは親潮の海流が流れており，それがぶつかる我が国の沖合海域は世界でも有数の好漁場となっている。

また，近年では，水産資源だけでなく，医薬品や遺伝子資源としての視点から海洋の生物資源に対する関心も高まっている。日本のEEZは，浅海から深海まで多様な水域がバランスよく分布しており，海底の熱湧水・冷湧水生物群集や深海底岩石圏に生息する微生物等を始めとする各

第31章 海洋利用のための政策と今後

種の貴重な資源の存在が推定され，この面でもポテンシャルが大きい。近年，化石燃料依存からの転換策として注目されているバイオ燃料生産にも微細藻類等の活用が研究されている。

さらに，わが国海域にある大量の海水の利用も見逃せない。海水自体が，深層水の活用，海水温度差や波力，潮汐・潮流などを活用した自然再生エネルギーの利用，海水の淡水化など，資源として大きな価値を有する。

次に，これまでにあまり検討が進んでいない広大な海域の空間利用である。日本の海域，特に列島の南に広がる北西太平洋の変化に富んだ海底とその上の海洋空間は，大きなポテンシャルを秘めている。例えば，CO_2の深海貯留に適した水深3,500 m以深の海底はわが国海域には豊富に存在しており，海底下の帯水層などへのCO_2貯留が検討されている。また，海面近くまで隆起している地形と深層水の湧昇を生物資源の生産に活用することも有力である。沿岸域での養殖が環境問題を起こしていることから，例えば沖合水域での海洋牧場の設置などのプロジェクトに期待が寄せられている。

さらに，水産と並んで海洋利用の大宗を占める海上交通である。経済のグローバル化の進展と東アジア，とりわけ中国の経済発展によって，わが国周辺の東シナ海，日本海，太平洋などの海域の通航量は増加を続けている。特に，わが国に寄港する船舶の交通だけでなく，中国東北部，韓国などの経済発展によってわが国に発着しないで東シナ海・日本海を通航し，津軽海峡などを通過する船舶通航量が増加していることも認識しておく必要がある。これらの海域利用は，わが国に直接発着しないものを含めてわが国にとって重要な物流を担っている。他方，これらの通航量の増加に伴い，船舶交通が集中し，又は漁業など他の利用との競合が発生する海峡，内海，湾口などの輻輳海域を中心に，安全管理や海域の利用調整，さらには港湾・閉鎖性海域や島嶼の環境・生態系の保護・保全との調整や棲み分けなどの問題が発生し，それらへの対応が必要になる。

このようにわが国の海域は，大きな可能性を秘めている。海洋法条約の下でこの海域の資源と環境をわが国が管理することになったことは，陸域の資源の減少・枯渇が心配されていることひとつを取って考えてみても，大変な僥倖であり，これを適切に管理・活用することが求められている。

5 海洋基本法の制定と海洋の利用

さて，わが国は，海に囲まれた海洋国でありながら，また海洋法条約によって陸地の12倍の広大な海域を管理することになったにもかかわらず，条約発効後しばらくは従来からの縦割りの機能別管理から総合的管理への切り替えがはかばかしく進まず，海洋法条約発効による海洋をめぐる新しい海洋秩序とそれに基づく海洋空間の再編成への対応が遅れていた。近年ようやく，わが国周辺海域における隣接国との島嶼の領有や石油・ガス田開発をめぐる対立，あるいは密輸・密入国，工作船の侵入，シーレーンの安全確保の問題なども後押しをして，海洋基本法が制定さ

れた。

　制定の直接のきっかけとなったのは，海洋政策研究財団が2005年11月に取りまとめて政府，政党関係者に提出し，公表した『21世紀の海洋政策への提言』である。

　これを受けて自民，公明，民主の3党の海洋政策に関心の深い政治家，海洋各分野の有識者及び関係者が参加する海洋基本法研究会（代表世話人：武見敬三参議院議員（当時），事務局：海洋政策研究財団）が発足し，2006年12月に「海洋政策大綱」及び「海洋基本法案の概要」が取りまとめられた。海洋基本法は，2007年4月に超党派の議員立法として提案され，賛成多数で可決，成立し，7月20日に施行された。

　海洋基本法は，その目的に，国際的協調の下で，わが国が海洋の平和的開発・利用と海洋環境の保全との調和を図る新たな海洋立国を実現することが重要であることを明示するとともに，6つの海洋政策の基本理念，海洋に関する施策の総合的かつ計画的な推進を図るための海洋基本計画の策定，12の基本的施策，海洋政策を推進する司令塔として内閣総理大臣を本部長とする総合海洋政策本部の設置などを定めている[注4]。

　なお，基本理念には「海洋の開発利用と海洋環境の保全との調和」「科学的知見の充実」「海洋の総合的管理」などが，また，基本的施策には「海洋資源の開発および利用の推進」「海洋環境の保全等」「海洋科学技術に関する研究開発の推進等」などが掲げられている。

　ここに初めて，わが国が，海洋に関する施策を総合的かつ計画的に推進する仕組み・体制が構築されたのである。

　この基本法は，従来の縦割りの政府組織による取組では推進することが難しい海洋の開発，利用及び保全等の問題に総合的かつ計画的に取り組む道を開いた画期的な法律である。即ち，わが国の海洋に関する施策は，海洋基本計画の策定によって，海洋基本法が定める基本理念の下で総合調整され，基本法が定める基本的施策の柱の下に体系的に具体化されて計画的に実行される。基本計画策定によりわが国の海洋政策が具体的に示され，施策の優先順位が調整され，施策相互間の関係が明確化された上で，予算計上等必要な措置が講じられる。したがって，微細藻類を用いたバイオエネルギー生産のような生物学，海域利用，エネルギー生産等様々な分野にまたがる課題に取り組んで推進する枠組みとしても有効であると思われる。

6　今後の課題

　大きく変化した海洋秩序と国際的な政策枠組みの下で，わが国は海洋の諸問題に早急な対応を迫られていたため，2007年7月の海洋基本法施行後，最優先で海洋基本計画の策定に取り組み，2008年3月に我が国初の海洋基本計画が閣議決定された。海洋基本計画は，総論及び第1部～第3部で構成されているが，「海洋に関する施策に関し，政府が総合的かつ計画的に講ずべき施策」

注4）　海洋基本法については，http://law.e-gov.go.jp/announce/H19HO033.html 参照

第31章　海洋利用のための政策と今後

は第2部に列記されている。

　しかし，準備期間が短かったこともあり，その内容は，わが国が，海洋国として総合的かつ計画的に海洋に関する施策を推進するには必ずしも十分なものとは言えない。講ずべき施策の必要性，施策の目標，目標達成年次，ロードマップなどが具体的に示されているものが少ないばかりでなく，新しい課題については取り上げられていないものが多い。

　海洋基本計画は，おおむね5年ごとに見直すこととされており，次期海洋基本計画は2013年3月を目途に見直されることが予定されている。したがって，そのときには，我が国の「新たな海洋立国」に必要な施策を各般にわたって具体的に盛り込むことが重要である。現計画で，具体的な記述が見当たらない微細藻類によるエネルギー生産についても，必要な施策を海洋基本計画に盛り込むことの要否について海洋政策の観点から検討する機会であると考える。

微細藻類によるエネルギー生産と事業展望《普及版》(B1269)

2012年7月2日	初 版 第1刷発行
2019年1月16日	普及版 第1刷発行

　監　修　　竹山春子　　　　　　　　　　Printed in Japan
　発行者　　辻　賢司
　発行所　　株式会社シーエムシー出版
　　　　　　東京都千代田区神田錦町1-17-1
　　　　　　電話 03(3293)7066
　　　　　　大阪市中央区内平野町1-3-12
　　　　　　電話 06(4794)8234
　　　　　　http://www.cmcbooks.co.jp/

〔印刷　あさひ高速印刷株式会社〕　　Ⓒ H. Takeyama, 2019

落丁・乱丁本はお取替えいたします。

本書の内容の一部あるいは全部を無断で複写(コピー)することは，法律で認められた場合を除き，著作者および出版社の権利の侵害になります。

ISBN978-4-7813-1306-1　C3058　¥6300E